Metalltechnik

Grundbildung
Technische Kommunikation

Jürgen Kaese
Wolfgang Rund

westermann

Zu diesem Buch kann ein Satz mit heraustrennbaren Arbeitsblättern DIN A4/A3 unter der Best.-Nr. **23 1023** bezogen werden.

Dieses Papier wurde
aus chlorfrei gebleichtem
Zellstoff hergestellt

1. Auflage 2000 Druck 5 4 3 2 1
Herstellungsjahr 2004 2003 2002 2001 2000
Alle Drucke dieser Auflage können im Unterricht parallel verwendet werden.

http://www.westermann.de

Verlagslektorat: Dr. Steffen Decker
Verlagsherstellung: Herbert Heinemann
Druck und Bindung: westermann druck GmbH, Braunschweig

ISBN 3-14-**23 1022**-3

INHALTSVERZEICHNIS

1 KOMMUNIKATION

1.1 Informationsaustausch ... 6
1.1.1 Aufgabe der Kommunikation ... 6
1.1.2 Betriebliche Kommunikation ... 6
1.2 Kommunikationsmittel ... 7
1.2.1 Teil-Zeichnungen und Vordrucke ... 7
1.2.2 Gesamt-Zeichnungen und Vordrucke ... 9
1.2.3 Anordnungs-Pläne ... 11
1.2.4 Skizzen ... 13
1.2.5 Pläne ... 13
1.2.6 Normen ... 14
1.2.7 Maßstäbe ... 16
1.3 Erstellen von Kommunikationsmitteln ... 17
1.3.1 Manuelle Erstellung ... 17
1.3.2 Computerunterstützte Erstellung ... 19

2 FERTIGUNGSGERECHTE DARSTELLUNGEN

2.1 Technische Darstellung von Werkstücken ... 20
2.1.1 Entstehung von Ansichten ... 20
2.1.2 Anordnung der Ansichten ... 21
2.1.3 Kennzeichnung der Projektionsmethode ... 21
2.1.4 Fertigungslage und Gebrauchslage ... 21
2.2 Linienbreiten und Linienarten ... 22
2.2.1 Linienbreiten ... 22
2.2.2 Linienarten und ihre Anwendung ... 22
2.3 Grundlagen der Maßeintragung ... 23
2.3.1 Eintragung von Längenmaßen ... 23
2.3.2 Eintragung von Winkelmaßen ... 24
2.3.3 Anordnung von Maßen auf der Zeichnung ... 24
2.3.4 Allgemeine Bemaßungsgrundsätze ... 24
2.3.5 Maßlinienbegrenzung bei Platzmangel ... 25
2.3.6 Hinweislinien ... 25
2.3.7 Maßbuchstaben ... 25
2.3.8 Bemaßung an nicht maßstäblichen Formen ... 25
2.4 Wahl des Zeichenformates ... 26
2.4.1 Zu zeichnende Ansichten bestimmen ... 26
2.4.2 Maßstab festlegen ... 26
2.4.3 Komplexität der Bemaßung feststellen ... 26
2.4.4 Blattformat auswählen ... 26
2.5 Prismatische Werkstücke ... 27
2.5.1 Darstellen von Bearbeitungsformen ... 28
2.5.2 Bemaßung prismatischer Werkstücke ... 30
2.6 Zylindrische Werkstücke ... 33
2.6.1 Darstellen von Bearbeitungsformen am Rundprofil ... 33
2.6.2 Bemaßung von Bearbeitungsformen am Rundprofil ... 36
2.7 Arten der Maßeintragung ... 39
2.7.1 Parallelbemaßung ... 39
2.7.2 Steigende Bemaßung ... 39

3 SCHNITTDARSTELLUNGEN

3.1 Kennzeichnung der Schnittflächen ... 40
3.2 Schnittarten ... 41
3.2.1 Vollschnitt ... 41
3.2.2 Halbschnitt ... 41
3.2.3 Teilschnitt ... 42
3.2.4 Profilschnitt ... 42
3.2.5 Bruchlinien ... 42
3.3 Anordnung und Darstellung der Schnittebenen ... 43
3.4 Zuordnung, Kennzeichnung und Darstellung der Schnitte ... 44
3.5 Besonderheiten der Schnittdarstellung ... 45
3.5.1 Teile, die nicht geschnitten dargestellt werden ... 45
3.5.2 Bruchlinie innerhalb einer Schnittfläche ... 45

4 GEWINDEDARSTELLUNGEN

4.1 Anwendung, Benennung und Darstellung ... 46
4.2 Außengewinde ... 47
4.3 Innengewinde ... 48
4.4 Bemaßung von Außen- und Innengewinden ... 49
4.5 Darstellung von Gewindeverbindungen ... 50
4.5.1 Verschraubte Funktionselemente ... 50
4.5.2 Verbindungsarten ... 50
4.5.2.1 Einziehverbindung ... 50
4.5.2.2 Durchsteckverbindung ... 51
4.5.3 Darstellung und Bemaßung von Senkungen ... 52
4.6 Vereinfachte Darstellung von Gewinden ... 52

INHALTSVERZEICHNIS

5 TOLERANZANGABEN

5.1 Zweck von Toleranzangaben ... 54
5.2 Grenzabmaße ... 55
5.3 Eintragen von Toleranzen ... 55
5.3.1 Toleranzangaben durch Allgemeintoleranzen ... 55
5.3.2 Toleranzangaben durch Grenzabmaße ... 56
5.3.3 Toleranzangaben durch Toleranzklassen ... 56

6 OBERFLÄCHENKENNZEICHNUNG

6.1 Zweck der Oberflächenkennzeichnung ... 57
6.2 Symbole zur Angabe der Oberflächenbeschaffenheit ... 57
6.3 Angabe in technischen Zeichnungen ... 58

7 FLACHE WERKSTÜCKE

7.1 Rundungen an Platten und Flanschen ... 60
7.2 Teilungen ... 62
7.3 Biegeteile ... 63

8 TABELLEN UND DIAGRAMME

8.1 Tabellen ... 64
8.2 Diagramme ... 64
8.3 Besondere Diagrammformen ... 65

9 PNEUMATISCHE SCHALTPLÄNE

9.1 Schaltplandarstellung ... 66
9.1.1 Schaltplanaufbau ... 66
9.1.2 Leitungen und Leitungsanschlüsse ... 67
9.1.3 Kennzeichnung von Baugliedern ... 68
9.1.4 Symbole für Bauglieder ... 68
9.1.4.1 Wegeventile ... 68
9.1.4.2 Pneumatikzylinder ... 69
9.1.4.3 Sperrventile ... 70
9.1.5 Skizzieren von Baugliedern ... 71
9.2 Funktionsdarstellungen ... 72
9.2.1 Ablaufbeschreibungen ... 72
9.2.2 Programmablaufpläne ... 74
9.2.3 Zustandsdiagramme ... 75
9.2.4 Funktionspläne ... 77

10 ELEKTRISCHE SCHALTPLÄNE

10.1 Zweck elektrischer Schaltpläne ... 80
10.2 Schaltzeichen elektrischer Betriebsmittel ... 81
10.2.1 Schaltzeichen für Schalter ... 81
10.2.2 Betriebsmittelkennzeichnung ... 82
10.2.3 Anschlusskennzeichnung ... 82
10.3 Stromlaufpläne ... 83

11 KOMMUNIKATIONSMITTEL AUSWERTEN

11.1 Auswerten eines Zeichnungssatzes ... 84
11.1.1 Auswerten einer Teil-Zeichnung ... 86
11.1.2 Auswerten einer Gruppen-Zeichnung ... 88
11.1.3 Auswerten einer Gesamt-Zeichnung ... 90
11.1.4 Auswerten einer Aufbauübersicht ... 92

12 ARBEITSPLÄNE

12.1 Arbeitspläne leiten Arbeitshandlungen ... 94
12.2 Fertigen von Bearbeitungsformen ... 96
12.3 Fertigen von Einzelteilen ... 98
12.4 Fertigen von Drehteilen ... 100
12.5 Fertigen von Biegeteilen ... 102
12.6 Montagepläne für Baugruppen ... 104

Sachwortverzeichnis ... 106
Bildquellenverzeichnis ... 107

VORWORT

In diesem überarbeiteten Schülerband sind grundlegende Zeichnungsnormen der Metalltechnik, der Steuerungstechnik und der Elektrotechnik für die handwerklichen und industriellen Metallberufe der Grundstufe dargestellt.

Die fachlichen Inhalte werden an mehreren praxisorientierten Projekten in 12 Kapiteln erarbeitet. Die Projekte werden anhand von Teil-, Gruppen- und Gesamt-Zeichnungen oder Schaltplänen dargestellt. Fotos, perspektivische Darstellungen und Explosionszeichnungen unterstützen den Lernprozess.

Dabei werden grundlegende Zeichen- und Skizziertechniken ebenso vermittelt wie Vorgehensweisen zum Lesen und Auswerten technischer Unterlagen und zum Planen von Fertigungs- und Montagearbeiten.

Zu diesem Schülerband gehört ein Band mit Arbeitsblättern. Zu jedem Kapitel im Schülerband sind zugehörige Arbeitsblätter vorhanden. Sie sind nach der gleichen Konzeption gestaltet.

Die Sachverhalte sind verständlich beschrieben. Aufzählungen, tabellarische Darstellungen, kursive Hervorhebungen und Verweise auf die zugehörigen Abbildungen unterstützen das selbständige Lernen. Farbig hervorgehobene Merksätze und Zusammenfassungen dienen der schnellen Orientierung und Wiederholung.

Auf die Darstellung umfangreicher Tabellenwerte, die in Tabellenbüchern nachgeschlagen werden können, wurde bewußt verzichtet. Stattdessen wird im Text durch ein besonders Zeichen auf das Tabellenbuch verwiesen ➜📖.

Durch das Nachschlagen von Informationen soll zum selbstständigen Arbeiten mit Informationsquellen wie dem Tabellenbuch angehalten werden.

Die methodische Gestaltung sowie das umfangreiche Sachwortregister fördern den selbstständigen Umgang mit dem Schülerband zur Lösung der Aufgaben auf den Arbeitsblättern. Dabei sind zwei grundsätzliche Vorgehensweisen möglich:

- Die Arbeitsblätter können eingesetzt werden nach dem Durcharbeiten eines Themengebietes des Schülerbandes, um die Lerninhalte zu wiederholen und dann selbständig projektbezogen anzuwenden,

- Die Arbeitsblätter dienen als motivierende Problemstellung zu Beginn eines Themengebietes. Aus dem Schülerband werden dann gezielt Information ausgewertet, um die Aufgaben auf den Arbeitsblättern selbständig zu lösen.

Das vorliegende Unterrichtswerk trägt somit dazu bei, dass selbstständiges Lernen gefördert und berufliche Handlungskompetenz erweitert wird, indem technische Unterlagen erstellt und ausgewertet werden, um berufliche Arbeiten planen, durchführen, kontrollieren und bewerten zu können.

Autoren und Verlag — Braunschweig 2000

1 KOMMUNIKATION

1.1 Informationsaustausch

Ein Kunde bestellt in einem produzierenden Betrieb ein bestimmtes Produkt zu einem bestimmten Liefertermin. Im Betrieb setzt dann ein Informations- und Produktionsprozess ein, bei dem die Menschen geregelt zusammenarbeiten (kommunizieren) müssen. Ziel ist es, das Produkt fehlerfrei und termingerecht an den Auftraggeber auszuliefern. Ein Austausch von einwandfreien Informationen ist dabei unerlässlich.

1.1.1 Aufgabe der Kommunikation

Für einen problemlosen Informations- und Produktionsprozess sind an den Austausch von Informationen bestimmte Anforderungen zu stellen.

Informationen müssen:

- fehlerfrei sein,
- vollständig sein,
- termingerecht erfolgen,
- richtig adressiert sein,
- gespeichert und
- weitergeleitet werden.

Hierzu werden die Informationen auf bestimmten Kommunikationsmitteln (z. B. Zeichnungen für die Fertigung, Disketten für die Datenspeicherung) bereitgestellt.

Die Bereitstellung, Bearbeitung, Speicherung und Weiterleitung von Informationen wird als ***technische Kommunikation*** *bezeichnet.*

Technische Kommunikation findet statt zwischen:

- Mensch – Mensch,
- Mensch – Maschine,
  und
- Maschine – Maschine.

(Tab. 1)

Tab. 1: Wege der Kommunikation

Kommunikationswege	
Mensch – Mensch	Verständigung durch die menschliche Sprache, Buchstaben, Ziffern, Symbole und Sonderzeichen.
Mensch – Maschine	Übersetzung der menschlichen Sprache in eine Maschinensprache (Programmiersprache) und umgekehrt.
Maschine – Maschine	Informationsverarbeitung zwischen Maschinen mittels einer Maschinensprache.

1.1.2 Betriebliche Kommunikation

Jeder Betrieb besteht aus mehreren Abteilungen. Je nach Betriebsstruktur können diese z. B. sein:

- Arbeitsplanung,
- Fertigung,
- Montage,
- Qualitätswesen,
- Einkauf,
- Verkauf,
- Verwaltung,
- Öffentlichkeitsarbeit.

Die technische Kommunikation erfolgt zwischen den Mitarbeitern der einzelnen Abteilungen. Jede Abteilung bzw. jeder Mitarbeiter muss wissen, wer zu informieren ist und wo benötigte Informationen beschafft werden können. Dazu werden in einer *Betriebsorganisationsanweisung* die planmäßige Gestaltung der Arbeitsabläufe (Ablauforganisation) und das geregelte Zusammenwirken aller Betriebsabteilungen (Aufbauorganisation) festgeschrieben.

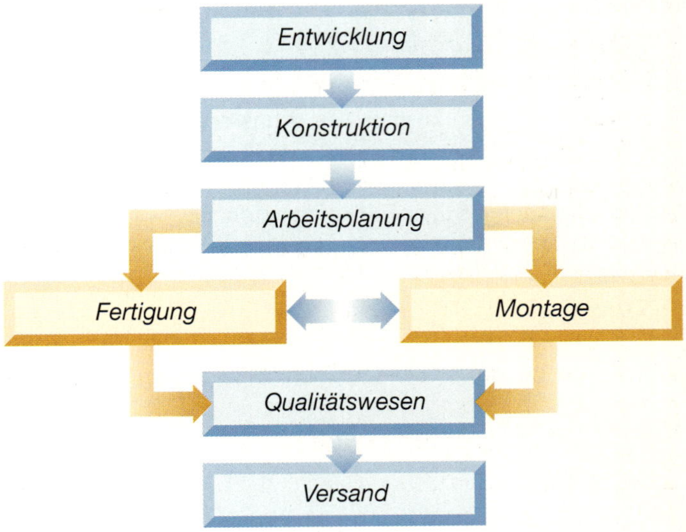

Abb. 1: Informationsfluss zwischen Betriebsabteilungen

Innerhalb der Betriebsorganisation trägt jede Abteilung ihren eigenen Anteil zum Gelingen eines Auftrages bei. Dabei werden zweckgerichtete Informationen benötigt und ausgetauscht (Tab. 2).

Tab. 2: Informationsverarbeitung in technischen Betriebsabteilungen (Beispiel)

Abteilung	Benötigte Information
Verkauf	Was soll verkauft werden und zu welchem Termin?
Entwicklung/ Konstruktion	Was soll konstruiert werden und was kostet es?
Einkauf	Was muss beschafft werden?
Arbeitsplanung	Was muss zu welchem Zeitpunkt mit welchen Mitteln gefertigt werden?
Fertigung/ Produktion	Was soll auf welchen Maschinen gefertigt werden?
Montage	Was soll wann fertig montiert sein?
Qualitätswesen	Was muss an welchem Produkt zu welchem Zeitpunkt geprüft werden?
Versand	Was muss wann ausgeliefert werden?

1.2 Kommunikationsmittel

Die technische Kommunikation bedient sich unterschiedlicher Kommunikationsmittel, um Informationen bereitzustellen, zu speichern und weiterzuleiten.

Beispiele für Kommunikationsmittel sind:

- technische Zeichnungen,
- Vordrucke,
- Pläne,
- Tabellen, Stücklisten,
- DIN-Normen, Werknormen.

Die Kommunikationsmittel können auf unterschiedlichen Medien bereitgestellt sein:

- Papier,
- Programme,
- Disketten, CD (Compact Disc),
- Datenübertragung zwischen Computern.

Nur durch richtiges Lesen, Verstehen und Anwenden der Kommunikationsmittel können die am Entstehen eines Produktes beteiligten Menschen die Informationen sinnvoll nutzen. Dabei sind technische Zeichnungen meist das wichtigste Kommunikationsmittel für die Planung, Herstellung und Prüfung von Produkten. Sie geben den Menschen in den Betriebsabteilungen *Auskunft* und *Anweisung* zugleich.

Tab. 3: Verwendung der technischen Zeichnung

Konstruktion	Zeichnungsprüfung	Fertigung
• Technische Zeichnung – Funktion – Form – Werkstoff u. a. m.	• normgerechte Darstellung • fertigungsgerechte Darstellung	• Arbeitsvorbereitung • Arbeitsplanung • Produktionsplanung
Qualitätswesen	**Montage**	**Service**
• Maß- und Formgenauigkeit • Oberflächenqualität • Funktionsprüfung	• Zusammenbau • Zerlegung	• Wartung • Reparatur • Ersatzteildienst

1.2.1 Teil-Zeichnungen und Vordrucke

Zur Fertigung von Werkstücken werden *Teil-Zeichnungen* verwendet. Sie beinhalten unterschiedliche Informationen, die möglichst jede technische Frage eindeutig beantworten sollen.

Voraussetzung dafür ist die Zeichnungserstellung nach festgelegten Regeln, z. B. des **D**eutschen **I**nstitutes für **N**ormung (DIN).

__Teil-Zeichnungen__ (oder Einzelteil-Zeichnungen) sind nach __DIN 199__ Unterlagen, die ein Teil ohne räumliche Zuordnung zu anderen Teilen darstellen.

Die nachfolgende Teil-Zeichnung zeigt das Werkstück „Schwenkriegel (Teil 2)" einer „Bohrvorrichtung". Diese ist in ihrer Gesamtheit auf dem vorderen inneren Umschlagdeckel abgebildet.

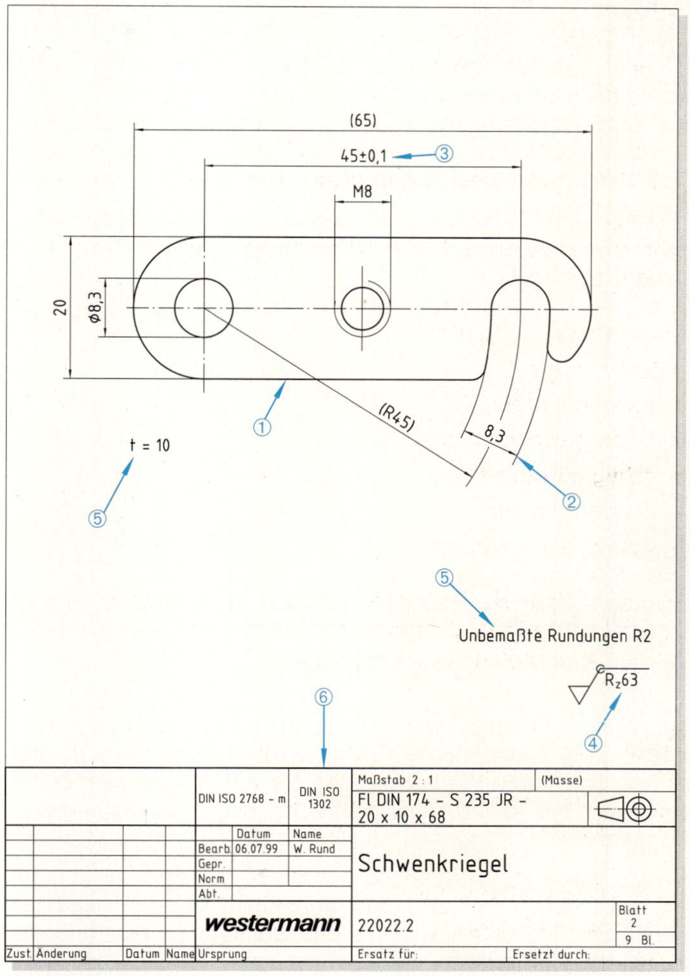

Abb. 2: Teil-Zeichnung

Tab. 4: Inhalte einer Teil-Zeichnung

Kennziffer	Anzeige	Information
①	Zeichnerische Darstellung	Form
②	Maßeintragung in mm	Größe
③	Toleranzangaben	Genauigkeit
④	Symbole und Wortangaben	Oberflächenbeschaffenheit
⑤	Wortangaben, Buchstaben	Besonderheiten
⑥	Schriftfeld	Werkstoff, Maßstab, Sachnummer, Benennung, u. a. m.

Vordrucke für Teil-Zeichnungen

Aus Abb. 2 der vorhergehende Seite kann man entnehmen, dass das Werkstück auf einem Zeichenblatt mit Rand und Schriftfeld dargestellt wurde. Solche Zeichenblätter sind in unterschiedlichen Größen nach **DIN 6771-6** → genormt. Sie sind dabei abgeleitet von den in der **DIN 476** → festgelegten *Papierendformaten*, die in die Reihen A, B und C eingeteilt sind.

Für Zeichenblätter wird die Reihe *A* verwendet. Nach den Reihen B und C werden die Größen für Briefumschläge, Mappen und Ordner festgelegt. Diese dienen der Aufnahme von Blattformaten der Reihe A.

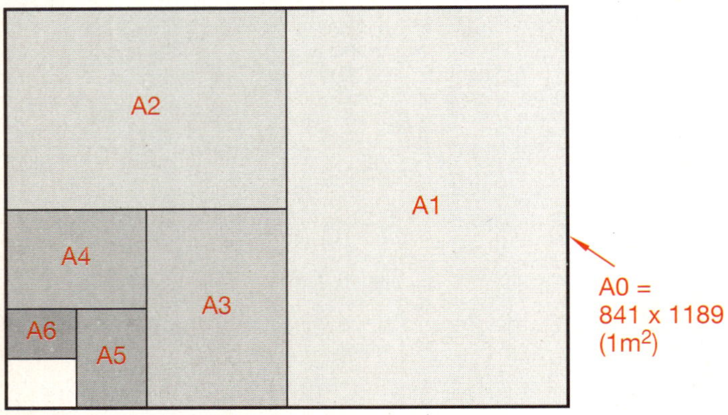

Abb. 1: Einteilung der Zeichenblattformate

Als Ausgangsformat wird ein Blatt mit den Grundmaßen 841 x 1189 verwendet (= 1 m^2). Das Seitenverhältnis beträgt 1: $\sqrt{2}$ (1 : 1,414). Die Formate A1 bis A6 ergeben sich durch Halbieren der jeweils längeren Seite des vorangegangenen Formates.

Firmen verwenden Zeichnungsvordrucke mit einem Blattrand, eventuell einem Heftrand und Schriftfeld. Dadurch wird die reine Zeichenfläche kleiner als das Blattformat. Die Differenz zwischen Blattformat und Zeichenfläche beträgt umlaufend 5 mm. Das Schriftfeld ist immer in der rechten unteren Ecke innerhalb der Zeichenfläche angeordnet (Abb. 2).

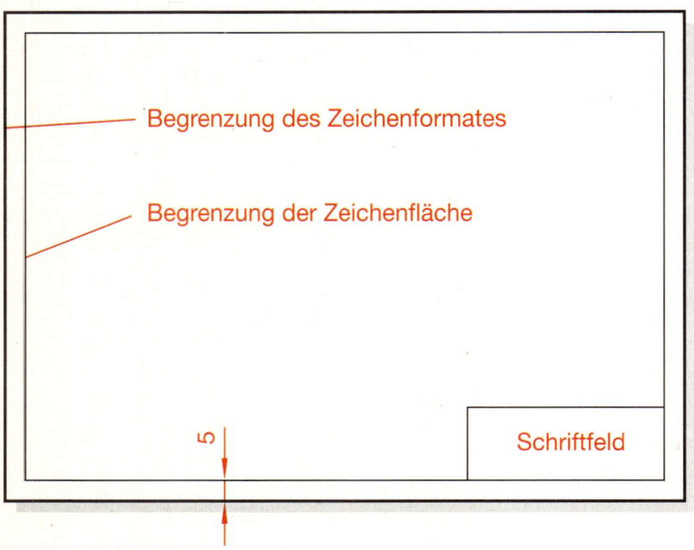

Abb. 2: Beispiel für einen Zeichnungsvordruck A3

Alle Zeichnungsformate können im Querformat und im Hochformat verwendet werden. Das Hochformat wird für Zeichenblätter im A4-Format bevorzugt verwendet.

Schriftfeld

Teil-Zeichnungen, aber auch andere Zeichnungsarten (siehe nächste Seite), erhalten ein Schriftfeld. Es ist in Größe und Form nach der **DIN 6771-1** → genormt. Firmen verwenden oft ein von der DIN abweichendes Schriftfeld, das ihren Erfordernissen entspricht.

Das Schriftfeld der folgenden Abbildung bezieht sich auf die Teil-Zeichnung „Schwenkriegel" der Seite 7. Es enthält *ergänzende Informationen zum Werkstück und Informationen zur Zeichnungsverwaltung*.

Abb. 3: Ausgefülltes Schriftfeld einer Teil-Zeichnung

Ergänzende Informationen zum Werkstück:

- Benennung *Schwenkriegel*,
- Werkstoff *S 235 JR* und Halbzeugabmessungen *DIN 174 - 20 x 10 x 68*,
- Maßstab *2 : 1* (das Werkstück ist doppelt so groß gezeichnet, als es in Wirklichkeit ist),
- Allgemeintoleranzen nach *DIN ISO 2768-m*,
- Angaben zur Oberflächengüte nach *DIN ISO 1302*,
- Symbol für die europäische Projektionsmethode 1 nach *DIN 6* (Kegel-Symbol).

Informationen zur Zeichnungsverwaltung:

- Zeichnungsnummer *22022.2* (Sachnummer),
- Name des Bearbeiters, Prüfers und/oder Normprüfers mit jeweils einer Datumsangabe,
- Firmenname ***westermann***,
- Angaben über durchgeführte Zeichnungsänderungen (bei Bedarf),
- Angaben über Ursprungszeichnung, Ersatz für bzw. Ersatz durch (bei Bedarf),
- Blatt-Nr. und Anzahl der Gesamtblätter, die zu einem kompletten Zeichnungssatz gehören.

1.2.2 Gesamt-Zeichnungen und Vordrucke

Zur Montage oder Demontage von Einzelteilen und Baugruppen werden *Gesamt-Zeichnungen* verwendet. Sie beinhalten Informationen über:

- den Zusammenbau von einzelnen Teilen oder Baugruppen,
- das Zerlegen von Baugruppen,
- das Zusammenwirken von Teilen oder Baugruppen,
- die Gesamtfunktion der Anlage, des Gerätes, der Maschine, u. a.,
- Form und Anzahl der einzelnen Teile.

***Gesamt-Zeichnungen** sind nach **DIN 199** alle Zeichnungen, die eine Anlage, ein Bauwerk, eine Maschine, ein Gerät, eine Gruppe u. a. m. in **zusammengebautem** Zustand zeigen.*

Zum richtigen Lesen und Verstehen einer Gesamt-Zeichnung trägt wesentlich bei, dass jedes Teil eine Positionsnummer (Teil-Nummer) erhält. Diese werden zusammen mit weiteren Informationen in einer *Stückliste* eingetragen. Im Regelfall ist eine Stückliste Bestandteil einer Gesamt-Zeichnung. Lässt es der Platz zu, kann die Stückliste auf der Gesamt-Zeichnung über dem Schriftfeld angeordnet werden (Abb. 4). Oft werden für Stücklisten aber eigene Vordrucke verwendet.

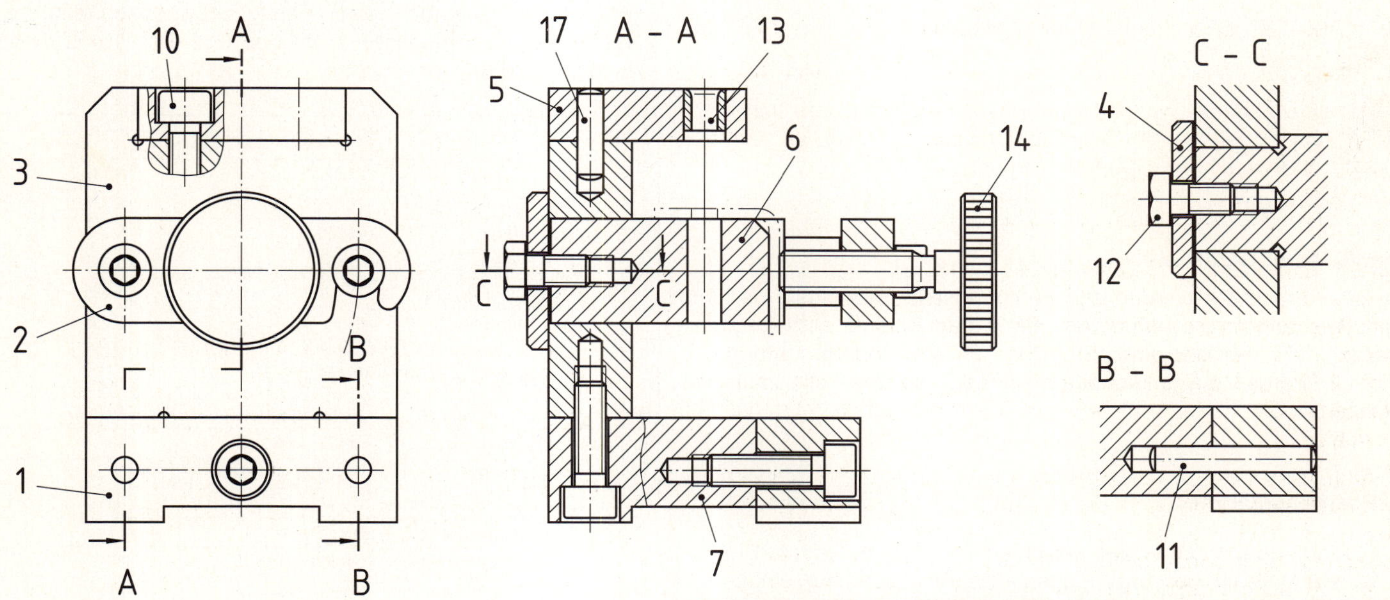

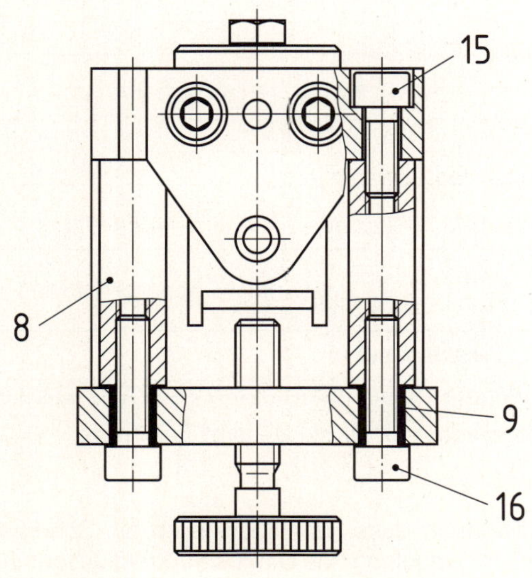

Pos.	Menge	Einh.	Benennung	Sachnummer/Norm-Kurzbezeichn.	Werkstoff
17	1	Stck.	Zyl.-Stift	ISO 2338 - A - 6 x 16	
16	2	Stck.	Zyl.-Schraube	DIN 912 - M6 x 20	8.8
15	2	Stck.	Zyl.-Schraube	DIN 912 - M6 x 16	8.8
14	1	Stck.	Rändelschraube	DIN 653 - M8 x 35	5.8
13	1	Stck.	Bohrbuchse	DIN 179 - A5 x 8	
12	1	Stck.	Skt.-Schraube	ISO 4014 - M6 x 12	8.8
11	2	Stck.	Zyl.-Stift	ISO 2338 - A - 6 x 25	
10	5	Stck.	Zyl.-Schraube	DIN 912 - M8 x 16	8.8
9	2	Stck.	Distanzbuchse		CuZn 37
8	2	Stck.	Riegelträger		S 235 JR
7	1	Stck.	Grundplatte		S 235 JR
6	1	Stck.	Aufnahme		S 235 JR
5	1	Stck.	Führungssteg		S 235 JR
4	1	Stck.	Scheibe		S 235 JR
3	1	Stck.	Platte		S 235 JR
2	1	Stck.	Schwenkriegel		S 235 JR
1	1	Stck.	Standfuß		S 235 JR
1	2	3	4	5	6

ISO 2768-m	DIN ISO 1302		Maßstab	Masse (Gew.)
	Datum	Name	Benennung	
Bearb.	99-01-15	W. Rund	Bohrvorrichtung	
Gepr.				
Norm				
westermann				Blatt / Blätter
Passmaß / Abmaß / Passmaß / Abmaß	Ursprung		Ersatz für:	Ers. durch:

Abb. 4: Gesamt-Zeichnung einer „Bohrvorrichtung"

Vordrucke für Gesamt-Zeichnungen

Gesamt-Zeichnungen werden (wie Teil-Zeichnungen) auf den üblichen Zeichenblattformaten erstellt. Sie erhalten ein Schriftfeld nach **DIN 6771-1** ➜📖.

Bestandteil einer Gesamt-Zeichnung ist in der Regel ein Vordruck mit der Bezeichnung *Stückliste*.

Stücklisten

Stücklisten können auf der Gesamt-Zeichnung über dem Schriftfeld angeordnet sein (siehe Seite 9) oder als Vordruck der Gesamt-Zeichnung beiliegen. Der Aufbau einer Stückliste ist nach **DIN 6771-2** ➜📖 genormt. Firmen verwenden oft einen von der DIN abweichenden Stücklistenvordruck, der ihren Erfordernissen entspricht, z. B. für die EDV.

Stücklisten werden z. B. in der Konstruktion, Montage, Fertigung oder Arbeitsplanung benötigt.

Beim Ausfüllen einer Stückliste ist zu beachten:

> ***Stücklisten** auf Zeichnungen werden von unten nach oben beschriftet. **Stücklistenvordrucke** werden von oben nach unten beschriftet.*

Inhalte einer Stückliste

In einer Stückliste werden alle Fertigungsteile, Normteile und sonstige Zulieferteile aufgeführt, die in das Produkt eingebaut werden. Am Beispiel einer Stückliste für die Bohrvorrichtung (Abb. 1) werden die notwendigen Angaben zu den Teilen aufgelistet:

Positionsnummer

Fortlaufende Nummer des einzelnen Teiles, z. B. *Pos. 2*. Sie ist ebenfalls in der zugehörigen Gesamt-Zeichnung eingetragen und dient so der schnellen Orientierung beim Zeichnungslesen. Gleiche Teile erhalten immer die gleiche Positionsnummer.

Menge

Zahlenmäßige Angabe der Häufigkeit, in der das Teil innerhalb des Produktes verwendet wird, z. B. *5* Stck. bei Pos. 10.

Einheit

Die der Menge zugehörige Einheit, z. B. *Stück*, Kilogramm, Paar.

Benennung

Name des Teiles entsprechend der Teil-Zeichnung, z. B. *Schwenkriegel*.

Normteile werden entsprechend ihrer Normbezeichnung aufgeführt, z. B. *Zylinderschraube*.

Sachnummer / Norm-Kurzbezeichnung

Sachnummer ist die auf der Teil-Zeichnung angegebene Zeichnungsnummer, z. B. *22022.2* der Teil-Zeichnung „Schwenkriegel".

Norm-Kurzbezeichnung ist die nach DIN festgelegte Normbezeichnung von Normteilen. Für Pos.-Nr. 15 (Zylinderschraube) lautet sie z. B.: **DIN 912 - M6 x 16**.

Kurzbezeichnungen beziehen sich meist auf die Größenabmessungen des Normteiles und können Normblättern und Tabellenbüchern entnommen werden.

Bemerkung

Angaben zu Lieferarten oder Firmennamen, von denen das Teil bezogen wird. Es können aber auch Angaben zum Werkstoff gemacht werden, z. B. bei Pos.-Nr. 2 (Schwenkriegel): *S 235 J*.
Auch die Angabe von Festigkeitseigenschaften von Normteilen ist möglich, z. B. bei Pos.-Nr. 15 (Zylinderschraube): *8.8*.

1	2	3	4	5	6
Pos.	Menge	Einheit	Benennung	Sachnummer / Norm-Kurzbezeichnung	Bemerkung
1	1	Stck.	Standfuß	22 022.1	S 235 J
2	1	Stck.	Schwenkriegel	22 022.2	S 235 J
3	1	Stck.	Platte	22 022.3	S 235 J
4	1	Stck.	Scheibe	22 022.4	S 235 J
5	1	Stck.	Führungssteg	22 022.5	S 235 J
6	1	Stck.	Aufnahme	22 022.6	S 235 J
7	1	Stck.	Grundplatte	22 022.7	S 235 J
8	1	Stck.	Riegelträger	22 022.8	S 235 J
9	1	Stck.	Distanzbuchse	22 022.9	CuZn 37
10	5	Stck.	Zylinderschraube	DIN 912 - M8 x 16	8.8
11	2	Stck.	Zylinderstift	ISO 2338 - A- 6 x 25	
12	1	Stck.	Sechskantschraube	ISO 4014 - M6 x 12	8.8
13	1	Stck.	Bohrbuchse	DIN 179 - A5 x 8	
14	1	Stck.	Rändelschraube	DIN 653 - M8 - 35	5.8
15	2	Stck.	Zylinderschraube	DIN 912 - M6 x 16	8.8
16	2	Stck.	Zylinderschraube	DIN 912 - M6 x 20	8.8
17	1	Stck.	Zylinderstift	ISO 2338 - A - 6 x 16	

	Datum	Name	
Bearb.	06.07.99	W. Rund	Stückliste Bohrvorrichtung
Gepr.			
Norm			
Abt.			
westermann			Blatt / Bl.
Zust. / Änderung / Datum / Name	Ursprung	Ersatz für:	Ersetzt durch:

Abb. 1: Stücklistenvordruck für die Gesamt-Zeichnung „Bohrvorrichtung"

In Abb. 1 ist erkennbar, dass auch Stücklisten ein Schriftfeld enthalten. Dieses ist jedoch nur als *Grundschriftfeld* ausgeführt. Grundschriftfeld heißt, dass z. B. die Angaben für Maßstab, Allgemeintoleranzen und Oberflächennormung entfallen. Diese Angaben werden nur für die Fertigung benötigt und stehen deshalb auch nur auf Teil-Zeichnungen.

1.2.3 Anordnungs-Pläne

Auf Anordnungs-Plänen werden Produkte zerlegt dargestellt. Die einzelnen Teile des Produktes sind dabei in ihrer kennzeichnenden Form perspektivisch gezeichnet und veranschaulichen so den Aufbau und die Funktion des Produktes.

*Nach **DIN 199** wird eine Zeichnung als Anordnungs-Plan bezeichnet, wenn die **räumliche Lage von Gegenständen** dargestellt wird.*

Anordnungs-Pläne werden auch als „Explosionszeichnung" bezeichnet, obwohl diese Benennung nicht genormt ist.

Verwendungszweck von Anordnungs-Plänen

Anordnungs-Pläne zeigen Fügestellen, Trennstellen, sowie Montage- und Demontagemöglichkeiten der einzelnen Teile auf.

Deshalb werden solche Zeichnungen verwendet für:

- Montage- und Demontageaufgaben,
- Ersatzteilbeschaffung,
- Bauanleitungen, z. B. für Modellbausätze oder selbst zu montierende Möbelstücke.

Bestandteil eines Anordnungs-Planes kann eine Montagebeschreibung und eine Ersatzteilliste sein. Wie bei einer Gesamt-Zeichnung erhält jedes Teil eine Pos.-Nr., die im Anordnungs-Plan, in der Montagebeschreibung und in der Ersatzteilliste aufgeführt wird. Für Ersatzteillisten verwenden Firmen meist eigene Formen bzw. Vordrucke.

Abbildung 2 zeigt den Anordnungs-Plan zur Bohrvorrichtung. Der Plan soll hauptsächlich für Montagezwecke verwendet werden. Die eingezeichneten schmalen Strichpunkt-Linien unterstützen dabei die Vorstellung, welches Teil wie und womit gefügt werden soll.

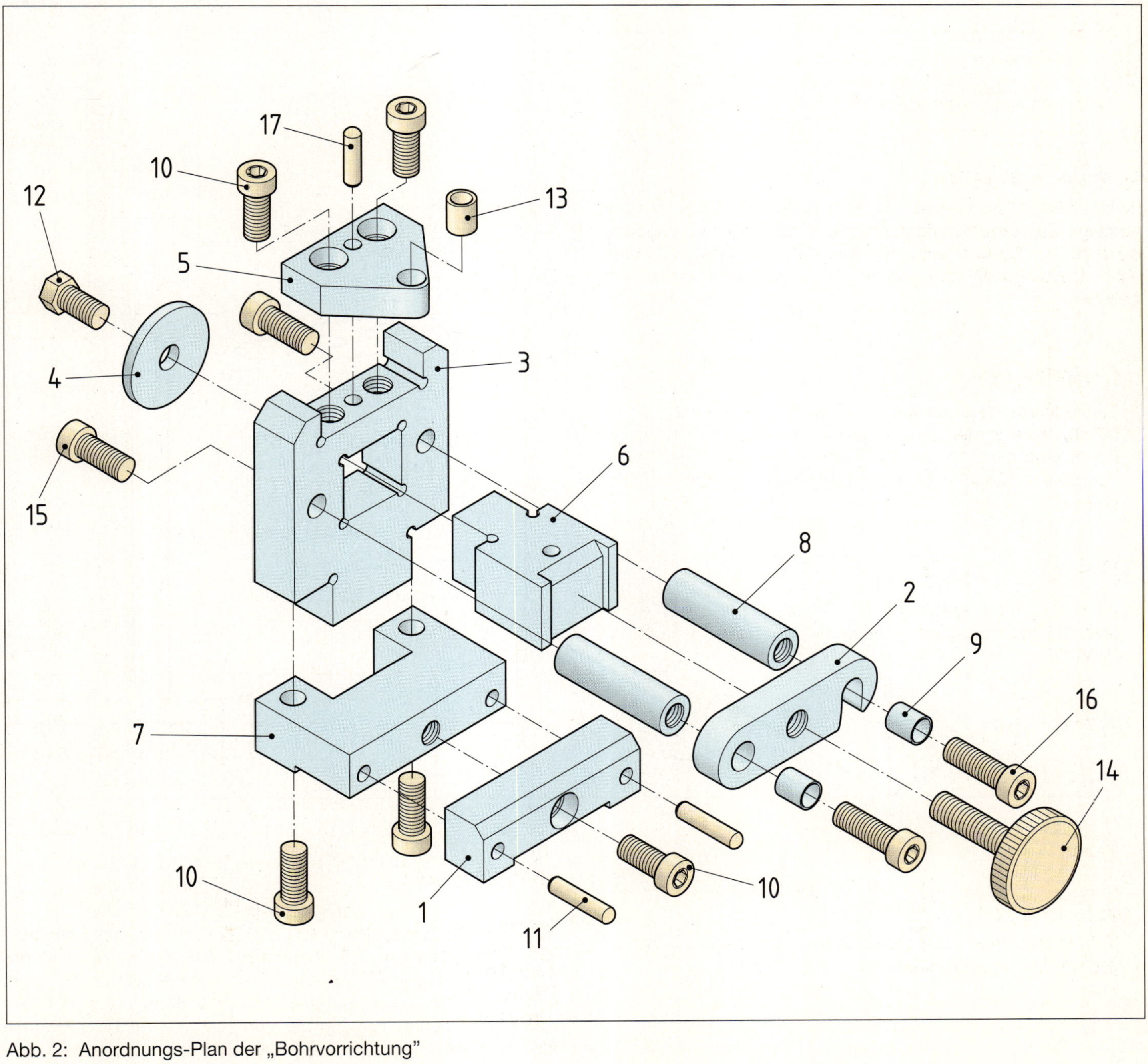

Abb. 2: Anordnungs-Plan der „Bohrvorrichtung"

Räumliche Darstellungen

Bei der zeichnerischen Darstellung eines Gegenstandes erreicht man einen räumlichen Eindruck durch eine perspektivische Darstellungsart. Perspektivische Darstellungsarten sind:

- *Isometrische Projektion* nach **DIN 5-1** und
- *Dimetrische Projektion* nach **DIN 5-2**.

Die *Isometrische Projektion* findet Anwendung, wenn an einem Gegenstand Wesentliches in allen drei Dimensionen (Länge, Breite, Höhe) gezeigt werden soll. Alle Abmessungen für die jeweilige Dimension werden dabei im *gleichen (iso) Maßstab* gezeichnet. Der Neigungswinkel für die isometrische Darstellung beträgt zur Waagerechten einheitlich 30° (Abb. 1a).

Der auf der vorigen Seite abgebildete Anordnungs-Plan der Bohrvorrichtung wurde in der isometrischen Projektion gezeichnet. Dadurch wird eine besonders gute Anschaulichkeit der Teile erzielt. Auch im Rohrleitungs- oder Anlagenbau wird diese Darstellungsart oft verwendet.

Die *Dimetrische Projektion* findet Anwendung, wenn an einem Gegenstand Wesentliches nur von vorne gezeigt werden soll. Bei dieser Darstellung werden *zwei (di) verschiedene Maßstäbe* verwendet. Der Neigungswinkel zur Waagerechten beträgt auf der einen Seite 7° und auf der anderen Seite 42°. Die Dimensionen in Richtung 42° werden *um die Hälfte verkürzt* gezeichnet (Abb. 1b).

Zeichnerische Erstellung

Die manuelle Erstellung von Anordnungs-Plänen in iso- oder dimetrischer Projektion ist sehr zeitaufwendig. Deshalb wenden Firmen, die solche Zeichnungen erstellen müssen, das computerunterstützte Zeichnen (CAD) an. Je nach Computersystem und -programm, kann der Gegenstand am Bildschirm in jeder beliebigen Perspektive betrachtet werden. Bei der Zeichnungsausgabe auf Papier wird deshalb nicht immer eine genormte Projektion angewendet. Hier steht nur die bestmögliche Anschaulichkeit im Vordergrund.

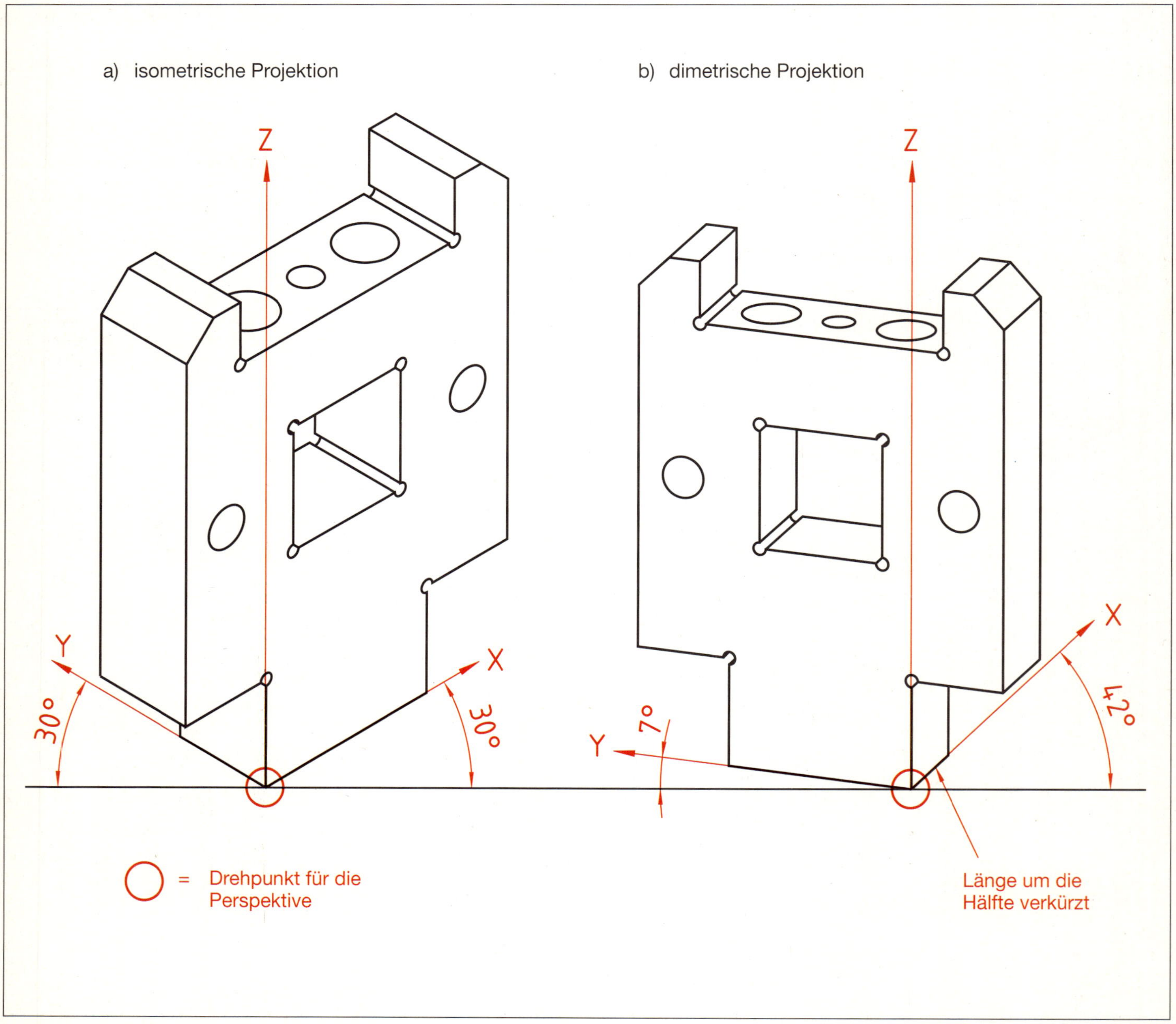

Abb. 1: Vergleich zwischen isometrischer und dimetrischer Darstellung

1.2.4 Skizzen

Der *Schwenkriegel* (Pos. 2 der Bohrvorrichtung) ist durch häufigen Gebrauch verschlissen. Er soll durch betriebsinterne Herstellung schnell ersetzt werden. Hierzu kann eine *Skizze* (Freihandzeichnung) erstellt werden. Die Skizze beinhaltet, wie eine Teil-Zeichnung, alle Angaben, die zur Herstellung notwendig sind.

Eine ***Skizze*** *ist nach* ***DIN 199*** *eine nicht unbedingt maßstäbliche, vorwiegend freihand erstellte Zeichnung. Die Formen des Werkstückes sollten jedoch verhältnisrichtig gezeichnet werden.*

Skizzen dienen z. B. auch in der Konstruktionsabteilung eines Betriebes als erste zeichnerische Darstellung einer gedanklichen Konstruktion.

Die Erstellung von Skizzen kann mit Bleistift auf weißem Papier erfolgen, z. B. auf A4 oder A3. Wird Papier mit einem Rasteraufdruck (Millimeterpapier) verwendet, lässt sich relativ maßgenau skizzieren.

1.2.5 Pläne

Die Funktion von Maschinen, Anlagen, Geräten u. a. m. kann durch eine schematische Darstellung erfolgen. Mit genormten Symbolen können dann Wirkungsweise, verwendete Bauteile, Leitungsverbindungen oder allgemeine Abläufe zur Informationsverarbeitung erkannt werden.

Ein ***Plan*** *stellt nach* ***DIN 199*** *Funktionszusammenhänge durch* ***Symbole*** *dar.*

In der Metalltechnik können folgende Pläne verwendet werden:

- *Programmablaufpläne* zur Darstellung einer logischen Reihenfolge einzelner Schritte,
- *Schaltpläne* für hydraulische, pneumatische oder elektrische Anlagen (siehe Kapitel 9 und 10),
- *Funktionspläne* für die Darstellung von Steuerungsaufgaben (siehe Kapitel 9.2.4),
- *Installationspläne* z. B. für Hauselektrik oder Rohrleitungen.

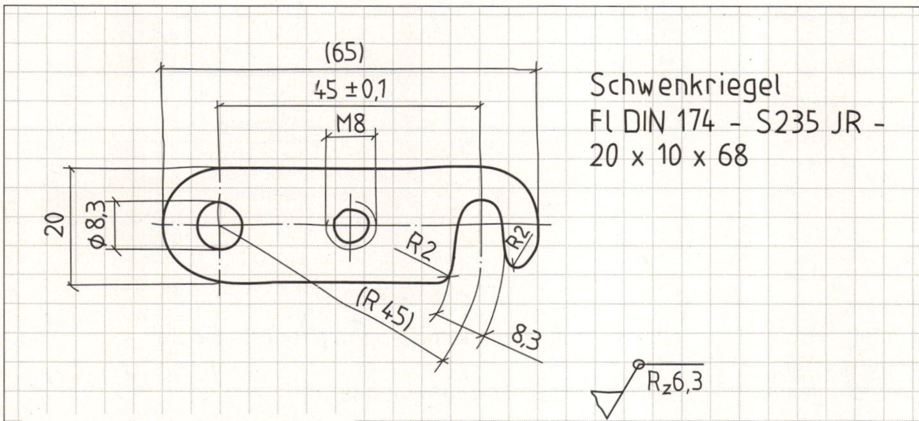

Handskizze „Schwenkriegel"

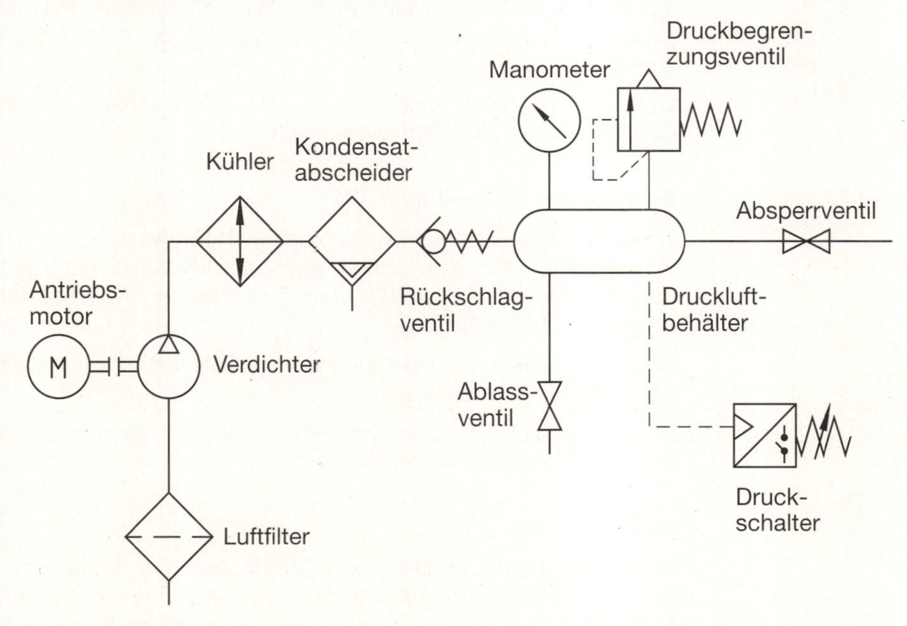

Pneumatischer Schaltplan

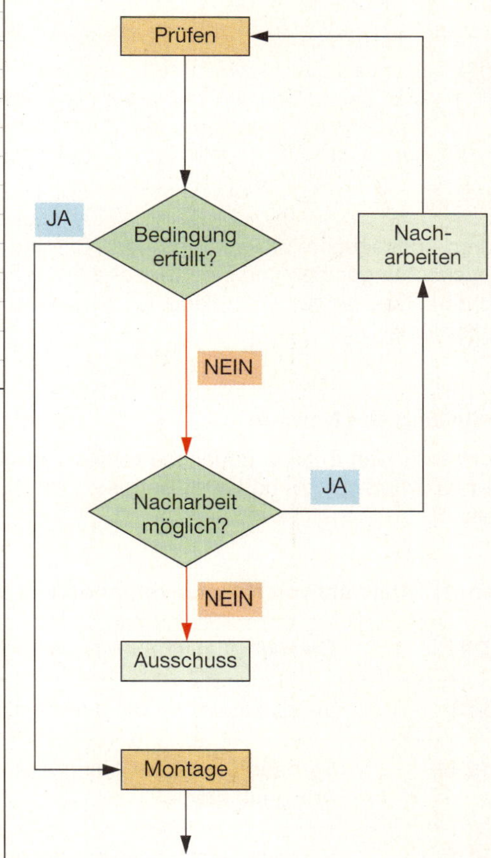

Ablaufplan für einen Prüfvorgang

Abb. 2: Skizze und Pläne

1.2.6 Normen

Zur sinnvollen Ordnung in der Technik werden Normen benötigt. Normen sind Regelwerke für *Erzeugnisse* und *Verfahren*.

Für *Erzeugnisse* werden z. B. *Form, Größe* und *Ausführung* festgelegt und ermöglichen deren Austauschbarkeit.

Beispiele genormter und austauschbarer Erzeugnisse:

- Schrauben, Muttern,
- Kugellager,
- Leitungsanschlüsse,
- Steckerverbindungen,
- Disketten,
- Papierformate,
- Glühlampen,
- Batterien.

Für bestimmte *Verfahren* werden ebenfalls Regeln aufgestellt. So kommen z. B. in der Prüftechnik genormte Prüfverfahren zur Anwendung. Dadurch ist die Vergleichbarkeit von Messergebnissen gewährleistet.

Verfahrensregeln werden auch benötigt für den:

- *Personenschutz* (Sicherheitsnormen),
- *Maschinenschutz* (Instandhaltungsnormen),
- *Umweltschutz* (Gefahrstoffverordnung).

***Normen** sind anerkannte Regelwerke zur sinnvollen Ordnung in der Technik. Sie stellen durch eine **Vereinheitlichung** Lösungen für wiederkehrende Aufgaben dar.*

Durch konsequente Anwendung von Normen können Herstellungskosten gesenkt und eine wirtschaftliche Fertigung erreicht werden. Das ist die Grundlage für eine Automatisierung und Rationalisierung.

Erstellung von Normen

Normen finden in allen Lebensbereichen Anwendung. Deshalb gibt es unterschiedliche Organisationen, die Normen festlegen (Tab. 1).

Tab. 1: Auswahl von Normenverbänden

DIN	Deutsches Institut für Normung e. V.
VDI	Verein Deutscher Ingenieure e. V.
VDMA	Verband Deutscher Maschinen- und Anlagenbauer
VDE	Verband Deutscher Elektrotechniker
BG	Berufsgenossenschaft

Innerhalb der Verbände erarbeiten Fachgruppen die Inhalte der Normen. Eine neue Norm wird in der Regel erst als Entwurf (Vornorm) mit der Angabe einer Einspruchsfrist gegen die Inhalte veröffentlicht. Erst nach Ablauf der Frist wird die Norm als gültiges Regelwerk herausgegeben.

Deutsche Normblätter nach DIN

In der Bundesrepublik Deutschland ist das **DIN** der Träger der Normung. Es veröffentlicht die Normen auf **DIN-Blättern**. Jedes DIN-Blatt erhält die Angabe DIN und eine **Normblattnummer** als Ordnungsmerkmal, z. B. **DIN 406**. Zusätzlich ist noch das Ausgabedatum angegeben.

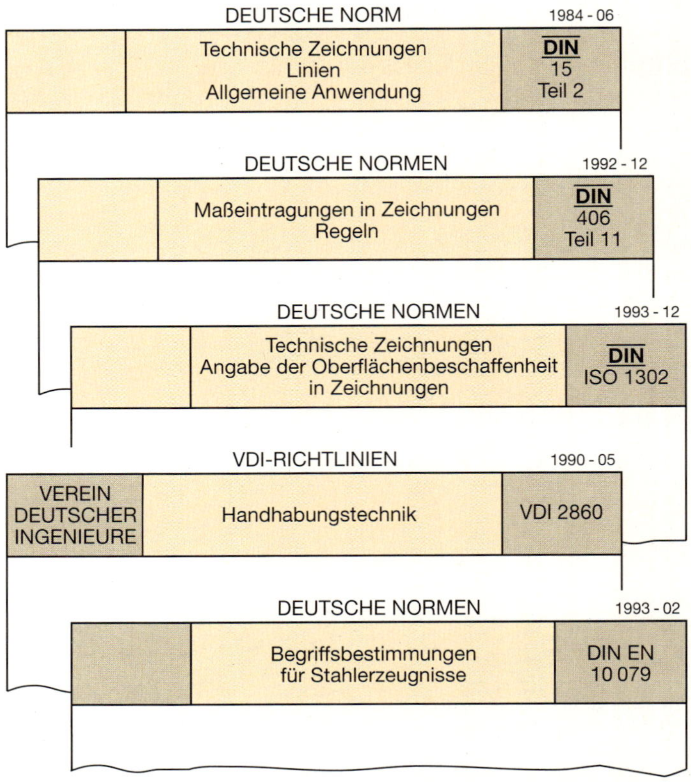

Abb. 1: Unterschiedliche Normblätter (Blattköpfe)

Internationale Normen nach ISO

Nationale Normeninstitute (z. B. das DIN) sind die Mitglieder der **I**nternational **O**rganization for **S**tandardization, **ISO**. Die ISO hat zum Ziel, die Normung in der Welt zu fördern und die gegenseitige Zusammenarbeit in unterschiedlichen Bereichen zu entwickeln.

Einige ISO-Normen werden vom DIN übernommen und in Deutschland als **DIN ISO** veröffentlicht.

Europäische Normen nach EN

Durch die Erstellung von europäischen Normen soll die Harmonisierung der bestehenden nationalen Normen gefördert werden. Erstellt werden sie vom Europäischen Komitee für Normung (CEN) in Brüssel.

Das DIN veröffentlicht die Normen als **DIN EN** in deutscher Übersetzung.

Das **E**uropäische **N**ormenwerk tritt immer mehr an die Stelle des nationalen Normenwerks.

Werknormen

Werknormen sind in der Regel DIN-Blätter, die *firmenbezogene Änderungen* gegenüber den Originalnormen enthalten. Solche Normen haben nur innerhalb der jeweiligen Firma Gültigkeit.

Zulieferfirmen müssen oft nach den Werknormen ihrer Auftraggeber fertigen.

Normen zur Zeichnungserstellung

Eine technische Zeichnung muss sachlich richtig sein und normgerecht dargestellt werden.

Zur normgerechten Darstellung sind Regeln, z. B. zur Bemaßung oder für Linienbreiten, zu beachten.

Zur Anfertigung der Teil-Zeichnung *Schwenkriegel* (Pos. 2 der Bohrvorrichtung) müssen mindestens die nachfolgend aufgeführten Normen berücksichtigt werden.

① **DIN 6**: Darstellungen in Zeichnungen
② **DIN 15**: Linien in Zeichnungen
③ **DIN 406**: Maßeintragungen in Zeichnungen
④ **DIN 6771-6**: Vordrucke für Zeichnungen
⑤ **DIN 6776-1**: ISO-Normschrift
⑥ **DIN ISO 1302**: Oberflächenbeschaffenheit
⑦ **DIN ISO 5455**: Maßstäbe
⑧ **DIN ISO 2768**: Allgemeintoleranzen
⑨ **DIN 6771**: Schriftfelder

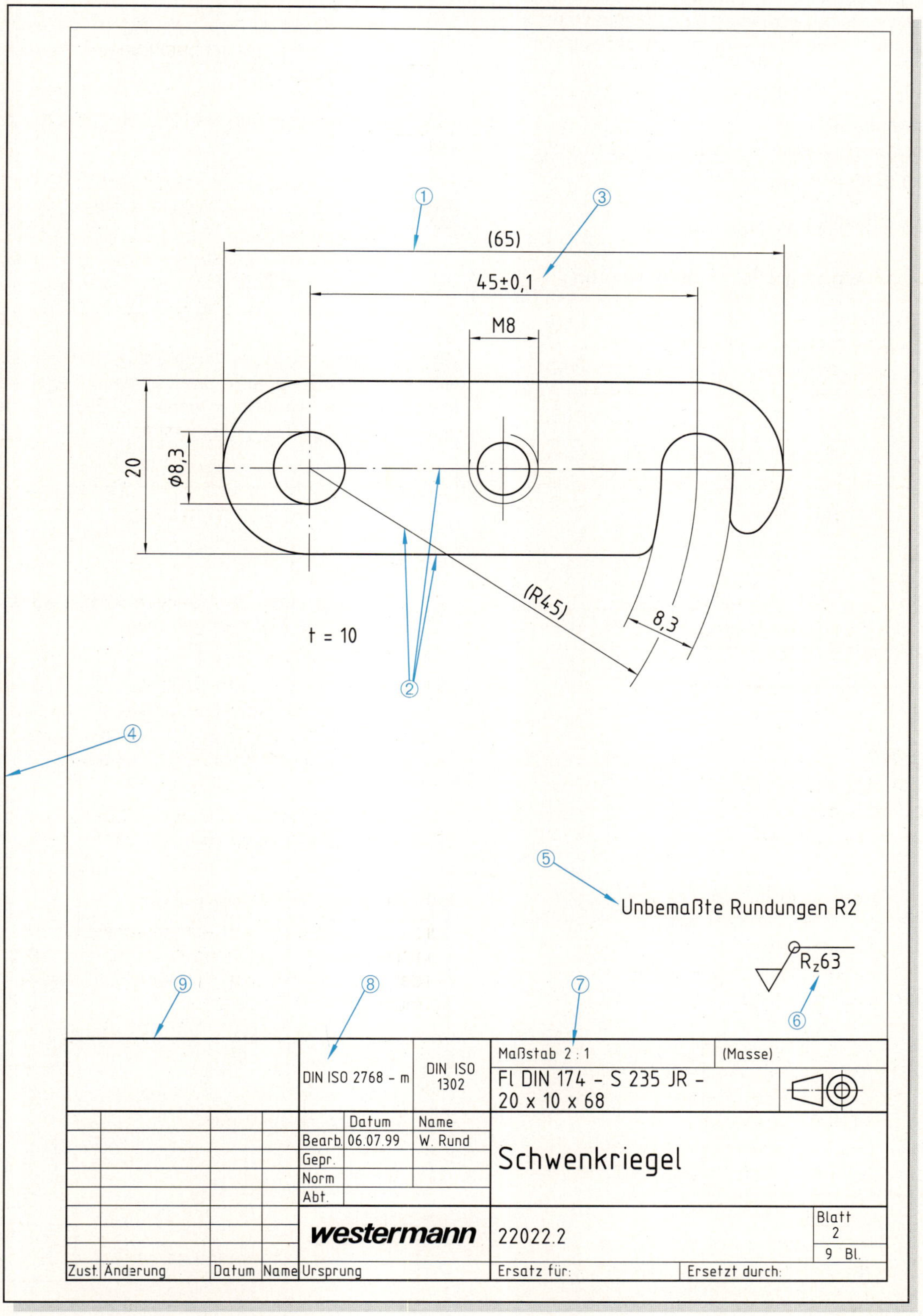

Abb. 2: Teil-Zeichnung „Schwenkriegel"

1.2.7 Maßstäbe

Gegenstände (Werkstücke, Maschinen, Geräte) sind auf technischen Zeichnungen nicht immer in ihrer Originalgröße darstellbar. Um dennoch größere Gegenstände auf genormten Blattgrößen darstellen zu können, werden sie verkleinert gezeichnet.

Kleine Gegenstände müssen jedoch oft vergrößert gezeichnet werden, damit alle Einzelheiten erkennbar und zu bemaßen sind.

Das Verhältnis der Zeichengröße zur Originalgröße des Gegenstandes wird als *Maßstab* bezeichnet. Ist der Gegenstand in Originalgröße dargestellt, bezeichnet man den Maßstab mit *1 : 1*.

Verwendung eines Maßstabes

Maßstäbe dürfen nicht willkürlich gewählt werden, sondern müssen der **DIN ISO 5455** entsprechen (Tab. 1).

Tab. 1: Maßstäbe nach DIN ISO 5455 (Auszug)

Vergrößerung		Originalgröße	Verkleinerung	
2 : 1	20 : 1		**1 : 2**	1 : 50
5 : 1	50 : 1	**1 : 1**	1 : 5	1 : 100
10 : 1			1 : 10	1 : 1000

Beim Erstellen einer Zeichnung im *Verkleinerungsmaßstab* (z. B. 1 : 2) oder *Vergrößerungsmaßstab* (z. B. 2 : 1) müssen die Abmessungen des Gegenstandes entsprechend umgerechnet werden.

- **Maßstab 1 : 2 bedeutet:**
  Der Gegenstand ist um die *Hälfte kleiner* gezeichnet, als er im Original ist. 1 mm der gezeichneten Länge entspricht 2 mm der tatsächlichen Länge am Original.

- **Maßstab 2 : 1 bedeutet:**
  Der Gegenstand ist *zweimal so groß* gezeichnet, als er im Original ist. 2 mm gezeichnete Länge entsprechen 1 mm des Originalgegenstandes.

Der verwendete Maßstab wird im Schriftfeld der Zeichnung eingetragen.

*Unabhängig vom gewählten Maßstab sind immer die **Fertigungsmaße** eines Gegenstandes in die Zeichnung einzutragen. So können für eine Fertigung die Maße ohne Umrechnung abgelesen werden.*

Eine Verkleinerung oder Vergrößerung bezieht sich immer nur auf den gezeichneten Umriss des Gegenstandes. Nicht vergrößert oder verkleinert werden z. B. Maßzahlen, Maßpfeile oder allgemeine Beschriftungstexte.

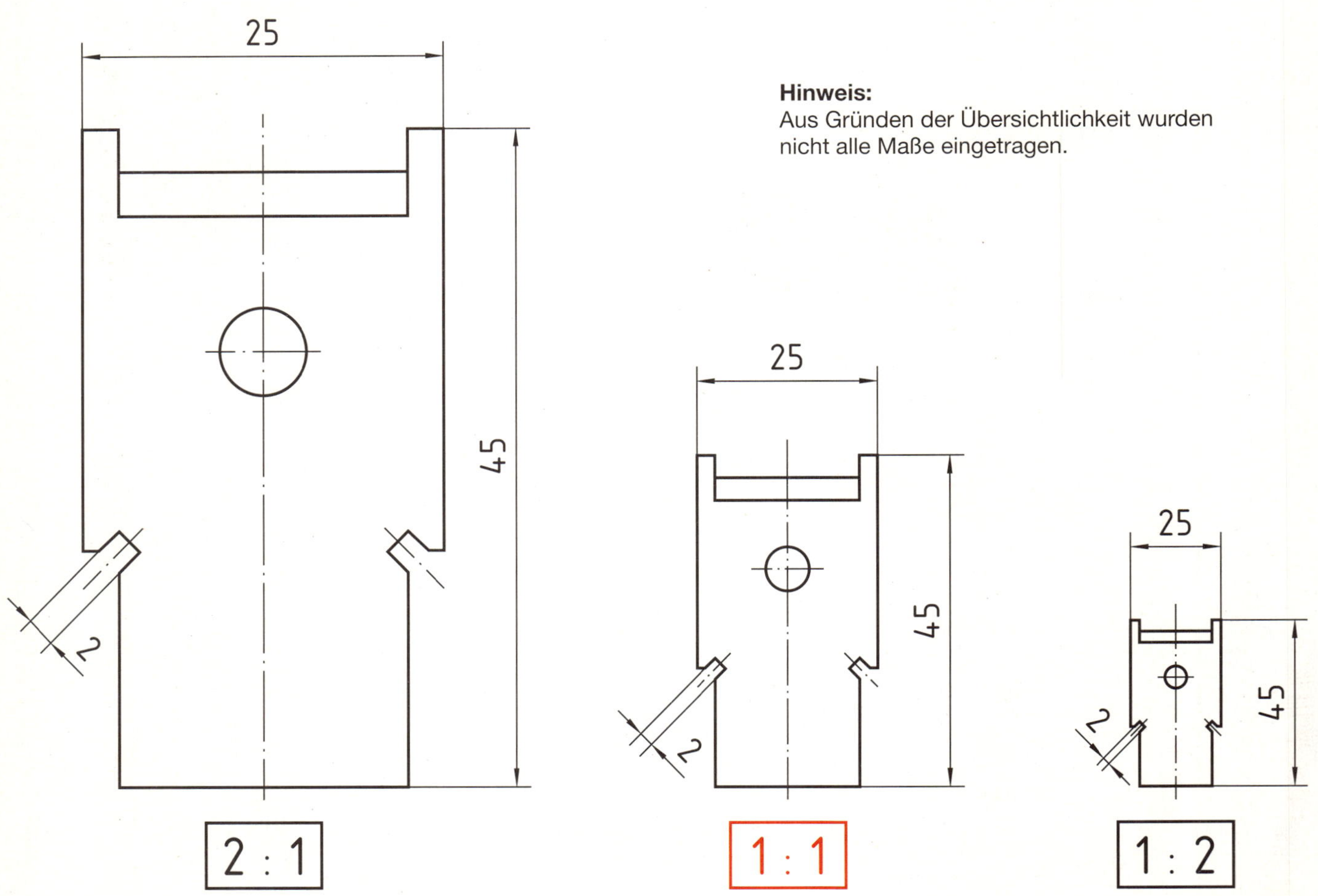

Hinweis:
Aus Gründen der Übersichtlichkeit wurden nicht alle Maße eingetragen.

Abb. 1: Werkstück in unterschiedlichen Maßstäben (Pos. 6 – „Aufnahme der Bohrvorrichtung")

1.3 Erstellen von Kommunikationsmitteln

Das Kommunikationsmittel **Technische Zeichnung** wird durch Anwendung unterschiedlicher Arbeitsmethoden erstellt:

- **manuelle Zeichnungserstellung** am Zeichenbrett bzw. an der Zeichenplatte,
- **computerunterstützte Zeichnungserstellung** (CAD) am Bildschirm.

1.3.1 Manuelle Erstellung

Zur manuellen Zeichnungserstellung stehen eine Vielzahl unterschiedlicher Arbeitsmittel zur Verfügung. Welche verwendet werden, hängt von der Komplexität der zu lösenden Zeichenaufgabe ab.

In Schule und Werkstatt werden mindestens folgende Arbeitsmittel benötigt:

- **Zeichenplatte**
  Merkmale: Klemmleiste zur Blattbefestigung, umlaufende Nuten für die Linealführung, Parallel-Zeichenlineal mit Klemmung, Größe A4 oder A3.

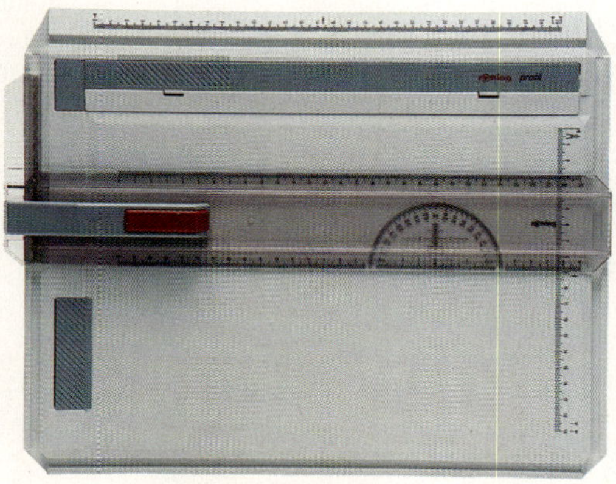

- **Geometrie Dreieck**
  Merkmale: Zeichendreieck mit Winkelmesser und Maßstabsskala, transparenter Kunststoff, möglichst mit Griffstück.

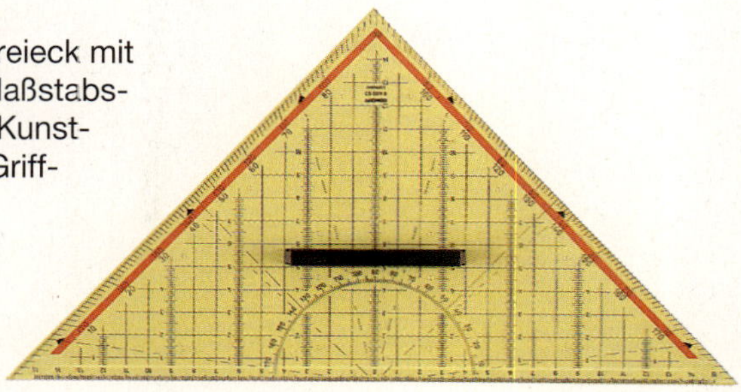

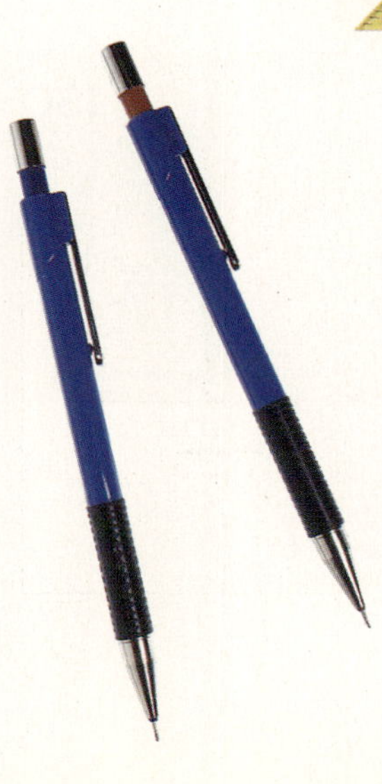

- **Zeichenstifte**
  Merkmale: Feinminenstifte mit Minen in den Linienbreiten 0,3 und 0,5 mm, Minen in unterschiedlichen Härtegraden (für Zeichenkarton weiche Minen, für Transparentpapier harte Minen).

  Die Härtegrade werden durch Buchstaben und/oder Ziffern angegeben (Tab. 2).

Tab. 2: Härtegrade

Härtegrad	Bedeutung
B	schwarz (engl. = black) und weich
H	hart (engl. = hard)
HB	hart, schwarz (mittelhart)
F	fest (engl. = firm)
Zusätzliche Ziffern am Härtegrad verweisen auf feinere Abstufungen, z. B. B4, H6.	

- **Tuschefüller**
  Merkmale: Genormte Linienbreiten in 0,25 / 0,35 / 0,5 mm, Tuschepatrone oder Nachfülltank, Aufbewahrung in einer Kassette.

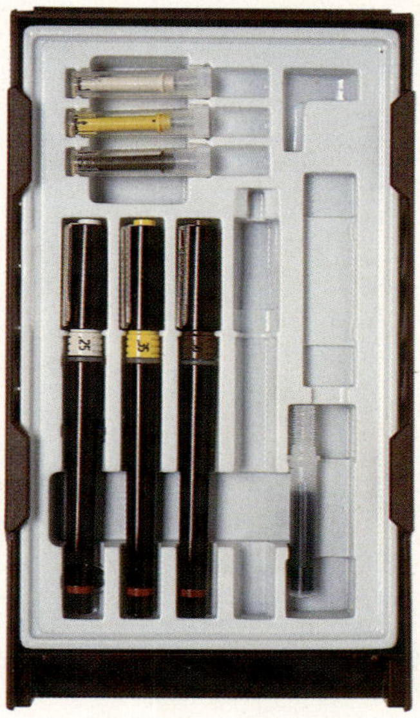

- **Zirkel**
  Merkmale: Einsatz-Zirkel mit Schnellverstellung, Einsatz für Bleistift oder Tuschefüller, Verlängerungsstange für große Kreise.
  Müssen oft kleine Kreise gezeichnet werden (Radius < 5 mm), können Fall-Nullenzirkel verwendet werden.

- **Schablonen**

Schablonen sind Hilfsmittel zur rationellen und gleichbleibend genauen Zeichnungserstellung. Es gibt sie in einer großen Anzahl für die unterschiedlichsten Zeichenaufgaben (Abb. 1).

Wichtige Schablonen für Schule und Werkstatt sind:

- Rundungsschablonen,
- Kreisschablonen,
- Kurvenlineal,
- Schriftschablonen für die genormten Schriftgrößen 2,5 / 3,5 / 5 mm,
- Symbol-Schablonen, z. B. für Hydraulik- oder Stromlaufpläne, Oberflächenkennzeichnung,
- Kombischablonen.

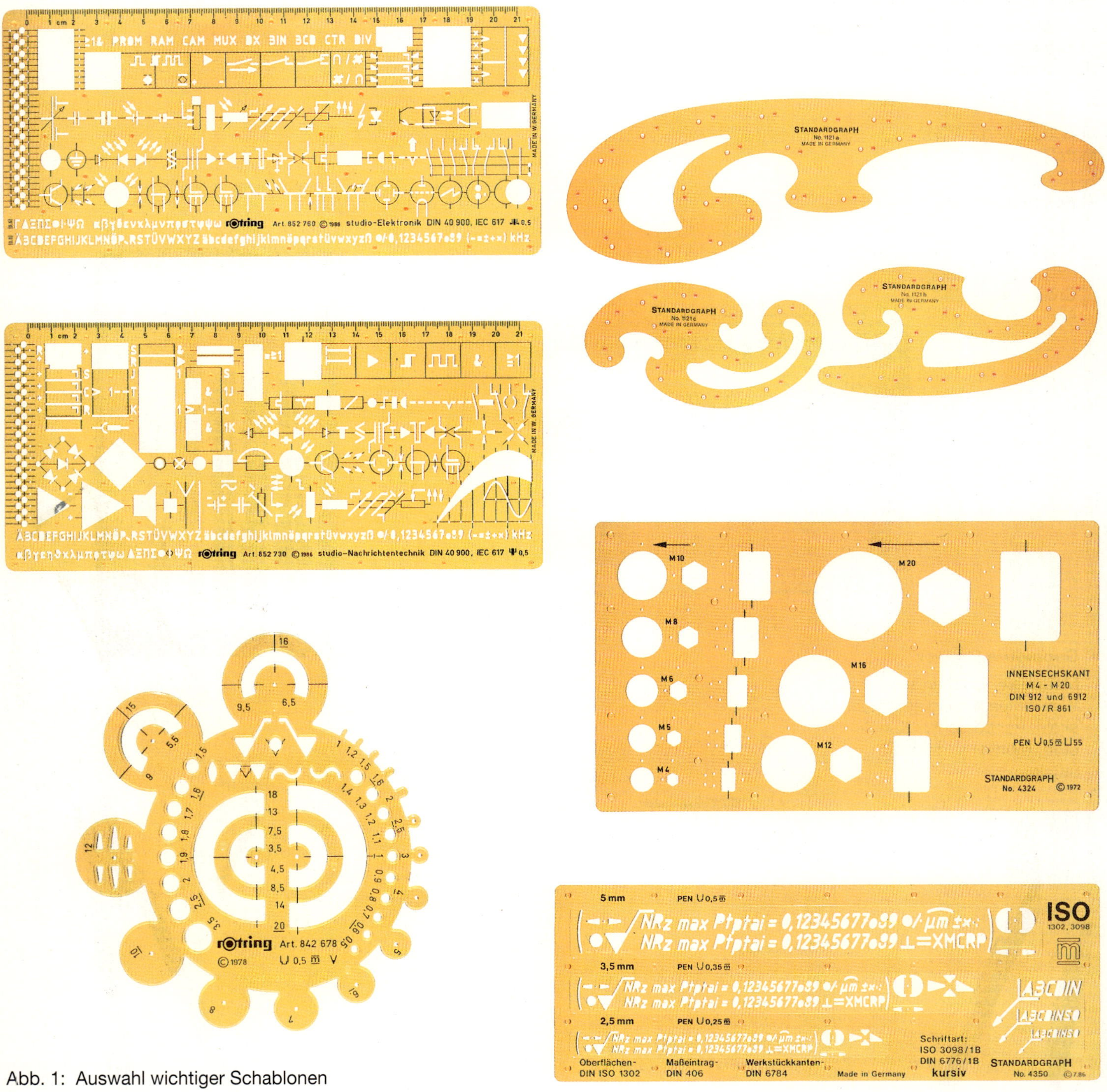

Abb. 1: Auswahl wichtiger Schablonen

1.3.2 Computerunterstützte Erstellung

Die meisten Firmen wenden heute keine manuellen Zeichentechniken mehr an, um technische Zeichnungen aller Art herzustellen. Zeichnungen entstehen statt dessen mit Hilfe eines Computersystems am Bildschirm (Abb. 2). Die Ausgabe der Zeichnung auf Papier erfolgt mit einem Drucker oder Plotter (numerisch gesteuerte Zeichenmaschine). Gespeichert wird die Zeichnung nicht auf Papier, sondern auf einem Datenträger (Festplatte, Diskette).

Diese Arbeitsmethode wird als **CAD** (**C**omputer **A**ided **D**esign) bezeichnet. Der Begriff steht aber nicht nur für die Zeichnungserstellung, sondern auch z. B. für das Durchführen von Berechnungen und Simulationen.

Merkmale des CAD sind u. a.:

- Oft wiederkehrende Teile (z. B. Schrauben, Muttern, Werkstücke) müssen nicht ständig neu gezeichnet werden. Man greift auf bereits im Computer Gespeichertes zurück.
- Gespeicherte Zeichnungen können schneller als von Hand geändert werden.
- Es wird eine gleichbleibend hohe Qualität bei der Zeichnungsausgabe auf Drucker oder Plotter erreicht.
- Die Entwicklungszeiten für neue Produkte sind kürzer.
- Fertigungsunterlagen können automatisch erstellt werden. Dazu zählen z. B. Stücklisten oder Programme für die Fertigung auf numerisch gesteuerten Werkzeugmaschinen (CNC-Maschinen).

Abb. 2: Beispiel eines CAD-Arbeitsplatzes

2 FERTIGUNGSGERECHTE DARSTELLUNGEN

2.1 Technische Darstellung von Werkstücken

Für die Fertigung müssen Werkstücke mit allen Formen eindeutig dargestellt werden. Diese Forderung wird erfüllt, indem eine Darstellung in unterschiedlichen *Ansichten* erfolgt. Art und Anordnung der Ansichten sind nach **DIN 5** und **DIN 6** genormt (Abb. 1).

2.1.1 Entstehung von Ansichten

Blickt man aus unterschiedlichen Richtungen jeweils rechtwinklig auf die Fläche eines Werkstückes, entstehen unterschiedliche Ansichten. Jede Ansicht zeigt einen anderen Umriss. Der Umriss wird dann in der Zeichnung dargestellt.

Für die Fertigung müssen Werkstücke oft in mehreren Ansichten dargestellt werden. Dieses kann in maximal sechs Ansichten erfolgen.

Die sechs Ansichten heißen:

- *Vorderansicht*,
- *Seitenansicht von links*,
- *Seitenansicht von rechts*,
- *Draufsicht*,
- *Untersicht*,
- *Rückansicht*.

Die drei meist verwendeten Ansichten sind die *Vorderansicht, Seitenansicht von links* und die *Draufsicht*. Damit lassen sich Werkstücke in der Regel eindeutig darstellen.

Grundsätzlich werden nur so viele ***Ansichten*** *eines Werkstückes gezeichnet, wie für eine Darstellung und Bemaßung aller Formen* ***notwendig*** *sind.*

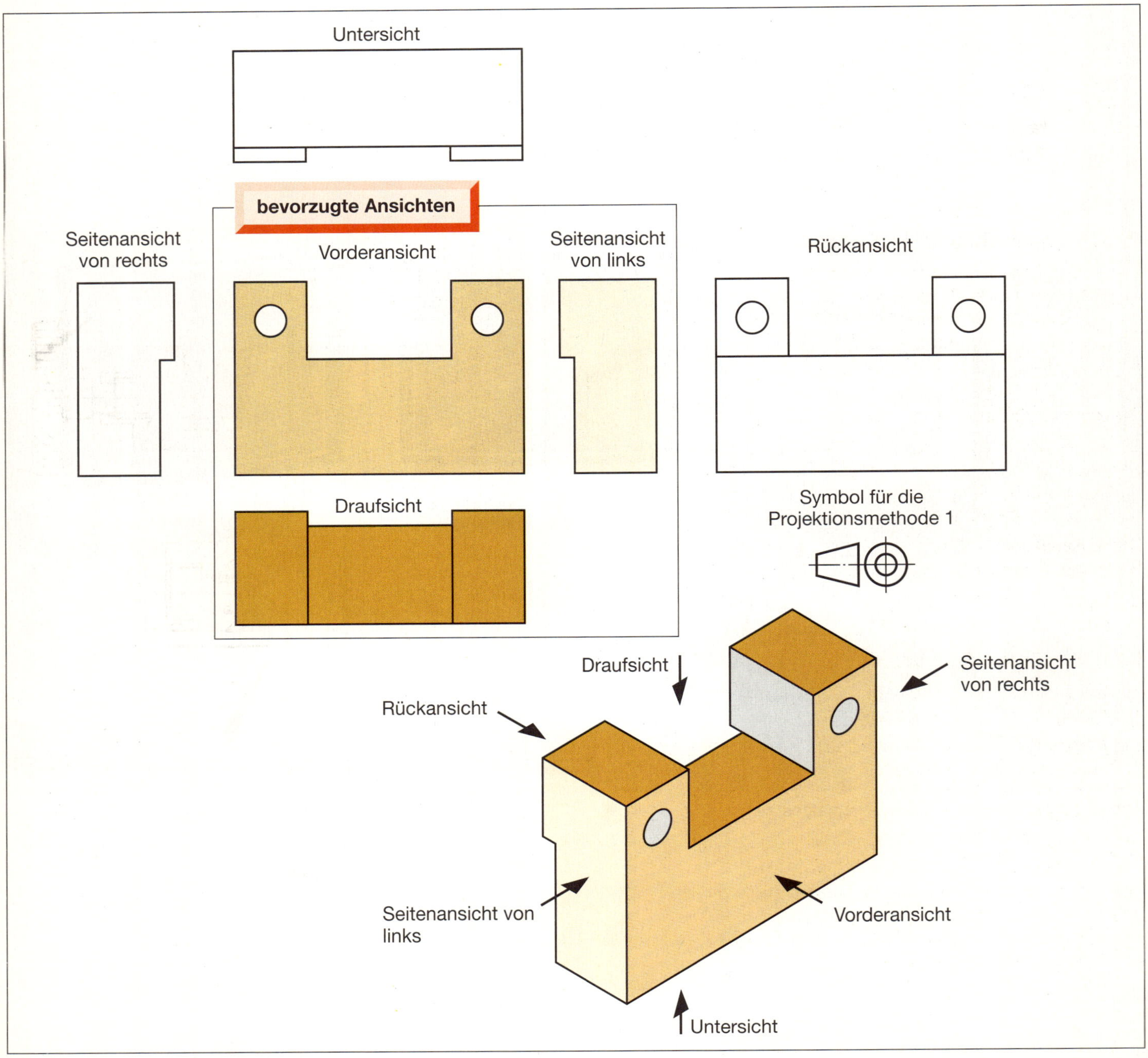

Abb. 1: Anordnung von Ansichten

2.1.2 Anordnung der Ansichten

Auf einer Zeichnung müssen die Ansichten eines Werkstückes nach einer bestimmten Systematik zueinander angeordnet werden. Dabei kommt der Vorderansicht eine zentrale Bedeutung zu.

*Die **Vorderansicht** zeigt **wesentliche Formen** des Werkstückes.*

Bezogen auf die gewählte Vorderansicht haben die anderen Ansichten eine bestimmte Lage (Abb. 1):

- Die *Seitenansicht von links* liegt *rechts* neben der Vorderansicht. Die Ansichten liegen auf gleicher Höhe.
- Die *Seitenansicht von rechts* liegt *links* neben der Vorderansicht.
- Die *Draufsicht* liegt senkrecht *unter* der Vorderansicht.
- Die *Untersicht* liegt *oberhalb* der Vorderansicht.
- Die *Rückansicht* kann *links oder rechts* neben der Seitenansicht liegen.

2.1.3 Kennzeichnung der Projektionsmethode

Die Anordnung der Ansichten zueinander wird auch als *ISO-Projektionsmethode 1* bezeichnet. Sie findet im deutsch-sprachigen Raum Anwendung.

Für die USA und Großbritannien gilt die Projektionsmethode 3, in der die Ansichten anders angeordnet werden. Hier liegt z. B. die Draufsicht oberhalb der Vorderansicht und die Seitenansicht von links steht links neben der Vorderansicht.

Damit es im internationalen Zeichnungsaustausch nicht zu Lese- und Interpretationsfehlern kommt, wird die Projektionsmethode durch ein Symbol gekennzeichnet. Dieses steht entweder im Schriftfeld oder in dessen Nähe.

Das Symbol zeigt einen Kegelstumpf in der Vorderansicht und Seitenansicht von links (Abb. 1).

2.1.4 Fertigungslage und Gebrauchslage

In der Vorderansicht wird das Werkstück entweder in *Fertigungslage* oder in *Gebrauchslage* dargestellt.

Die *Fertigungslage* zeigt das Werkstück in der Lage, in der es z. B. auf einer Werkzeugmaschine oder in einer Vorrichtung zum Bearbeiten gespannt wird (Abb. 2). Prismatische Werkstücke können mehrere Fertigungslagen haben. Dann wird eine Darstellung gewählt, in der möglichst viele Bearbeitungsformen gezeigt werden können.

Die *Gebrauchslage* zeigt das Werkstück wie es in der Maschine, Anlage oder Vorrichtung eingebaut ist. Die Gebrauchslage kann einer Gruppen-, Gesamt- oder Explosionszeichnung entnommen werden (Abb. 3).

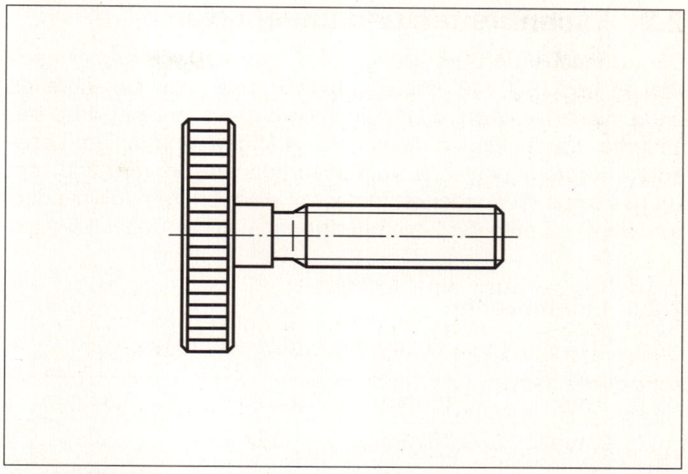

Abb. 2: Fertigungslage von Teil 14

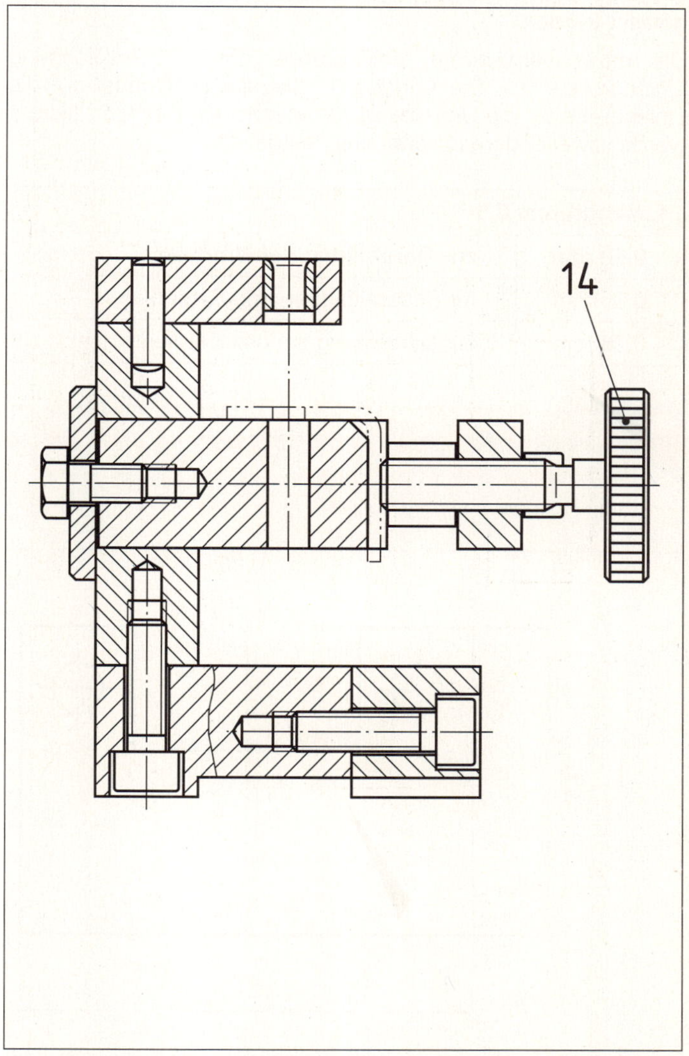

Abb. 3: Gebrauchslage von Teil 14

2.2 Linienbreiten und Linienarten

Die zeichnerische Darstellung von Gegenständen erfolgt nach **DIN 15** und **ISO 128** in unterschiedlichen Linienbreiten und Linienarten (Abb. 1). Dadurch wird gewährleistet, dass bestimmte Darstellungen einheitlich erfolgen und keine Lese- oder Interpretationsfehler entstehen können. So wird z. B. der Umriss eines Werkstückes immer mit einer breiten Volllinie dargestellt. Die Breite der Linie beträgt dabei in der Regel 0,5 mm.

2.2.1 Linienbreiten

Nach DIN 15 gibt es sieben genormte Linienbreiten:

0,13 mm	0,18 mm	0,25 mm	0,35 mm
0,50 mm	0,70 mm	1,00 mm	

Innerhalb einer Zeichnung kommen jedoch nur *drei* Linienbreiten zur Anwendung, die in einer *Liniengruppe* zusammengefasst werden.

Die meist verwendete Liniengruppe hat die Bezeichnung *Liniengruppe 0,5*. Die Angabe 0,5 bezieht sich dabei auf die Linienbreite für die Umrisse des Werkstückes. Bezogen hierauf werden zwei andere Linienbreiten festgelegt.

Liniengruppe 0,5	
0,50 mm	**zur Darstellung der Umrisse**
0,35 mm	für Beschriftungen und Symbole
0,25 mm	zur Darstellung anderer Elemente

Die schmalen Linien sind immer ***halb so breit*** *wie die breiten Linien.*

2.2.2 Linienarten und ihre Anwendung

Zur Darstellung von Gegenständen werden unterschiedliche Linienarten verwendet, denen eine bestimmte Linienbreite zugeordnet ist. Jede Linienart hat eine bestimmte Benennung und einen bestimmten Verwendungszweck. Bezogen auf die *Liniengruppe 0,5* ergibt sich folgende Anwendung:

Tab. 1: Beispiele für Linienarten

ISO 128	Linienarten (Auswahl)	DIN 15	Linienbreite	Beispiele für die Anwendung
01	Volllinie, breit	A	**0,50**	Sichtbare Kanten und Umrisse.
	Volllinie, schmal	B	0,25	Maßlinien, Hinweislinien, Schraffurlinien, Biegelinien.
	Freihandlinie	C	0,25	Begrenzung von verkürzt oder unterbrochen dargestellten Konturen.
02	Strichlinie	F	0,25	Verdeckte Kanten und Umrisse.
04	Strichpunktlinie, schmal	G	0,25	Mittellinien, Symmetrielinien, Teilkreise.
	Strichpunktlinie, breit	J	0,5	Kennzeichnung der Schnittebene, Kennzeichnung geforderter Behandlungen.
05	Strich-Zweipunktlinie	K	0,25	Umrisse vor der Verformung, gestreckte Länge, Grenzstellungen von beweglichen Teilen.

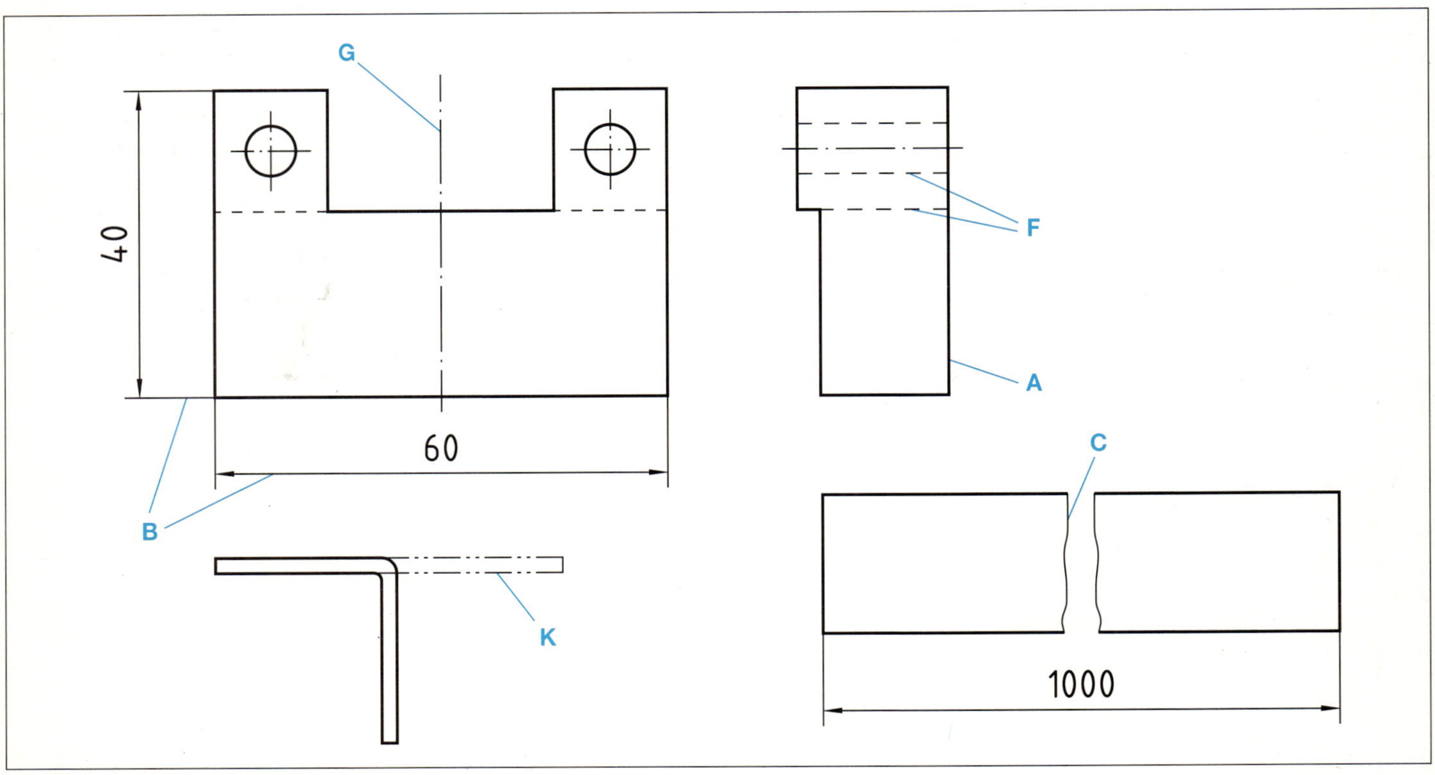

Abb. 1: Beispiele für Linienarten

2.3 Grundlagen der Maßeintragung

Neben der eindeutigen Darstellung von Werkstücken sind zusätzlich Informationen über die Größe des Werkstückes und seine Formen notwendig. Hierzu werden in Fertigungszeichnungen alle Maße eingetragen, die zur Herstellung notwendig sind (Abb. 2). Regeln für die Maßeintragung sind in der **DIN 406** festgelegt.

2.3.1 Eintragung von Längenmaßen

Eine Standard-Maßangabe besteht aus den Elementen:

- *Maßlinie*,
- *Maßhilfslinien*,
- *Maßlinienbegrenzung*,
- *Maßzahl*.

Die wichtigsten Grundregeln zur Maßeintragung sind:

① Die *Maßlinie* verläuft im Standardfall parallel zur Werkstückkante und schließt an die Maßhilfslinien an.

② *Maßhilfslinien* stehen ca. 2 mm über die Maßlinie hinaus. Die Maßhilfslinien stehen rechtwinklig zur Maßlinie. Sie schließen an das zu bemaßende Element an.

③ Die *erste Maßlinie* hat von der Werkstückkante einen Abstand von ca. 10 mm. Liegen *mehrere Maßlinien* übereinander (untereinander, nebeneinander), haben diese einen Abstand von jeweils 10 mm zueinander.

④ Als *Maßlinienbegrenzung* werden im Maschinenbau ausgefüllte *Maßpfeile* verwendet. Bei der Liniengruppe 0,5 sind diese ca. 2,5 mm lang und haben einen Öffnungswinkel von 15°. Maßpfeile werden im Allgemeinen zwischen die Maßhilfslinien gezeichnet. Bei Platzmangel werden Sie von außen an die Maßhilfslinien geführt ⑥.

⑤ *Maßlinien und Maßhilfslinien* von unterschiedlichen Maßen sollen sich *nicht kreuzen*. Dieses ist jedoch nicht immer zu vermeiden.

⑥ Die *Maßzahl* steht über der Maßlinie und im Allgemeinen zwischen den Maßhilfslinien. Bei Platzmangel wird die Maßzahl außerhalb über eine verlängerte Maßlinie geschrieben. Maßzahlen beziehen sich immer auf die Einheit *mm*. Die Einheit wird jedoch nicht eingetragen.

⑦ Die *Schreibrichtung der Maßzahl* verläuft wie die zugehörige Maßlinie. Dabei sind die Maße so einzutragen, dass sie von unten ① oder von rechts lesbar sind. Die *Schriftgröße* beträgt *3,5 mm*.

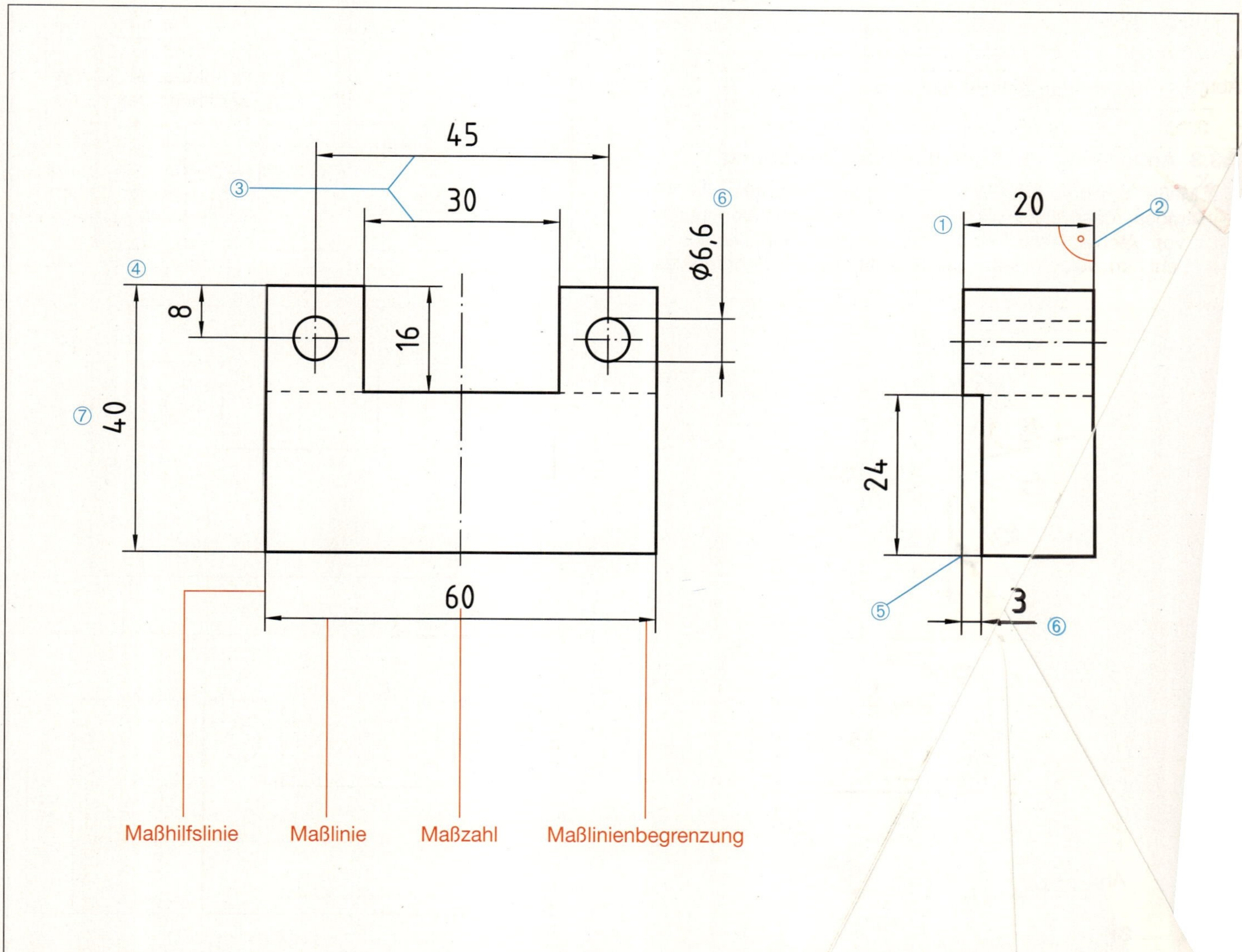

Abb. 2: Beispiele für Längenmaße

2.3.2 Eintragung von Winkelmaßen

Werden Winkel bemaßt, ist die Maßlinie ein Kreisbogen. Der Mittelpunkt des Kreisbogens befindet sich im Scheitelpunkt der Schenkel. Die Winkelangabe steht – wie die Maßzahl – über der Maßlinie. Die Einheit *Grad* ° ist erhöht hinter der Winkelangabe einzutragen. Die Maßhilfslinien verlaufen in Richtung der Schenkel.

Winkelmaße werden auch oft ohne Maßhilfslinien direkt zwischen die Schenkel eines Winkels gesetzt.

Im Übrigen gelten die Regeln für die Eintragung von Längenmaßen (Abb. 1).

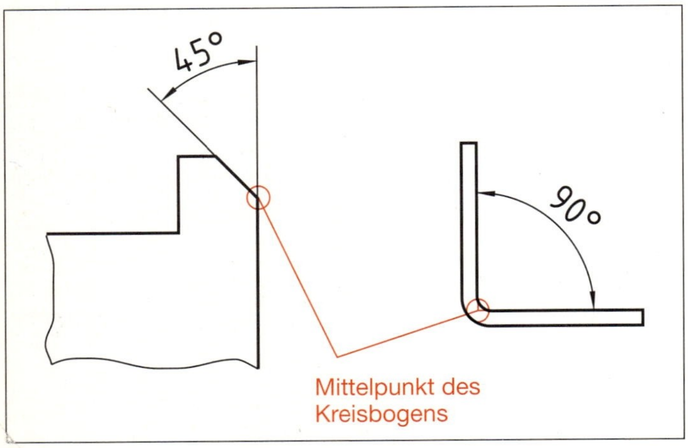

Abb. 1: Beispiele für Winkelmaße

2.3.3 Anordnung von Maßen auf der Zeichnung

Alle Maße, Symbole oder Wortangaben sind vorzugsweise so einzutragen, dass sie in Leselage der Zeichnung von unten oder von rechts lesbar sind. Die Leselage der Zeichnung entspricht im Allgemeinen der Leselage des Schriftfeldes (Abb. 2).

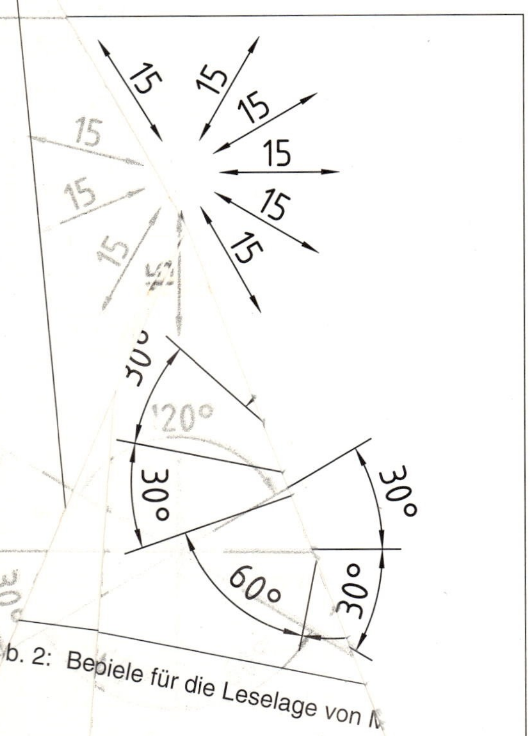

Abb. 2: Beispiele für die Leselage von M…

2.3.4 Allgemeine Bemaßungsgrundsätze

Neben der reinen normgerechten Eintragung von Maßen sind zusätzlich immer allgemeine Grundsätze zu berücksichtigen (Abb. 3):

① Grundsätzlich wird das Maß immer in der Ansicht eingetragen, in der die Zuordnung von Form und Maß eindeutig erkennbar ist. So ist z. B. die Form der Nut 30 x 16 in der Vorderansicht erkennbar und auch hier zu bemaßen.

② Die Bemaßung an verdeckten Kanten (Linienart F – Strichlinie) ist zu vermeiden.

③ Maße, die sich durch die Fertigung von selbst ergeben, werden nicht eingetragen. Erscheinen solche Maße jedoch für eine einfachere Fertigung hilfreich, wird die Maßzahl in runde Klammern gesetzt. Solche Maße werden als *Hilfsmaße* bezeichnet.

④ Jedes Maß ist grundsätzlich nur einmal einzutragen. Wurde z. B. in der Vorderansicht das Maß für die Werkstückhöhe eingetragen, kann in der Seitenansicht darauf verzichtet werden.

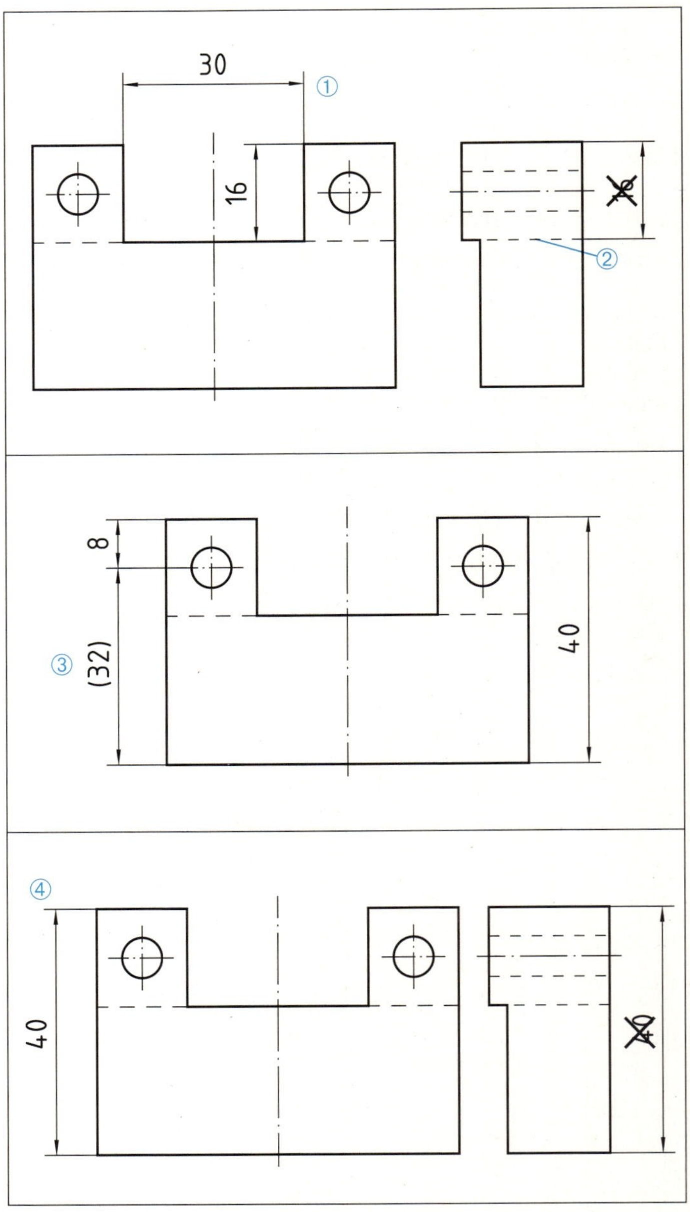

Abb. 3: Allgemeine Bemaßungsgrundsätze

2.3.5 Maßlinienbegrenzung bei Platzmangel

Liegen durch sehr kurze Maßabstände die Maßhilfslinien eng nebeneinander, werden die Maßpfeile durch ausgefüllte Punkte ersetzt. Bei der Liniengruppe 0,5 mm hat der Punkt einen Durchmesser von ca. 1,25 mm.

In Handskizzen und Zeichnungen aus dem Bauwesen werden statt Maßpfeilen oder Punkten *Schrägstriche* verwendet. Diese verlaufen, bezogen auf eine horizontale Maßlinie, unter 45° von links unten nach rechts oben (Abb. 4).

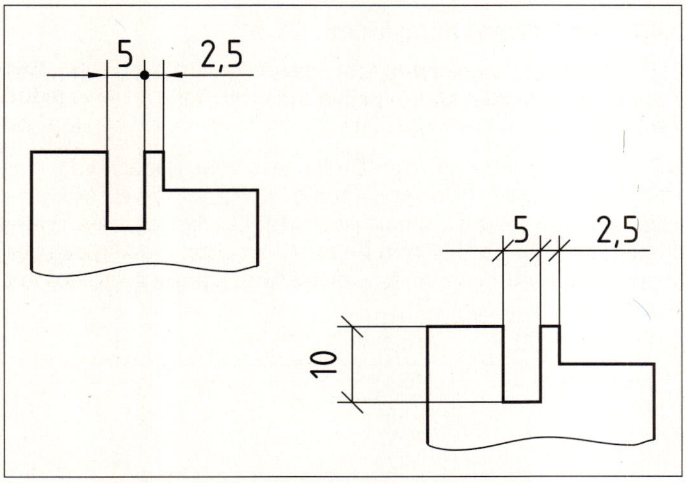

Abb. 4: Punkt und Schrägstrich als Maßlinienbegrenzung

2.3.6 Hinweislinien

Können bei Platzmangel die Maßzahlen nicht zwischen Maßpfeile oder Maßpunkte gesetzt werden, so wird die Maßzahl nach außen versetzt und mit *einer schrägen Hinweislinie* zur Maßlinie hin verbunden. Hinweislinien werden auch zur Eintragung von Positions-Nummern in Gesamt-Zeichnungen oder für Wortangaben verwendet.

Hinweislinien sind schmale Volllinien. Sie enden:

- mit einem Maßpfeil an Werkstückkanten,
- mit einem Punkt in einer Fläche,
- ohne Begrenzung an allen anderen Linien.

Hinweislinien dürfen auch abgewinkelt gezeichnet werden (Abb. 5).

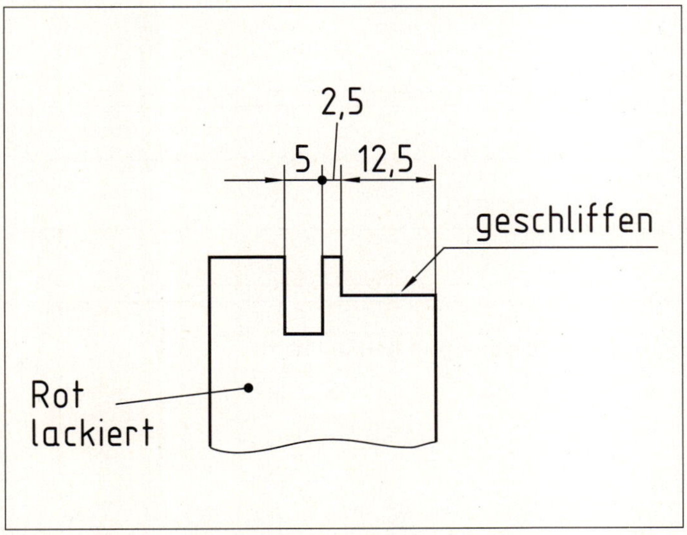

Abb. 5: Beispiele für Hinweislinien

2.3.7 Maßbuchstaben

Einfache Werkstücke, z. B. Blechteile, werden oft nur in der Vorderansicht dargestellt. An Stelle einer Seitenansicht oder Draufsicht wird nur der Maßbuchstabe **t** (engl. **t**hick = Dicke) mit der Maßzahl angegeben. Diese Angabe kann im oder neben dem Werkstück stehen.

Weitere Maßbuchstaben sind:

b = Breite, *h* = Höhe (Tiefe) und *l* = Länge.

Alle Maßbuchstaben sind als Kleinbuchstaben zu schreiben (Abb. 6).

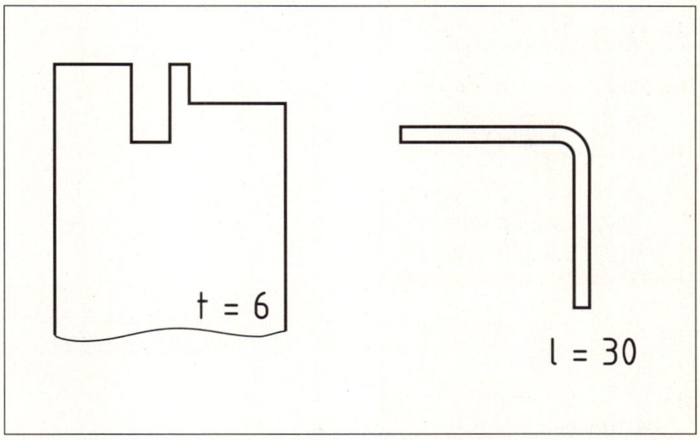

Abb. 6: Eintragung von Maßbuchstaben

2.3.8 Bemaßung an nicht maßstäblichen Formen

Sind Werkstücke oder Werkstückformen nach einer Zeichnungsänderung *nicht maßstäblich* dargestellt, ist die betreffende Maßzahl zu *unterstreichen*.

Eine solche Kennzeichnung ist jedoch nur innerhalb der manuellen Zeichnungserstellung zulässig. Bei einer CAD-gestützten Zeichnungserstellung darf die Kennzeichnung *nicht* verwendet werden.

Ebenso dürfen Maße an verkürzt oder unterbrochen dargestellten Werkstücken *nicht* unterstrichen werden (Abb. 7).

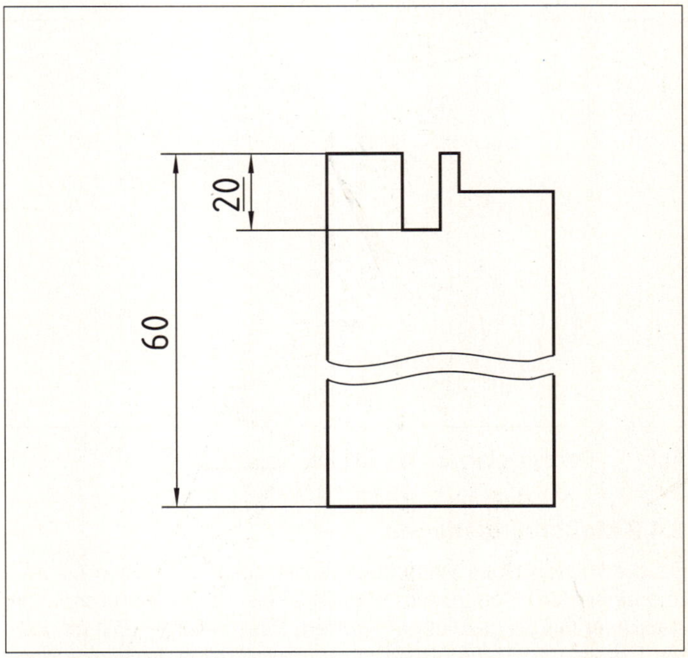

Abb. 7: Unterstrichene Maßzahl

2.4 Wahl des Zeichenformates

Auf welcher Blattgröße ein Werkstück zu zeichnen ist, hängt von mehreren Faktoren ab.

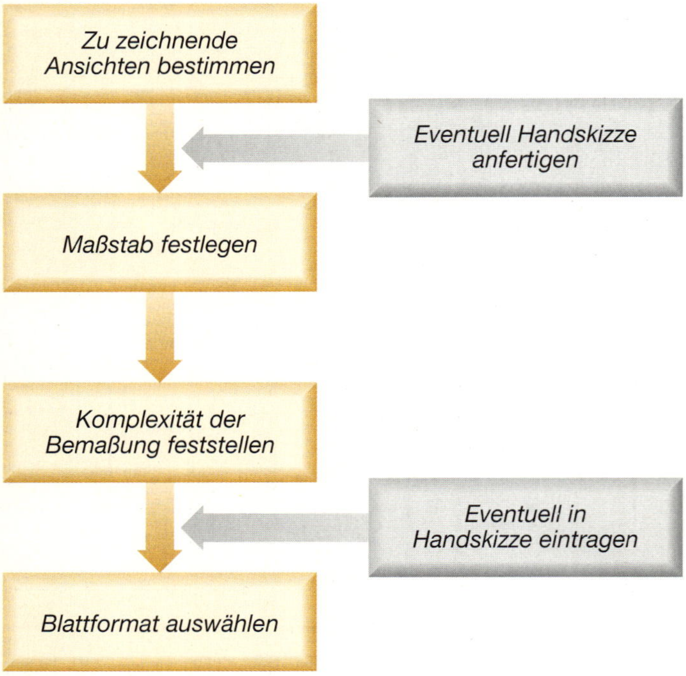

2.4.1 Zu zeichnende Ansichten bestimmen

Das räumlich dargestellte Werkstück (Pos. 2 – Schwenkriegel) soll als Teil-Zeichnung dargestellt werden (Abb. 1).

Beim Betrachten des Werkstückes wird deutlich, dass alle wesentlichen Formen in einer Ansicht gezeigt werden können. Diese Ansicht wird als Vorderansicht gezeichnet. Da weder in der Seitenansicht von links noch in der Draufsicht weitere Bearbeitungsformen erkennbar sind, können diese Ansichten entfallen.

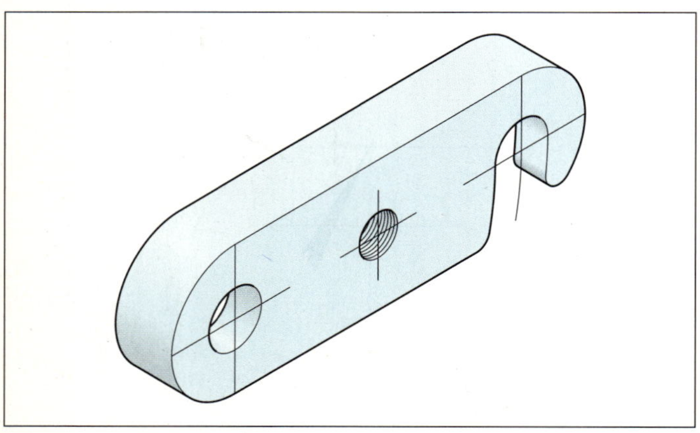

Abb. 1: Darzustellendes Werkstück

2.4.2 Maßstab festlegen

Da die Hüllform des Werkstückes mit einer Breite von 65 mm und einer Höhe von 20 mm relativ klein ist, kann es durchaus in doppelter Größe gezeichnet werden. Desto leichter fällt es später, Details und Maße übersichtlich darzustellen. Es wurde deshalb der *Maßstab 2 : 1* gewählt.

2.4.3 Komplexität der Bemaßung feststellen

Da nur eine Ansicht dargestellt wird, muss die Dicke mit der Angabe *t = 10* in oder neben das Werkstück geschrieben werden. Die Anzahl der weiteren Maße bestimmt den benötigten Platzbedarf auf dem Zeichenblatt. Da die erste Maßlinie von der Werkstückkante einen Abstand von 10 mm hat und alle weiteren Maßlinien untereinander ebenfalls 10 mm, kann der Platzbedarf relativ genau ermittelt werden. Das Anfertigen einer Handskizze kann dabei hilfreich sein.

2.4.4 Blattformat auswählen

Die Anzahl der Ansichten, der gewählte Maßstab und der Platzbedarf für die Maße bestimmen die Größe des Blattformates.

Im Beispiel wurde in der Breite ein Platzbedarf von ca. 150 mm ermittelt (Werkstückbreite 65 · 2 + zwei Maßeintragungen mit jeweils 10 mm Abstand). Da die nutzbare Blattbreite für ein A4 ca. 185 mm beträgt, kann das Werkstück sehr übersichtlich auf einem A4-Zeichenblatt dargestellt werden (Abb. 2).

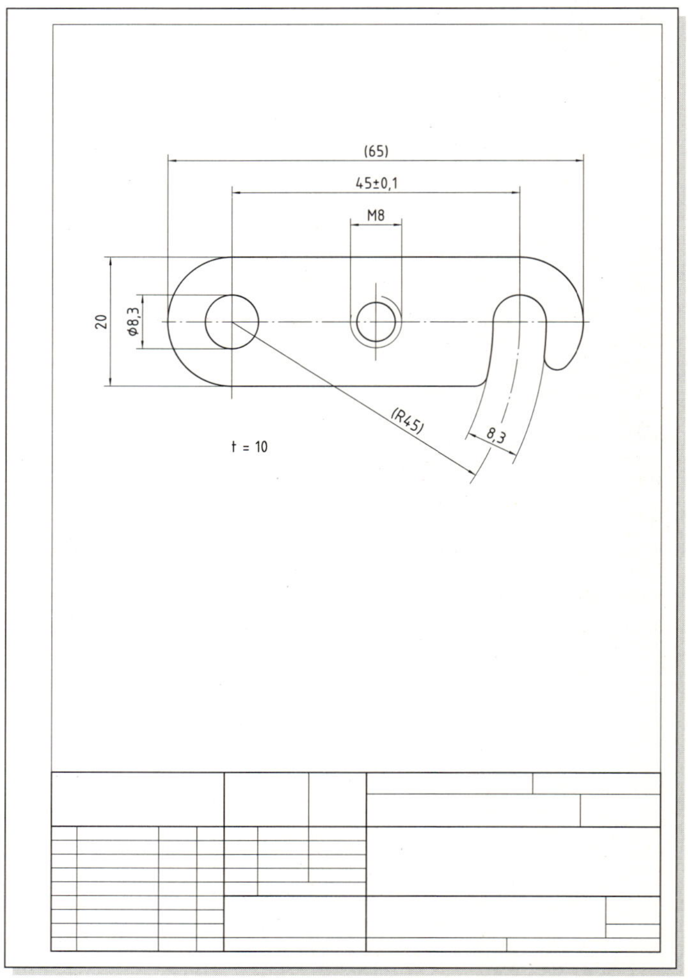

Abb. 2: Die Zeichnung im A4-Format

2.5 Prismatische Werkstücke

Prismatische Werkstücke sind Rechteckprofile, die in genormten Grundformen und Abmessungen vorliegen. Dieses kann z. B. warmgewalzter Flachstahl nach **DIN 1017** oder Quadratstahl nach **DIN 178** sein.

Durch trennende Fertigungsverfahren (z. B. Zerteilen, Drehen, Fräsen, Bohren, Feilen) entstehen *Bearbeitungsformen*, die den Verwendungszweck des Werkstückes erst ermöglichen.

Oft vorkommende Bearbeitungsformen sind:

- *Ausklinkungen (Absätze)*,
- *Abschrägungen*,
- *Nuten und Durchbrüche*,
- *Bohrungen*,
- *Rundungen*.

Am Werkstück *Platte* (Pos. 3 der Bohrvorrichtung) sind außer Rundungen alle Bearbeitungsformen vorhanden (Abb. 3).

Rundungen sind an den Werkstücken *Schwenkriegel* (Pos. 2) und *Führungssteg* (Pos. 5) erkennbar (Abb. 4).

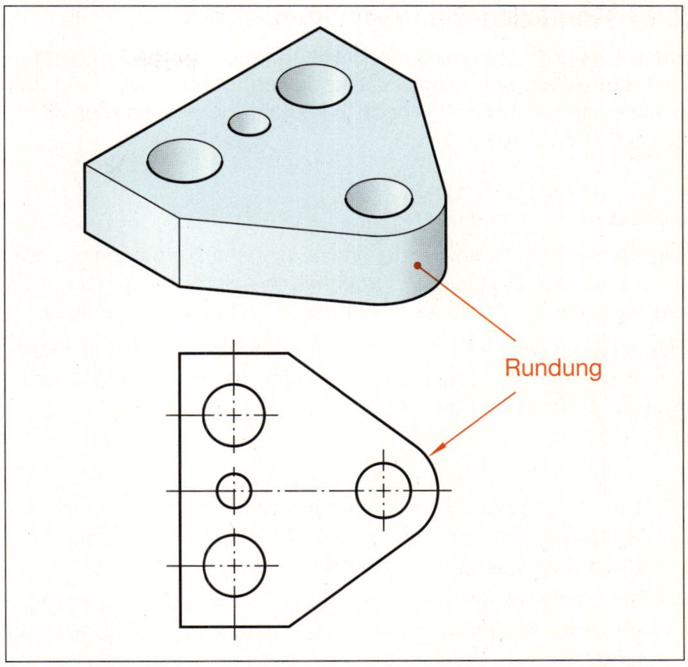

Abb. 4: Führungssteg mit Rundung

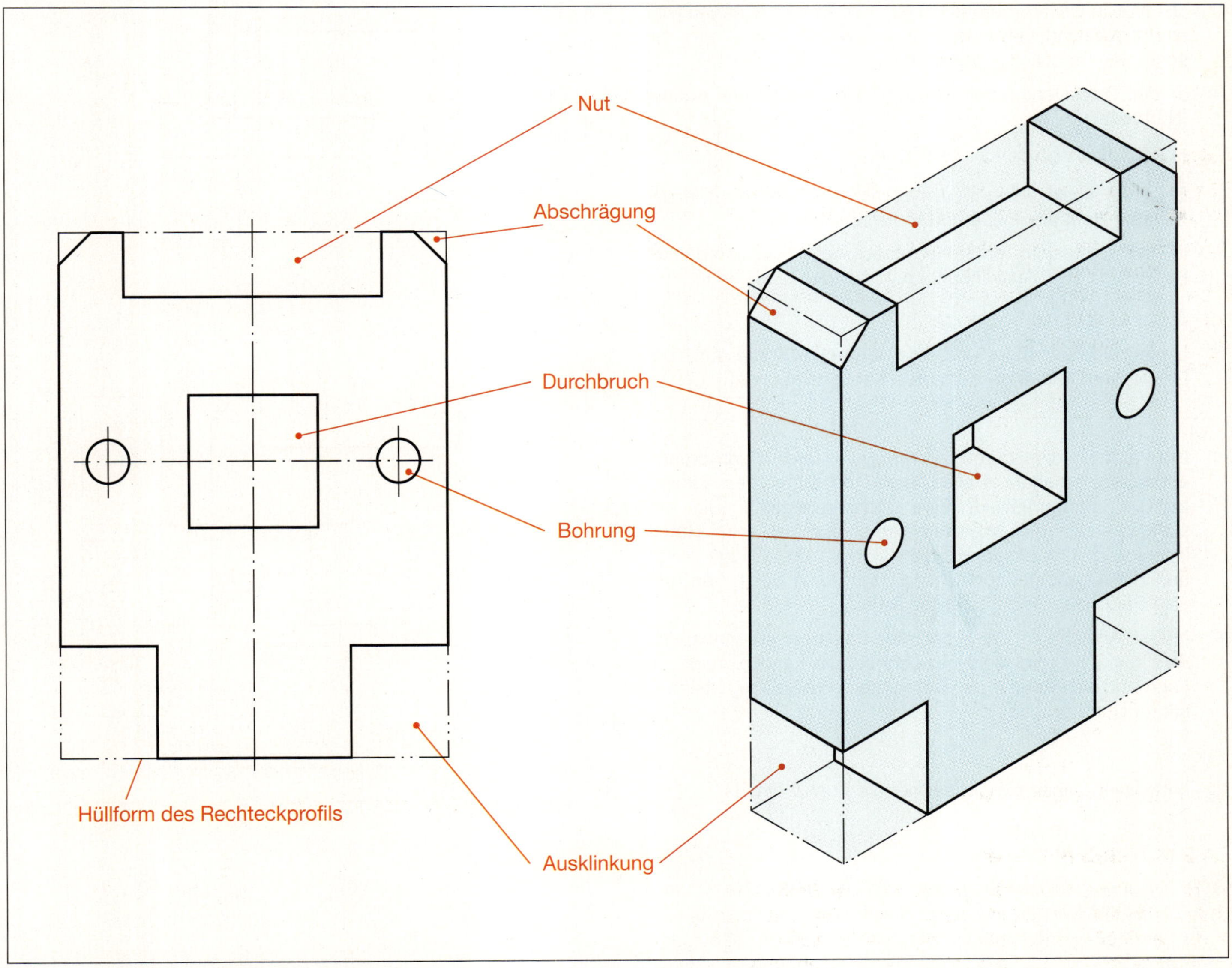

Abb. 3: Platte mit Bearbeitungsformen

2.5.1 Darstellen von Bearbeitungsformen

Beim Fertigen entstehen am Werkstück neue Kanten. Werden mehrere Ansichten eines Werkstückes gezeichnet, sind die zusätzlichen Kanten – je nach Blickrichtung – entweder sichtbar oder verdeckt.

Beispiel:

Die Platte (Pos. 3) soll in der Vorderansicht, Seitenansicht von links und der Draufsicht dargestellt werden. Ausgehend von der Vorderansicht werden die anderen Ansichten gezeichnet.

Die zeichnerische Lösung erhält man, indem Ecken oder Kanten aus einer Ansicht horizontal oder vertikal in die andere Ansicht projiziert werden (Abb. 1).

① Die *Abschrägung* in der Vorderansicht erzeugt in der Seitenansicht eine neue und sichtbare Kante. Sie wird mit breiter Volllinie gezeichnet.

② In der Draufsicht entstehen zwei neue sichtbare Kanten, da zwei Abschrägungen in der Vorderansicht vorhanden sind.

③ Die *Nut* in der Vorderansicht erzeugt in der Seitenansicht eine neue und verdeckte Kante (Nuttiefe). Sie wird mit schmalen Strichlinien gezeichnet.

④ In der Draufsicht entstehen zwei neue sichtbare Kanten (Nutbreite).

⑤ Die linke *Ausklinkung* in der Vorderansicht erzeugt in der Seitenansicht eine neue und sichtbare Kante.

⑥ In der Draufsicht entstehen zwei neue und verdeckte Kanten, da zwei Ausklinkungen vorhanden sind.

⑦ Liegen eine sichtbare und eine verdeckte Kante auf einer Ebene, wird immer die sichtbare Kante gezeichnet.

⑧ Hohlräume, die durch *Bohrungen* und *Durchbrüche* entstehen, erhalten in allen Ansichten Mittellinien (Linienart G – Strichpunktlinie). Eine Bohrung erhält in der Ansicht, in der die Kreisform erkennbar ist, ein Mittellinienkreuz. Die Linien kreuzen sich im 90°-Winkel durch den Bohrungsmittelpunkt. Im Schnittpunkt der Linien darf kein Punkt der Strichpunktlinie liegen.

⑨ In der Ansicht, in der nicht die Kreisform erkennbar ist, wird nur eine Mittellinie gezeichnet. Sie kennzeichnet die Lage und den Verlauf der Bohrung im Werkstück. Gleiches gilt für Durchbrüche.

⑩ Mittellinien gehen ca. 2 mm über die Kontur hinaus.

In Fertigungszeichnungen werden in der Regel ***verdeckte Kanten*** *nur dann dargestellt, wenn diese zum besseren Verständnis der zeichnerischen Darstellung dienen.*

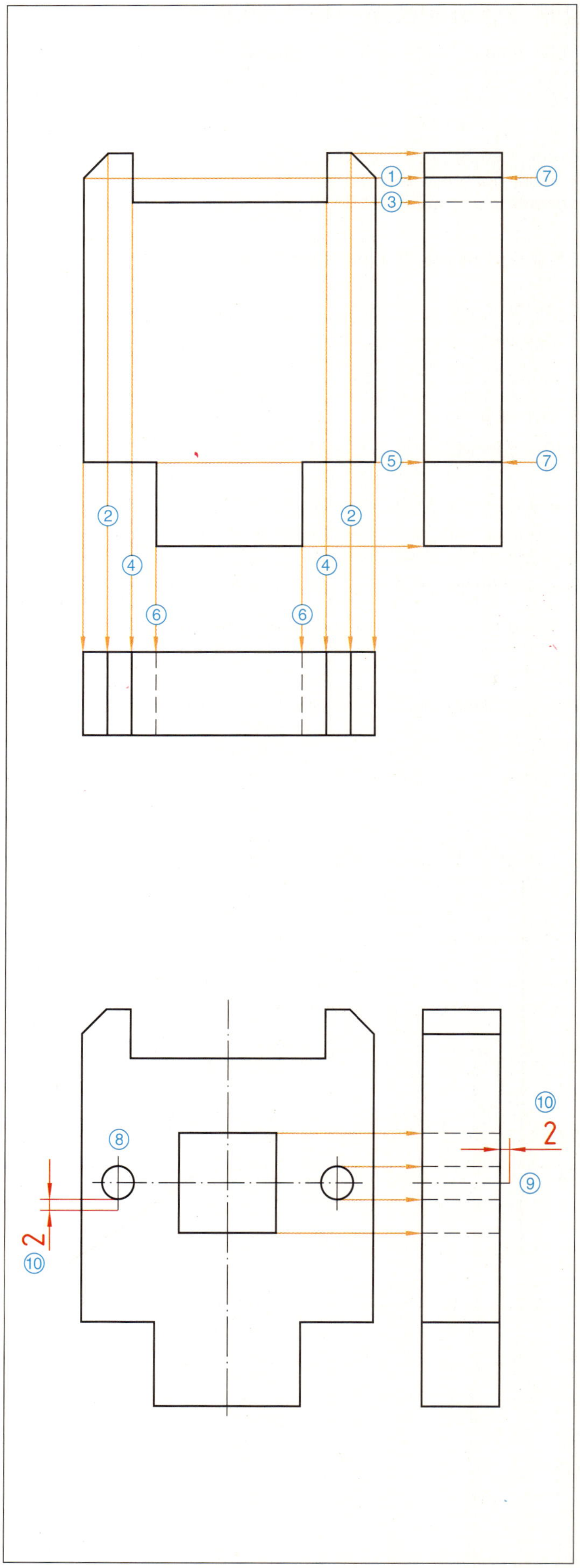

Abb. 1: Darstellung unterschiedlicher Bearbeitungsformen

Die Ansichten eines komplexen Werkstückes können mit Hilfe einer *45°-Umlenklinie* gezeichnet werden. Die Umlenklinie hat ihren Ausgangspunkt in der rechten unteren Ecke der Vorderansicht.

Im Beispiel sollen die Ansichten der Grundplatte (Pos. 7 der Bohrvorrichtung) gezeichnet werden.

Zeichenschritte nach Abbildung 3:

① Zeichnen der Vorderansicht mit allen sichtbaren Kanten.

② Zeichnen der Draufsicht mit allen sichtbaren Kanten. Dazu werden Projektionslinien von den Ecken und Kanten der Vorderansicht in die Draufsicht gezeichnet.
Der Abstand zwischen den Ansichten kann frei gewählt werden bzw. ist bei Fertigungszeichnungen von den einzutragenden Maßen abhängig.

③ Zeichnen der Umlenklinie unter 45°.

④ Zeichnen von Projektionslinien, die von den Ecken und Kanten der Draufsicht auf die Umlenklinie projiziert werden. Am Schnittpunkt zwischen Projektionslinie und Umlenklinie werden Hilfslinien nach oben in die Seitenansicht projiziert.

⑤ Vervollständigen der Seitenansicht durch Projizieren der Ecken und Kanten aus der Vorderansicht in die Seitenansicht. Radieren der überflüssigen Linien. Auch die 45°-Umlenklinie wird in Fertigungszeichnungen nicht dargestellt.

⑥ Zeichnen von Mittellinien für die Bohrungen und der verdeckten Kanten.

Bei der räumlichen Vorstellung des Werkstückes kann es auch hilfreich sein, die Ecken mit Ziffern zu versehen und die Lage der jeweiligen Ecke mit ihrer zugehörigen Ziffer in der jeweils anderen Ansicht zu ermitteln (Abb. 2).

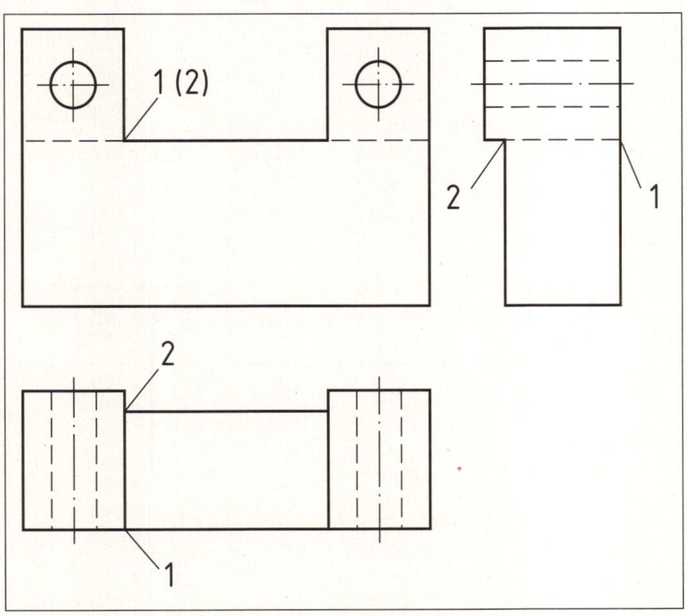

Abb. 2: Räumliche Vorstellung des Werkstückes

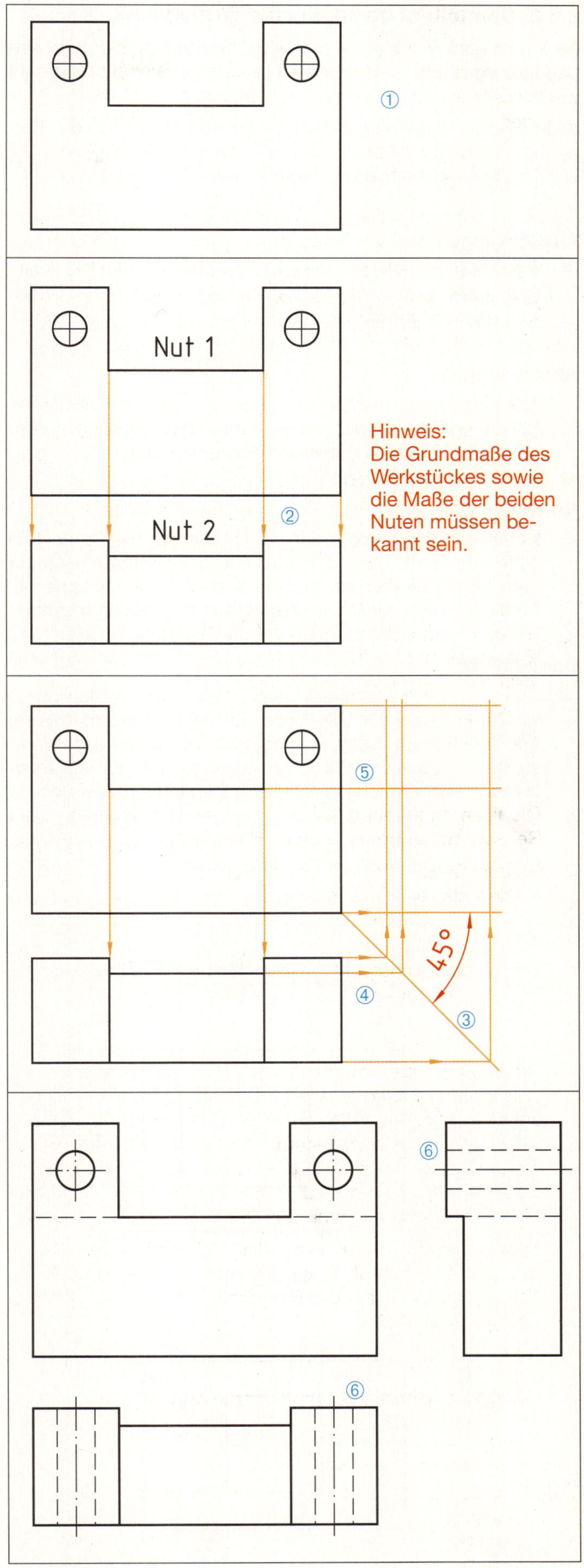

Abb. 3: Konstruieren von Ansichten

2.5.2 Bemaßung prismatischer Werkstücke

Nachdem das Werkstück mit allen Bearbeitungsformen eindeutig dargestellt ist, müssen diese ebenso eindeutig bemaßt werden.

Jede Bearbeitungsform benötigt typische Maße für die Fertigung. Die Maße sollen dabei die Form direkt bestimmen. Sie werden deshalb auch als *Formmaße* bezeichnet (Abb. 1, 2).

Ausklinkungen

① Ausklinkungen werden durch zwei Formmaße für die Breite und Tiefe bestimmt. Maßlinienüberschneidungen lassen sich oft nicht vermeiden.

Abschrägungen

② Abschrägungen werden durch zwei Formmaße bestimmt. Dieses können entweder zwei Längenmaße oder ein Längenmaß zusammen mit einem Winkelmaß sein.

Nuten

③ Nuten werden durch zwei Formmaße für die Breite und Tiefe bestimmt. Liegt die Nutbreite nicht symmetrisch zur Mitte des Werkstückes, muss zusätzlich noch ein *Lagemaß* für die Position der Nut im Werkstück angegeben werden.

Durchbrüche

④ Durchbrüche mit rechteckigem Querschnitt werden durch zwei Formmaße für die Breite und Höhe bestimmt. Liegt der Durchbruch nicht symmetrisch zur Mitte des Werkstückes, müssen zusätzlich noch *Lagemaße* für die Position des Durchbruchs im Werkstück angegeben werden.

Hat der Durchbruch einen quadratischen Querschnitt, wird nur ein Formmaß angegeben. Der Maßzahl wird dann das Symbol für Quadratform □ vorangestellt.

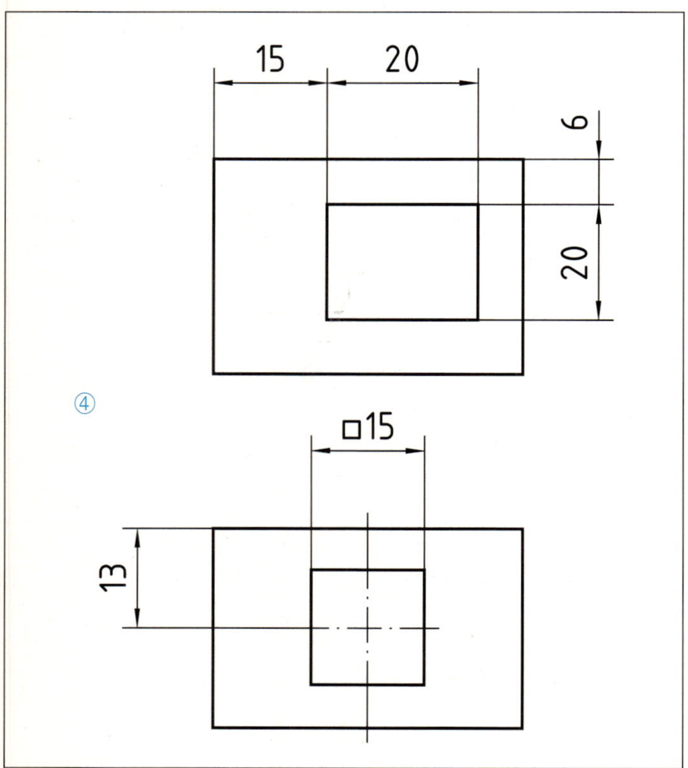

Abb. 1: Beispiele zur Durchbruchbemaßung

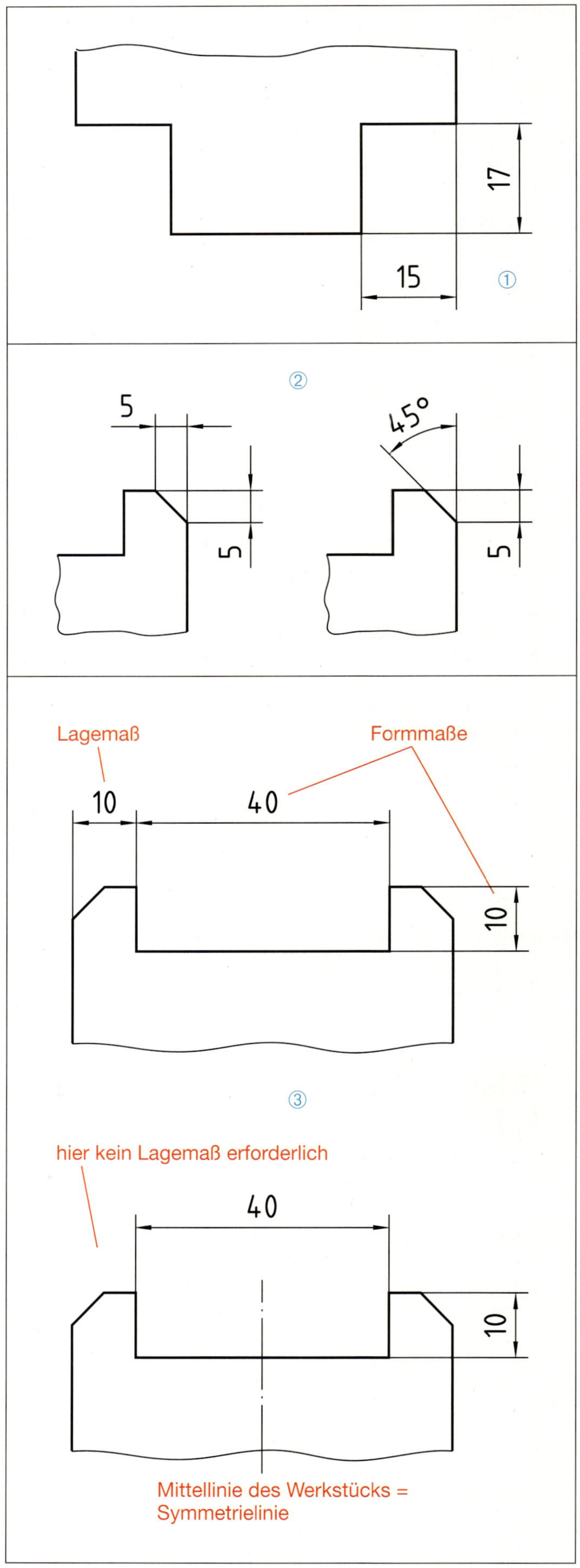

Abb. 2: Maße an Ausklinkungen, Abschrägungen und Nuten

Bohrungen

① Die Größe einer Bohrung wird durch ein Formmaß für den Durchmesser bestimmt. Der Maßzahl ist immer das Symbol für Durchmesser Ø voranzustellen.

② Lagemaße bestimmen die Position der Bohrung im Werkstück. Sie beziehen sich auf den Bohrungsmittelpunkt und schließen an die Mittellinien an.
Dies ist eine fertigungsbezogene Bemaßung: In der Werkstatt wird vor dem Bohren die Mitte der Bohrung angerissen und dann gekörnt.

③ Sind mehrere Bohrungen im Werkstück, werden die Abstände der Bohrungen mit zusätzlichen Lagemaßen angegeben.

④ Bei Platzmangel und bei kleinen Bohrungen kann auch mit nur einer Maßlinie bemaßt werden. Diese wird von außen an den Kreis gesetzt. Maßlinie und Pfeilspitze verlaufen dabei zum Kreismittelpunkt.

⑤ Bei mittig im Werkstück liegenden Bohrungen können die Lagemaße entfallen. Im Beispiel liegt die Bohrungsmitte auf dem Mittellinienkreuz, d. h. die Lagemaße entsprechen jeweils halber Werkstückbreite und -höhe.
Ist die Bohrung groß genug, kann das Durchmessermaß auch innerhalb der Bohrung angegeben werden.

Rundungen

⑥ Die Größe einer Rundung wird durch ein Formmaß für den Radius (Rundungshalbmesser) bestimmt. Der Maßzahl ist immer der Buchstabe *R* für Radius voranzustellen.

⑦ Die Maßlinie erhält nur einen Pfeil. Sie ist bevorzugt von innen an die Rundung zu zeichnen. Bei Platzmangel kann die Maßlinie auch von außen angesetzt werden. Die Maßlinie verläuft immer in Richtung des Rundungs-Mittelpunkts. In der Regel muss der Mittelpunkt nicht dargestellt werden.
Bei dieser Darstellung sind auch keine Lagemaße erforderlich, da die Rundungen tangential an die rechtwinklig zueinanderstehenden Werkstückkanten anschließen.

⑧ Der Mittelpunkt einer Rundung muss dann mit einem Lagemaß angegeben werden, wenn seine Lage aus Funktions- oder Fertigungsgründen festgelegt sein muss. Im Beispiel legt das Lagemaß 30 die Mitte der Rundung fest. Die Maßlinie wird dann vom Rundungsmittelpunkt nach außen gezogen.
Gleichzeitig wird durch das Lagemaß 30 auch die Mitte der Bohrung Ø 8 bestimmt. Bohrungs- und Rundungsmittelpunkt liegen auf einer gemeinsamen Position.

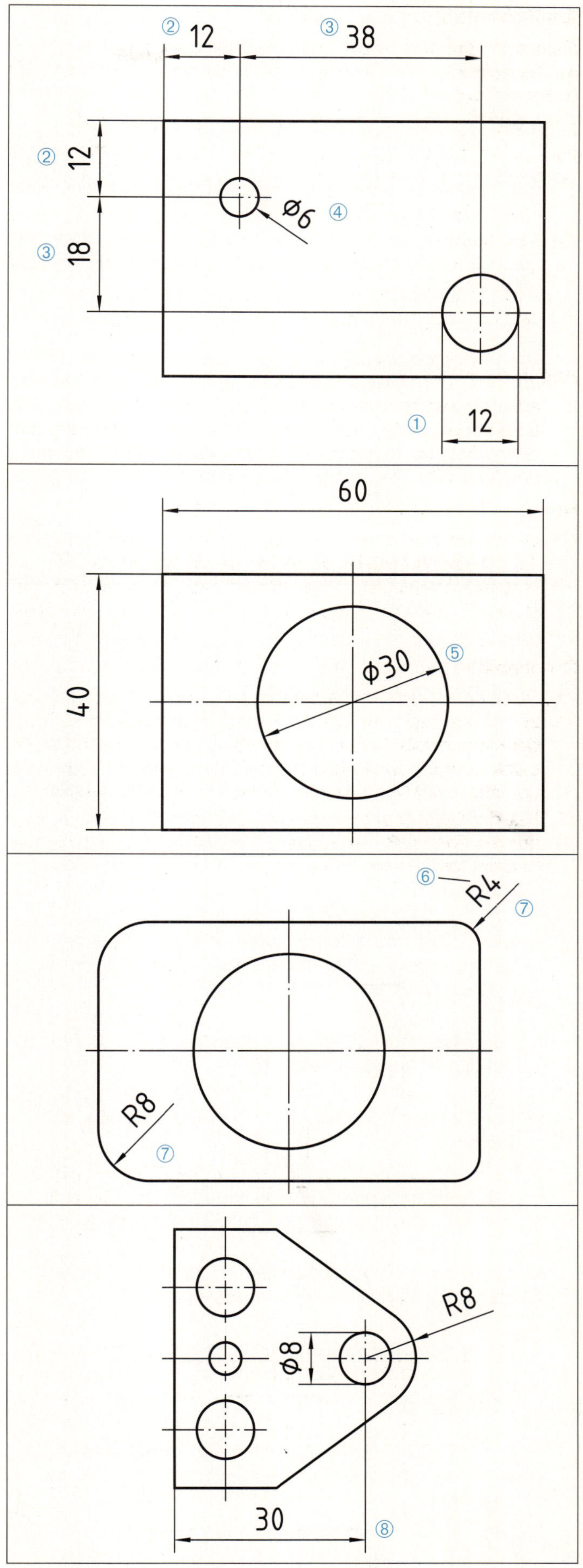

Abb. 3: Bohrungs- und Rundungsbemaßung

Grundmaße

Zusätzlich zu den Form- und Lagemaßen müssen auch die *Grundmaße* des Rechteckprofils angegeben werden. Die Grundmaße sind immer Breite, Höhe und Dicke des Werkstückes (Abb. 1).

① Die *Platte* (Pos. 3 der Bohrvorrichtung) hat die Grundmaße 60, 80 und 16.
Das Maß 16 wurde mit der Angabe *t = 16* neben die Zeichnung geschrieben, da eine weitere Ansicht nicht erforderlich ist.

② Der *Führungssteg* (Pos. 5) hat die Grundmaße 38, 40 und 10. Das Grundmaß 38 wurde in runde Klammern gesetzt, weil es sich aus der Addition des Lagemaßes 30 und der Rundung R8 ergibt. Für das Zuschneiden der Grundform ist es jedoch hilfreich, da es ohne Rechnung direkt aus der Zeichnung gelesen werden kann.

ZUSAMMENFASSUNG

- Bearbeitungsformen werden bezeichnet als *Ausklinkungen*, *Abschrägungen*, *Nuten*, *Durchbrüche*, *Bohrungen* und *Rundungen*.
- Jede Bearbeitungsform hat typische zugeordnete *Formmaße*. Abschrägungen, Nuten, Ausklinkungen und rechteckige Durchbrüche haben immer *zwei Formmaße*.
- Durchbrüche mit quadratischem Querschnitt, Bohrungen und Rundungen haben nur *ein Formmaß*.
- Eine Bearbeitungsform muss oft durch *Lagemaße* ergänzt werden. Sie geben die Position der Form im Werkstück an.
- *Lagemaße für Bohrungen* beziehen sich immer auf den *Bohrungsmittelpunkt*.
- Für Rundungen sind meist keine Lagemaße erforderlich.
- Bei einer *Durchmesserbemaßung* ist der Maßzahl immer das Durchmesserzeichen Ø voranzustellen.
- Bei einer *Rundungsbemaßung* ist der Maßzahl immer der Buchstabe *R* voranzustellen.
- Bei einer *Durchbruchsbemaßung* mit quadratischem Querschnitt ist der Maßzahl das Symbol für Quadratform □ voranzustellen.
- Bei der zeichnerischen Ausführung der Bemaßung sind die *allgemeinen Bemaßungsgrundsätze* zu beachten.

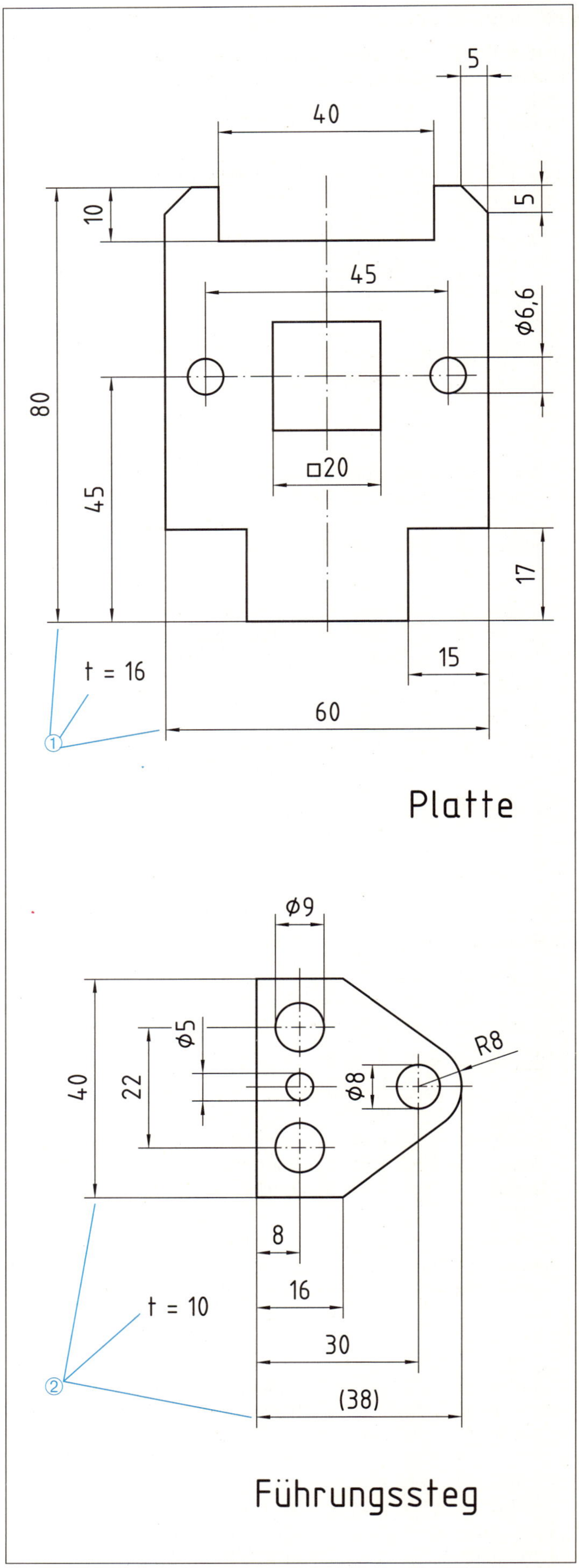

Abb. 1: Werkstücke mit vollständiger Bemaßung

2.6 Zylindrische Werkstücke

Zylindrische Werkstücke sind Rundprofile, die in genormten Durchmessern vorliegen. Das können z. B. warmgewalzter Rundstahl nach **DIN 1013** oder blanker Rundstahl nach **DIN 668** sein.

Durch trennende Fertigungsverfahren (z. B. Drehen, Fräsen, Bohren) entstehen *Bearbeitungsformen*, die den Verwendungszweck des Werkstückes erst ermöglichen.

Häufig vorkommende Bearbeitungsformen an zylindrischen Werkstücken (Abb. 2) sind:

- *Ausklinkungen,*
- *Nuten,*
- *Bohrungen.*

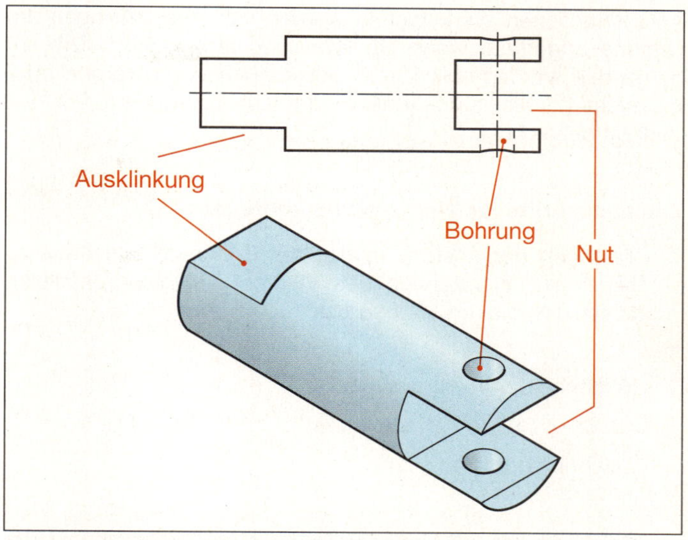

Abb. 2: Ausklinkung, Nut und Bohrungen am Rundprofil

2.6.1 Darstellen von Bearbeitungsformen am Rundprofil

Durch das Fertigen von Ausklinkungen und Nuten entstehen am Rundprofil neue Kanten, die mit Hilfe einer 45°-Umlenklinie gezeichnet werden können (Abb. 3).

Zeichenschritte für Ausklinkungen:

① Zeichnen der Ansicht, in der das Profil der Ausklinkung erkennbar ist. Im Beispiel wurde diese Ansicht als Vorderansicht gezeichnet. Rundprofile in dieser Ansicht erhalten immer eine Mittellinie.

② Zeichnen der Seitenansicht. Zuerst wird ein Mittellinienkreuz und dann der Kreis für das Rundprofil gezeichnet.

③ Projizieren der Ecken der Ausklinkung aus der Vorderansicht in die Seitenansicht. Hier entstehen zwei neue Kanten, die an den Kreis des Rundprofils anschließen.

④ Zeichnen der Draufsicht mit Mittellinie.

⑤ Zeichnen der 45°-Umlenklinie. Diese kann z. B. durch den Schnittpunkt der verlängerten Mittellinien der Seitenansicht und Draufsicht verlaufen.

⑥ Projizieren der Schnittpunkte zwischen Ausklinkungskante und Rundprofil in die Draufsicht. Dieses erfolgt wieder über die 45°-Umlenklinie.

⑦ Projizieren der Ausklinkungsecke aus der Vorderansicht bis zu den Schnittpunkten der Linien in der Draufsicht.

⑧ Radieren der überflüssigen Linien und Zeichnen eines *Diagonalkreuzes* in schmalen Volllinien. Hiermit werden in Fertigungszeichnungen ebene Flächen an Rundprofilen gekennzeichnet.

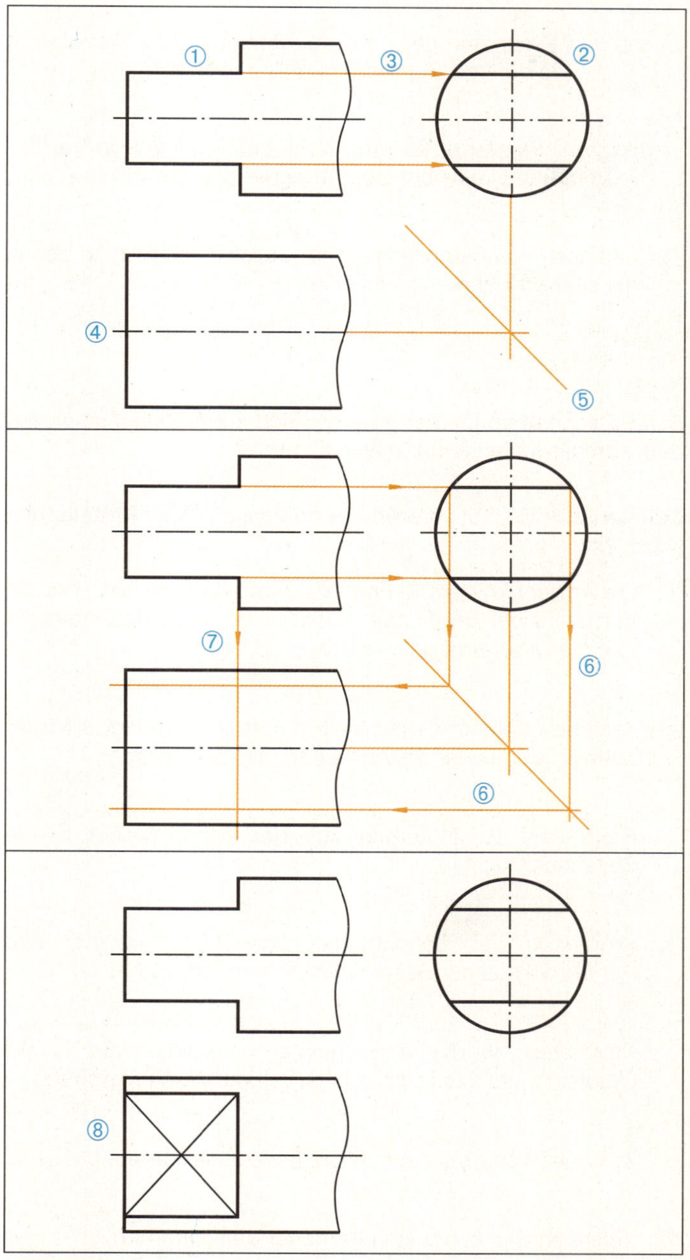

Abb. 3: Konstruktion einer Ausklinkung m Rundprofil

2 FERTIGUNGSGERECHTE DARSTELLUNGEN

An zylindrischen Werkstücken werden vier Ausklinkungen am Umfang angefräst, wenn ein *Werkzeugvierkant* nach **DIN 10** hergestellt werden soll. Die Ausklinkungsflächen werden hierbei nicht parallel zur Mittellinie dargestellt, sondern um 45° gedreht gezeichnet.

Zeichenschritte für Werkzeugvierkante (Abb. 1):

① Zeichnen der Ansicht, in der das Rundprofil als Kreis zu sehen ist. Einzeichnen des Vierkants mit vier parallelen Linien, jeweils um 45° gedreht.

② Zeichnen der Vorderansicht.

③ Zeichnen der Draufsicht.

④ Zeichnen der 45°-Umlenklinie durch den Schnittpunkt der Mittellinien aus Seitenansicht und Draufsicht.

⑤ und ⑥ Projizieren der Schnittpunkte aus der Seitenansicht in die Vorderansicht und Draufsicht.

⑦ Begrenzungskante für die Länge des Vierkants in Vorderansicht und Draufsicht einzeichnen.

⑧ Zeichnen von Diagonalkreuzen in allen Ansichten, in denen die ebenen Flächen zu sehen sind.

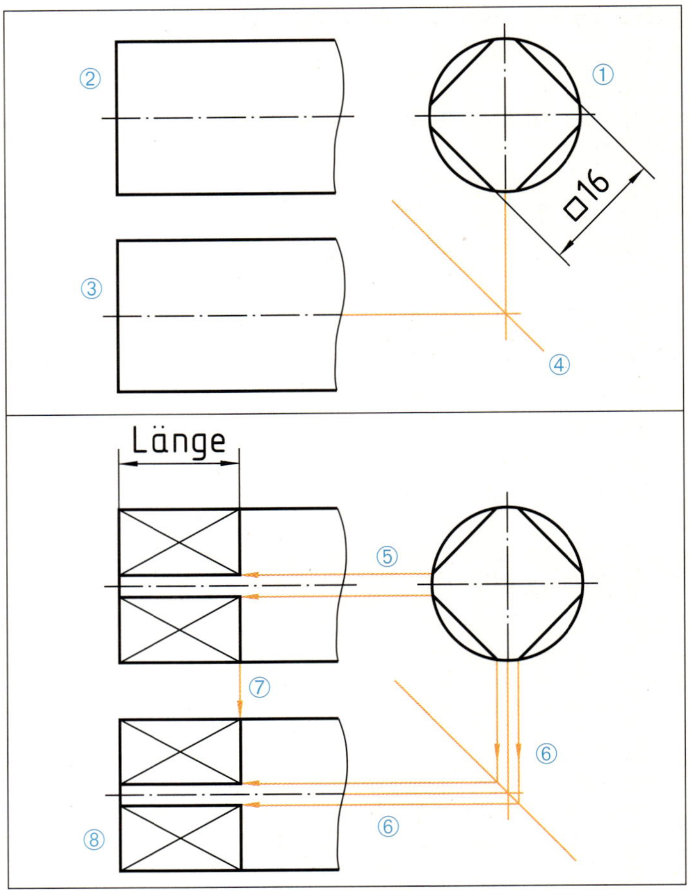

Abb. 1: Zeichnen eines Vierkants am Rundprofil

Beim Zeichnen von Nuten symmetrisch zur Mittelachse verändert sich die Außenkontur des Zylinders.

Zeichenschritte für Nuten symmetrisch zur Mittelachse (Abb. 2):

① Die Ansicht, in der die Form der Nut erkennbar ist, wird als Vorderansicht gezeichnet. Danach wird die Seitenansicht und die Draufsicht gezeichnet.

② Zeichnen der 45°-Umlenklinie durch den Schnittpunkt der Mittellinien aus der Seitenansicht und Draufsicht.

③ Projizieren der Nutbreite aus der Vorderansicht in die Seitenansicht.

④ Projizieren der Schnittpunkte zwischen Nutkante und Rundprofil aus der Seitenansicht in die Draufsicht.

⑤ Projizieren der Nutlänge aus der Vorderansicht in die Draufsicht, so dass sich schneidende Hilfslinien ergeben.

⑥ Zeichnen von zwei nach innen versetzten Kanten.

⑦ Zeichnen der verdeckten Kante für den Nutgrund.

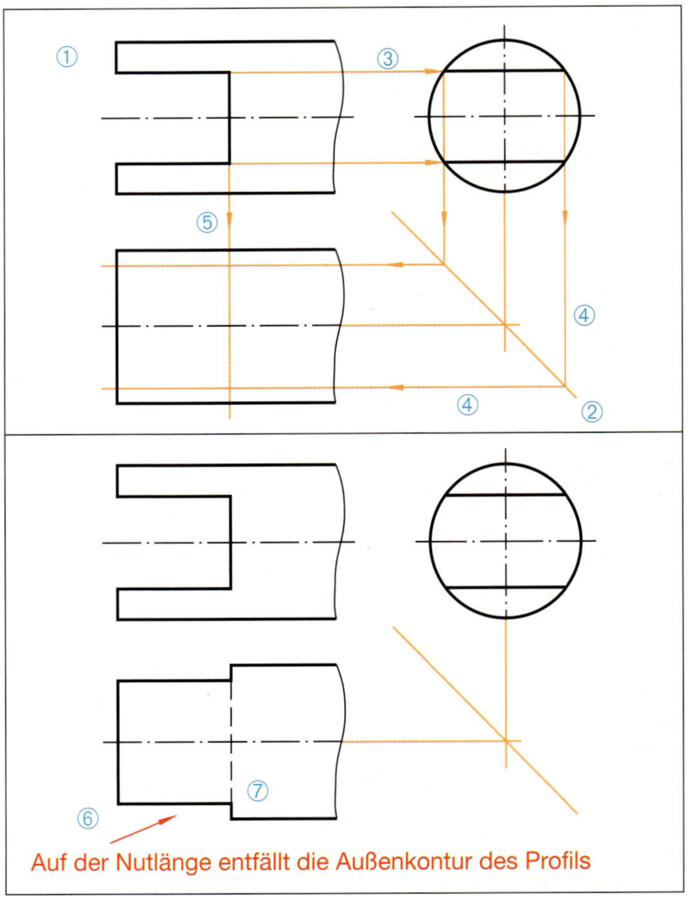

Abb. 2: Zeichnen einer Nut am Rundprofil

An Rundprofilen können Nuten gefräst werden, deren Flächen z. B. zum Ansetzen eines Maulschlüssels dienen können.

Zeichenschritte für Nuten rechtwinklig zur Mittelachse (Abb. 3):

① Die Ansicht, in der die Form der Nut erkennbar ist, wird als Vorderansicht gezeichnet. Danach wird die Seitenansicht und die Draufsicht gezeichnet.

② Zeichnen der 45°-Umlenklinie durch den Schnittpunkt der Mittellinien aus der Seitenansicht und Draufsicht.

③ Projizieren der Nuttiefe aus der Vorderansicht in die Seitenansicht. Es entstehen zwei verdeckte Kanten, die als Strichlinie zu zeichnen sind.

④ Projizieren der Schnittpunkte zwischen Nutkante und Rundprofil aus der Seitenansicht in die Draufsicht.

⑤ Projizieren der Nutbreite aus der Vorderansicht in die Draufsicht, so dass sich schneidende Hilfslinien ergeben.

⑥ Radieren der sich schneidenden Linien, so dass ein Rechteck übrig bleibt. Zeichnen eines Diagonalkreuzes zur Kennzeichnung der Schlüsselfläche.

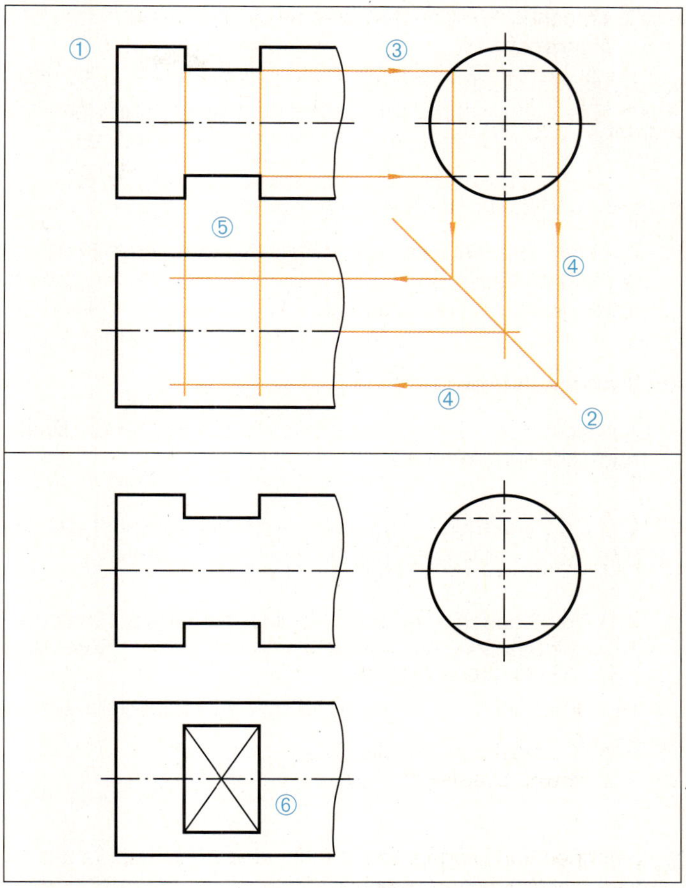

Abb. 3: Schlüsselflächen am Rundprofil

Wird ein Rundprofil rechtwinklig zu seiner Mittelachse durchbohrt, wird dessen Hüllform kurvenförmig verändert.
In Fertigungszeichnungen wird die Kurve nicht exakt konstruiert, sondern mit Hilfe eines Kurvenlineals vereinfacht gezeichnet.

Zeichenschritte für Bohrungen (Abb. 4):

① Die Ansicht, in der die Kreisform der Bohrung erkennbar ist, als Vorderansicht zeichnen. Danach wird die Seitenansicht und die Draufsicht gezeichnet.

② Zeichnen der 45°-Umlenklinie durch den Schnittpunkt der Mittellinien aus der Seitenansicht und Draufsicht.

③ Projizieren des Bohrungsdurchmessers aus der Vorderansicht in die Seitenansicht. Es entstehen zwei verdeckte Kanten, die als Strichlinie zu zeichnen sind.

④ Projizieren des Bohrungsdurchmessers aus der Vorderansicht in die Draufsicht und Zeichnen der vertikalen Mittellinie.

⑤ Projizieren der Schnittpunkte zwischen den Bohrungslinien und Rundprofil aus der Seitenansicht in die Draufsicht. Die Hilfslinien müssen sich mit der vertikalen Mittellinie schneiden.

⑥ Zeichnen der Durchdringungskurve durch die Punkte (a), (b) und (c).

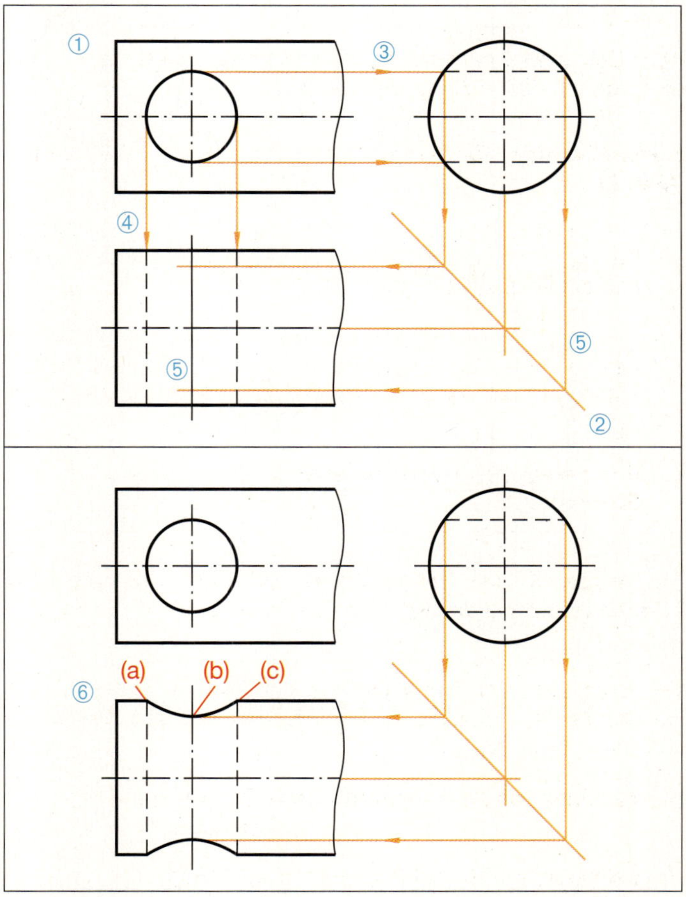

Abb. 4: Bohrungsdurchdringung am Rundprofil

2.6.2 Bemaßung von Bearbeitungsformen am Rundprofil

Jede Bearbeitungsform benötigt typische Maße für die Fertigung. Die Maße selber sollen dabei die Form direkt bestimmen. Sie werden deshalb auch als *Formmaße* bezeichnet.

***Formen**, die sich durch die Herstellung einer Ausklinkung, Nut oder Bohrung ergeben, werden **nicht bemaßt**.*

Ausklinkungen (Abb. 1):

① Ausklinkungen werden durch *zwei Formmaße* für die Breite und Tiefe bestimmt.

② Die Größe der Schlüsselfläche wird nicht bemaßt, da sie sich durch Breite und Tiefe der Ausklinkung ergibt.

③ Aus Funktionsgründen kann es erforderlich sein, statt der Ausklinkungstiefe ein Abstandsmaß zwischen zwei Ausklinkungsflächen anzugeben.
Das Maß wird dann symmetrisch zur Mittellinie eingetragen.

④ Bei Vierkant-Schlüsselflächen wird in der Ansicht, in der das Profil des Vierkants erkennbar ist, ein Lagemaß eingetragen. Das Maß legt den Abstand zweier gegenüberliegender Flächen fest. Der Maßzahl werden die Großbuchstaben *SW* für Schlüsselweite vorangestellt.

⑤ Mit nur einem Formmaß wird in der Ansicht, in der die Schlüsselfläche zu erkennen ist, die Länge der Ausklinkung bestimmt.

⑥ Abstände zwischen den mit einem Diagonalkreuz gekennzeichneten Schlüsselflächen werden nicht bemaßt. Diese ergeben sich durch die Tiefe der vier Ausklinkungen bzw. durch das Maß *SW 16*.

⑦ Wird der Vierkant in nur einer Ansicht dargestellt, kann die Schlüsselweite durch eine Wortangabe bemaßt werden. Diese wird durch eine Hinweislinie der Schlüsselfläche zugeordnet.

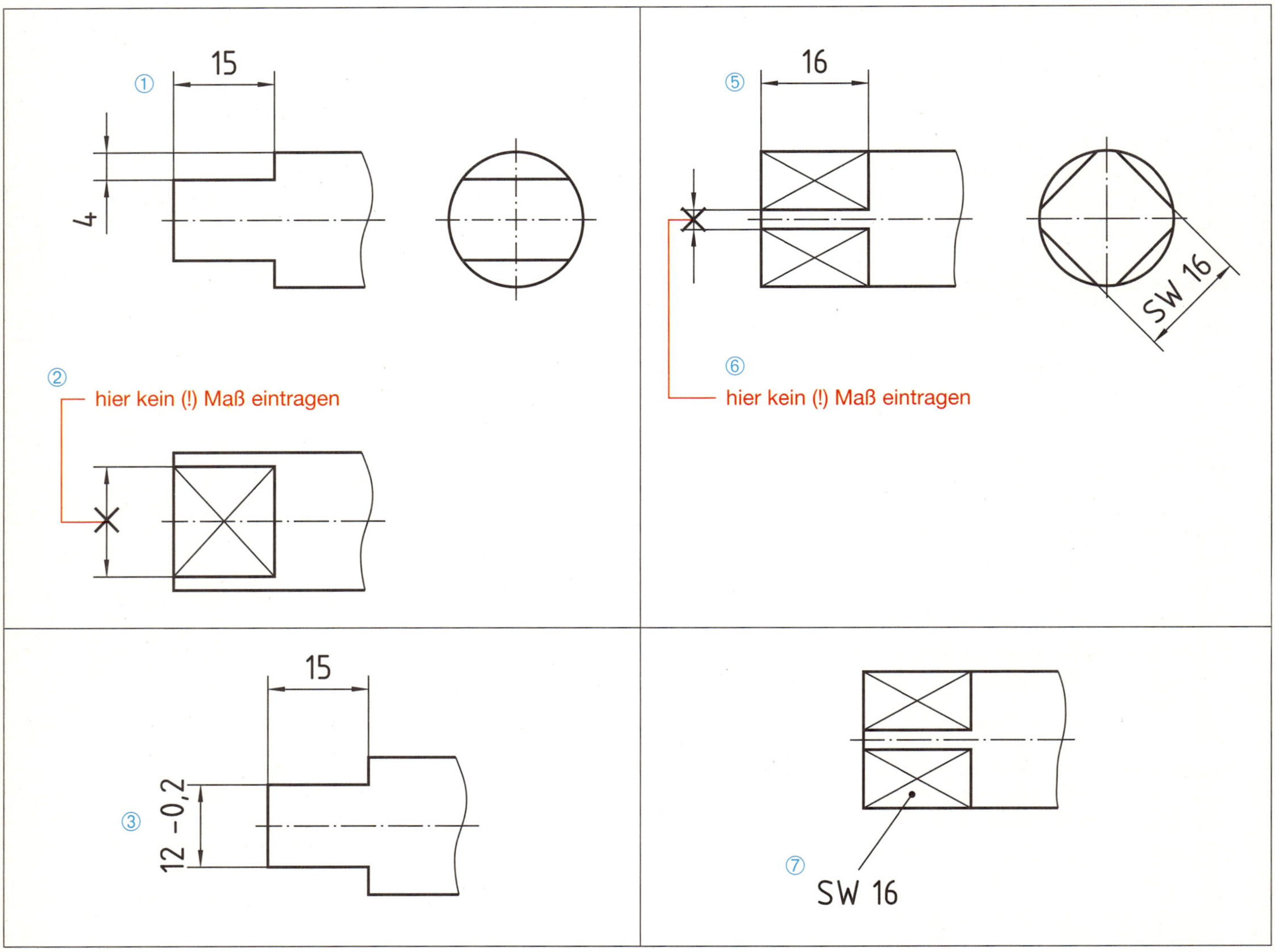

Abb. 1: Bemaßung von Ausklingungen am Rundprofil

Nuten (Abb. 2):

① Nuten, die symmetrisch zur Mittelachse verlaufen, werden durch *zwei Formmaße* für die Breite und Tiefe bestimmt.

② Die nach innen versetzten Kanten werden nicht bemaßt, da sich ihre Lage durch die Nutbreite ergibt.

③ Nuten, die rechtwinklig zur Mittelachse verlaufen, erhalten *zwei Formmaße* für Breite und Tiefe und *ein Lagemaß*.

④ Maßeintragungen an verdeckten Kanten soll vermieden werden.

⑤ Breite und Länge der Schlüsselfläche werden *nicht* bemaßt, da sie sich durch die Maße der Nut ergeben.

Bohrungen (Abb. 3):

① Bohrungen, die rechtwinklig zur Mittelachse des Rundprofils verlaufen, erhalten *ein Lagemaß* und *ein Formmaß*.

② Die Durchdringungskurve wird nicht bemaßt. Die „Krümmung" der Kurve ergibt sich aus dem Bohrungsdurchmesser im Verhältnis zum Durchmesser des Rundprofils.

③ Maßeintragungen an verdeckten Kanten soll vermieden werden.

④ An Bolzen dienen Querbohrungen oft dazu, Sicherungsstifte aufzunehmen. Diese sollen Bauteile z. B. gegen Verschieben sichern. Das Lagemaß für die Querbohrung wird dann vom Bolzenkopf aus eingetragen.

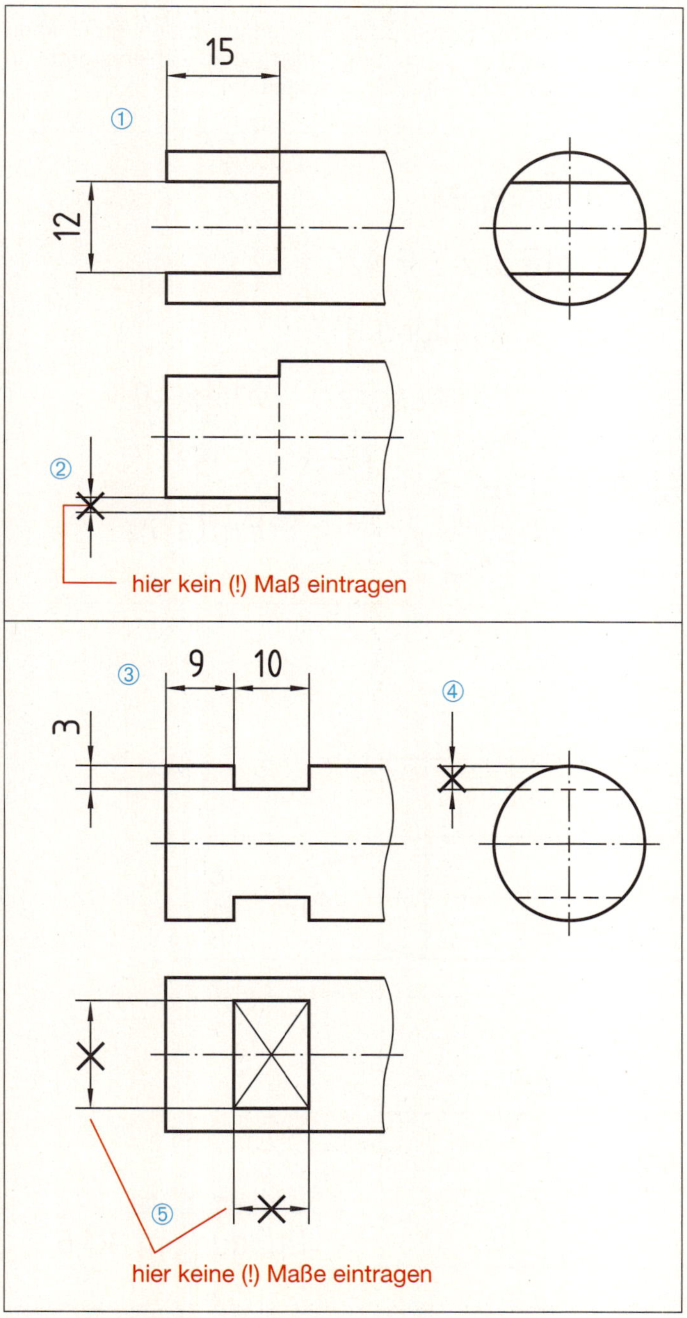

Abb. 2: Bemaßung von Nuten

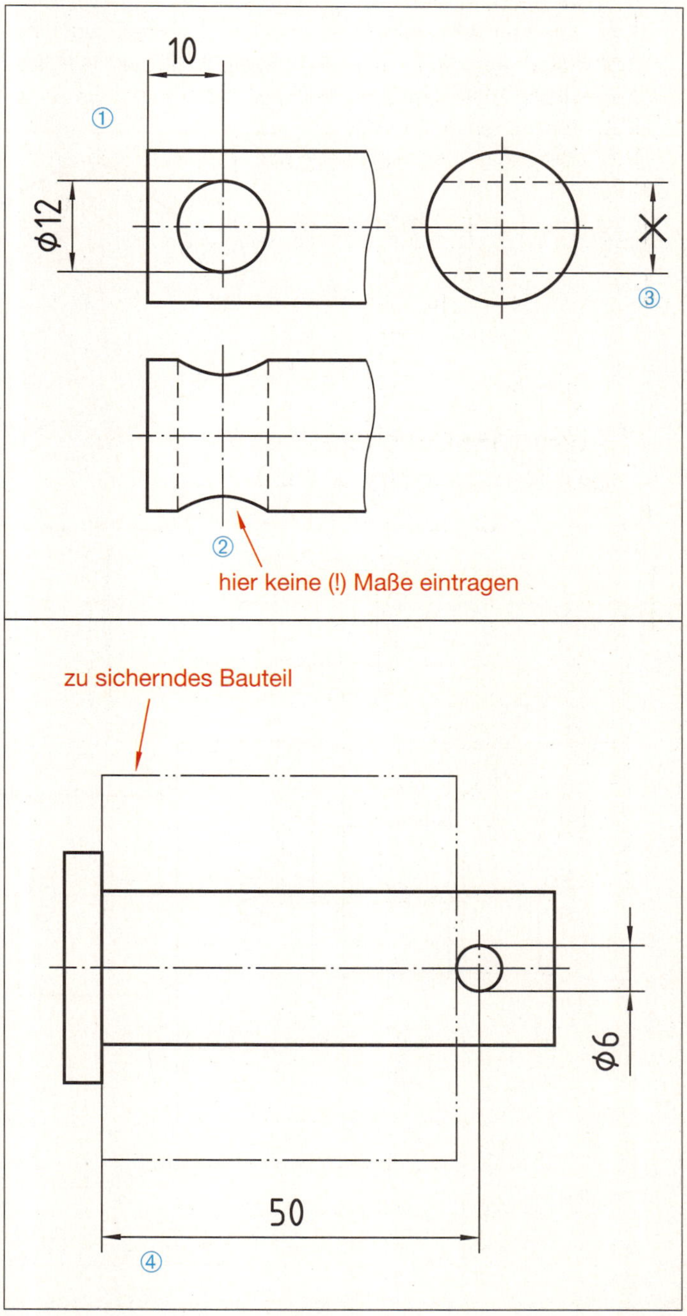

Abb. 3: Bemaßung von Bohrungen

Absätze, Fasen und Rundungen (Abb. 1)

Wellen, Achsen, Bolzen und andere zylindrische Werkstücke werden oft durch Rund- oder Plandrehen hergestellt. Dabei entstehen am Rundprofil die Bearbeitungsformen

- *Absätze*,
- *Fasen (Abschrägungen)*,
- *Rundungen*.

Die Darstellung von ***Drehteilen*** *erfolgt immer in Fertigungslage und oft in nur einer Ansicht. Die Bemaßung ist* ***fertigungsbezogen*** *einzutragen.*

① *Absätze* werden durch ein *Durchmessermaß* und ein *Längenmaß* bestimmt. Der Maßzahl für den Durchmesser ist immer das Durchmesserzeichen Ø voranzustellen.

② Das *Längenmaß* eines Absatzes wird immer von der Stirnfläche aus bemaßt und entspricht der geradlinigen Vorschubbewegung des Drehwerkzeugs.

③ *Fasen* mit einem 45°-Winkel werden durch die gemeinsame Angabe von Länge und Winkel bemaßt.

④ *Fasen* mit einem Winkel größer oder kleiner als 45° werden durch ein jeweils eigenständiges Maß für eine Längen- und Winkelangabe bemaßt.

⑤ *Rundungen* werden durch ein Radiusmaß angegeben. Der Zahl ist immer der Großbuchstabe *R* voranzustellen. Die Maßlinie verläuft in Richtung des Rundungsmittelpunkts.

⑥ Die Grundmaße des Rundprofils sind die *Gesamtlänge* und der *verbleibende Durchmesser* nach Herstellen aller Absätze. Die Länge des verbleibenden Durchmessers wird *nicht* bemaßt.

⑦ Sind mehrere Fasen oder Rundungen gleich groß, kann die Bemaßung durch eine Wort- und Zahlenangabe in der Nähe des Schriftfeldes erfolgen.

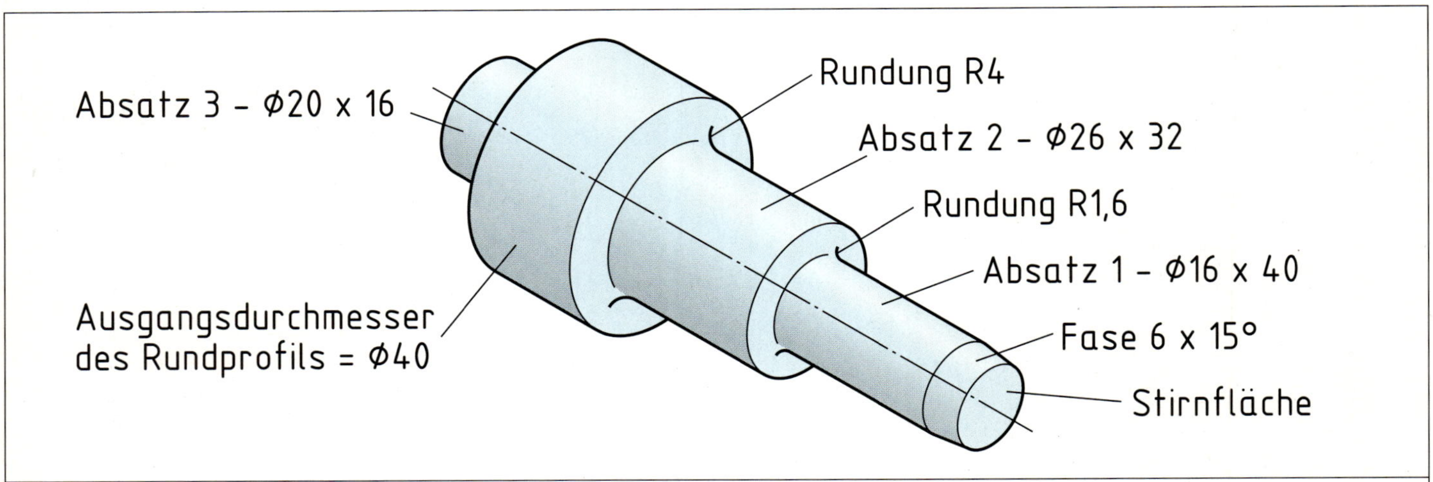

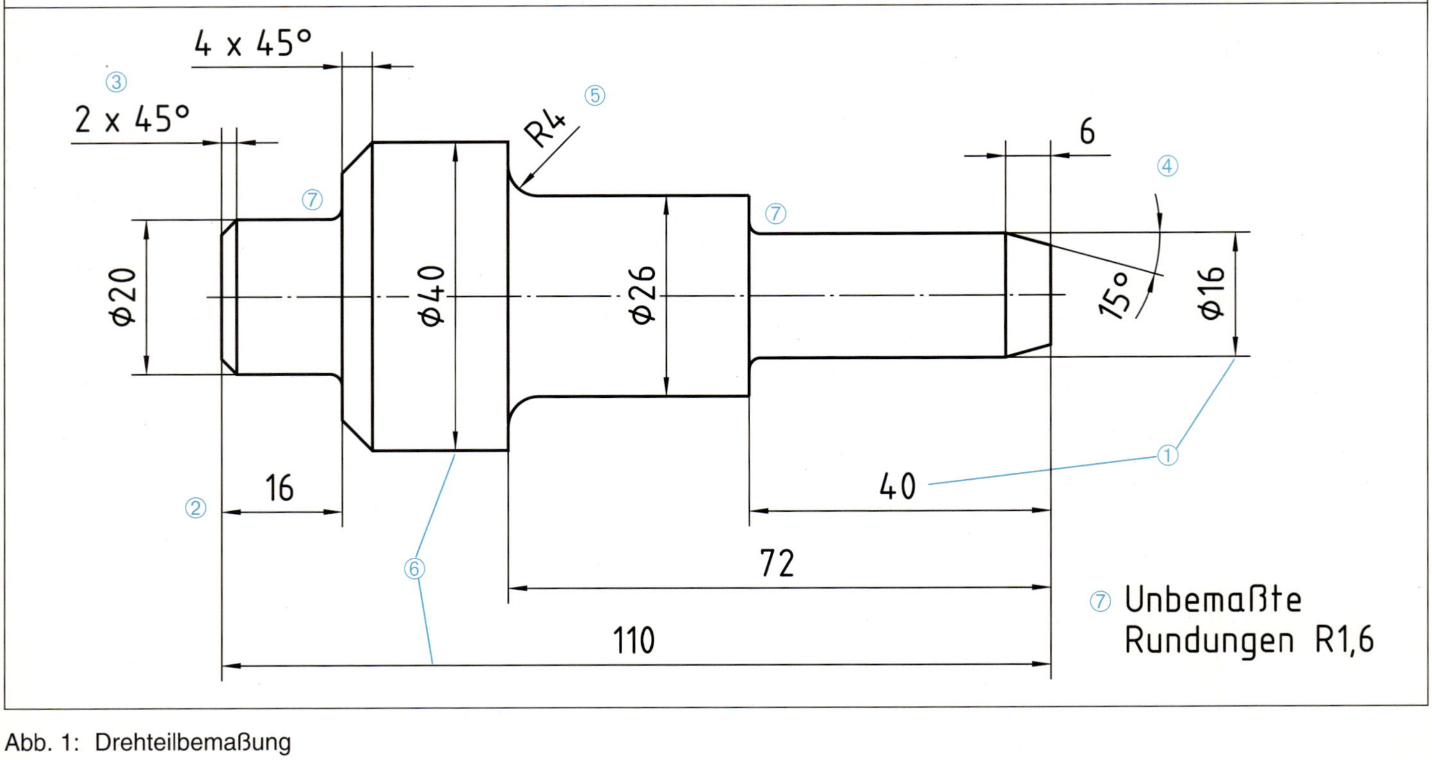

Abb. 1: Drehteilbemaßung

2.7 Arten der Maßeintragung

Maßeintragungen lassen sich unterteilen in

- *Parallelbemaßung*
  und
- *steigende Bemaßung*.

2.7.1 Parallelbemaßung

Bei der Parallelbemaßung werden die Maßlinien parallel zueinander angeordnet (Abb. 2a).

Bei prismatischen Werkstücken gehen die Maße von zwei senkrecht zueinander stehenden Bezugskanten oder Mittellinien aus.

Bei Drehteilen gehen die Maße von der Stirnfläche des Rundprofils aus.

2.7.2 Steigende Bemaßung

Bei der steigenden Bemaßung wird am Werkstück ein *Ursprung* definiert. Von diesem Ursprung ausgehend werden auf einer gemeinsamen Maßlinie die Maßzahlen für die zu bemaßenden Stellen eingetragen (Abb. 2b).

Der Ursprung wird mit der Maßzahl *0* und einem Kreis gekennzeichnet.

Die Maßzahlen werden nahe dem Maßpfeil und parallel zur Maßlinie angeordnet.

Durch diese Bemaßungsart lässt sich eine sehr platzsparende Maßeintragung erstellen. Sie wird hauptsächlich für die Fertigung auf computergesteuerten Werkzeugmaschinen verwendet.

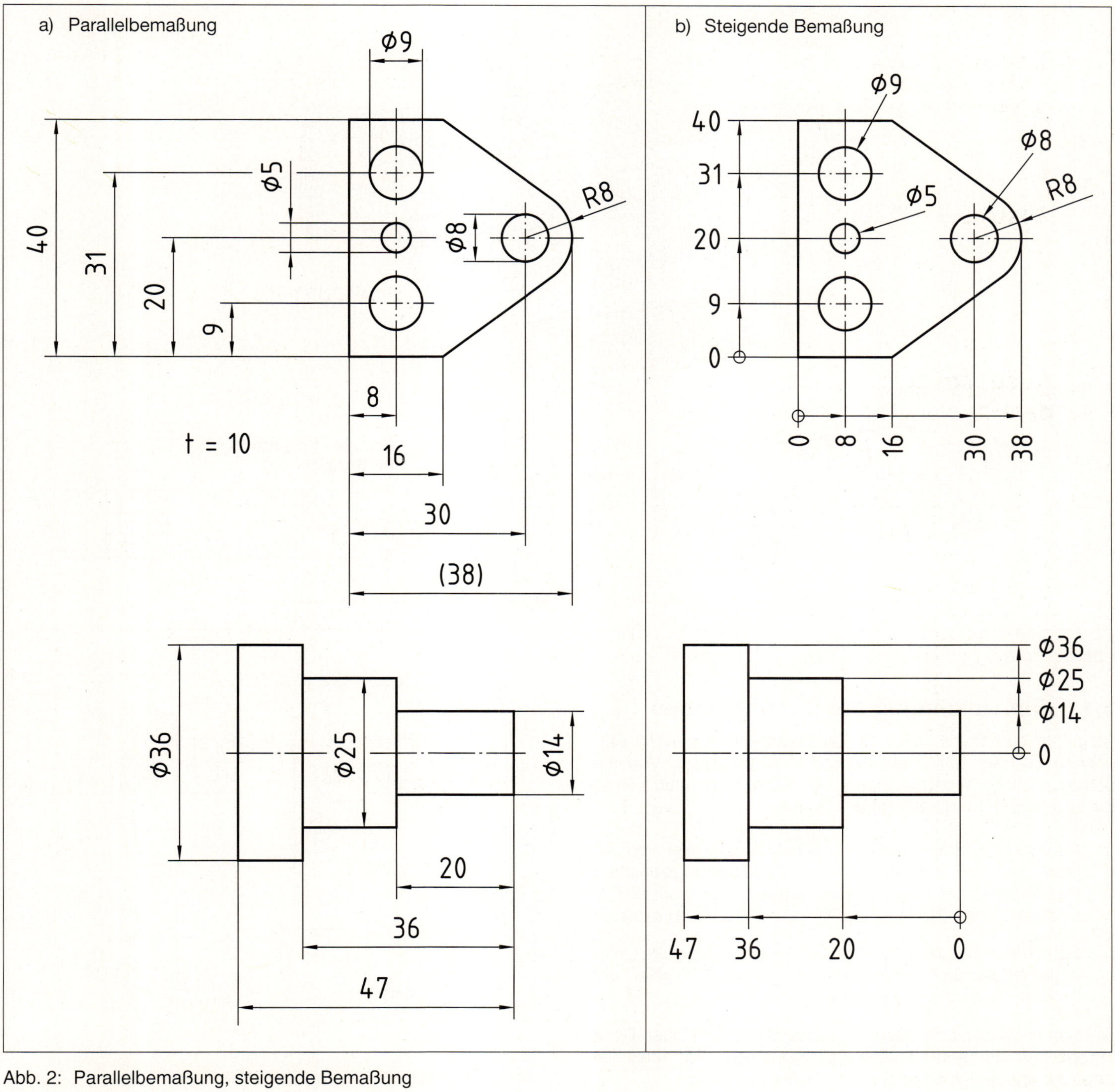

Abb. 2: Parallelbemaßung, steigende Bemaßung

3 SCHNITTDARSTELLUNGEN

Ein Schnitt ist die Darstellung eines Gegenstandes, der durch eine oder mehrere Schnittebenen *gedanklich* zerlegt ist. Der Schnitt zeigt, was sich in der *Schnittebene* befindet. Durch Anlegen der gedachten Schnittebene entsteht die *Schnittfläche* (Abb. 1).

Angewendet werden Schnittdarstellungen bei Werkstücken mit Hohlräumen, um die inneren Formen eindeutig darzustellen und zu bemaßen.
Durch den Schnitt werden verdeckte Kanten sichtbar und deshalb in breiter Volllinie dargestellt.

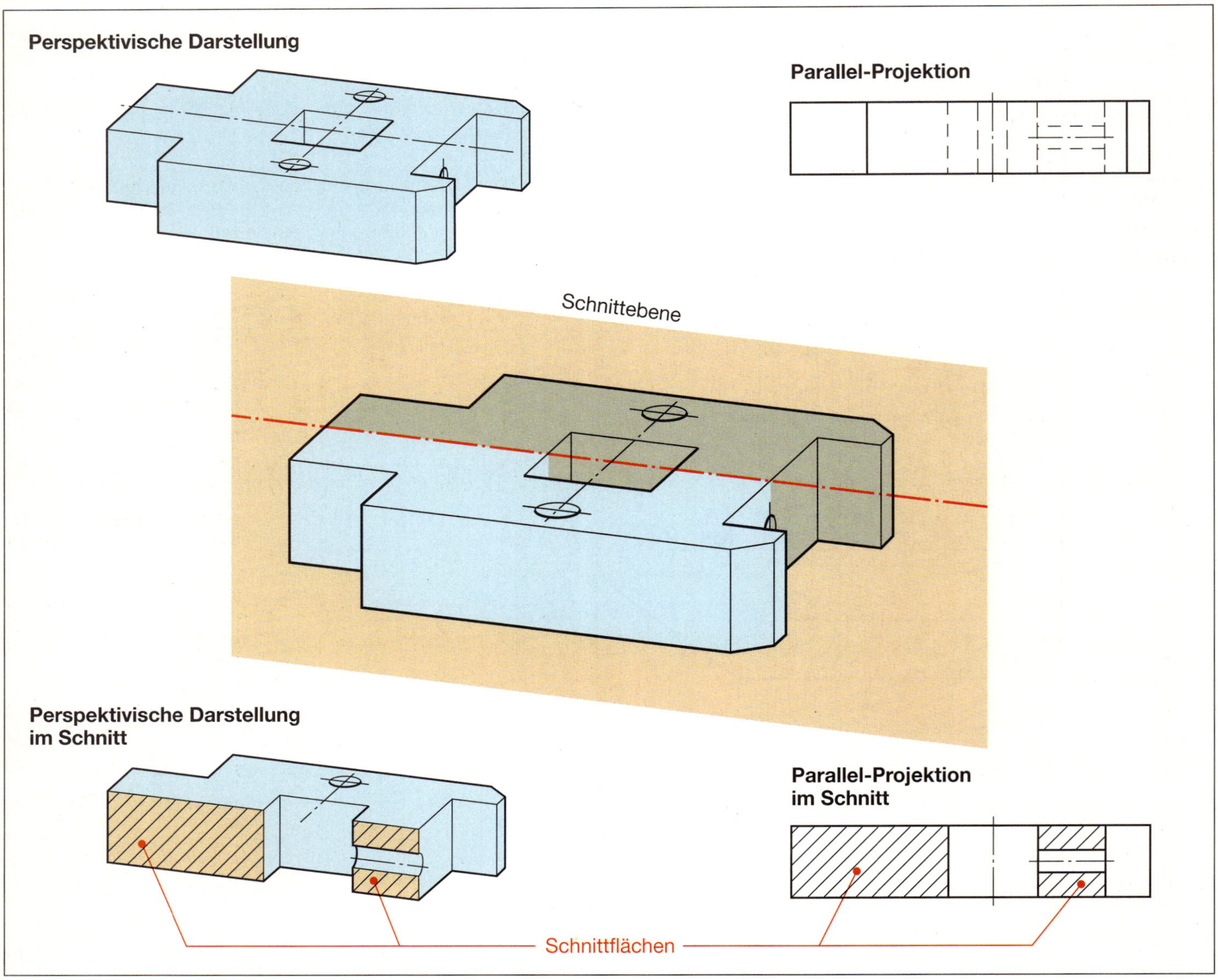

Abb. 1: Prinzip der Schnittdarstellung

3.1 Kennzeichnung der Schnittflächen

Schnittflächen in technischen Zeichnungen für den Maschinenbau werden mit einer Schraffur in schmalen Volllinien gekennzeichnet. Wird die Liniengruppe 0,5 verwendet, beträgt die Linienbreite für die Schraffur 0,25 mm.

① Die Schraffurlinien werden unter einem Winkel von 45° bzw. 135° zur Außenkontur des Werkstückes gezeichnet. Der Abstand der Schraffurlinien muss gleich groß sein. Er wird der Größe der zu schraffierenden Fläche angepasst.

② Schnittflächen eines Werkstückes werden in allen zueinandergehörenden Ansichten mit gleichem Winkel und Schraffurlinienabstand schraffiert.

③ Stehen in der schraffierten Fläche Maßzahlen oder Texte, werden die Schraffurlinien unterbrochen. Für Maßlinien oder andere Linien erfolgt keine Unterbrechung.

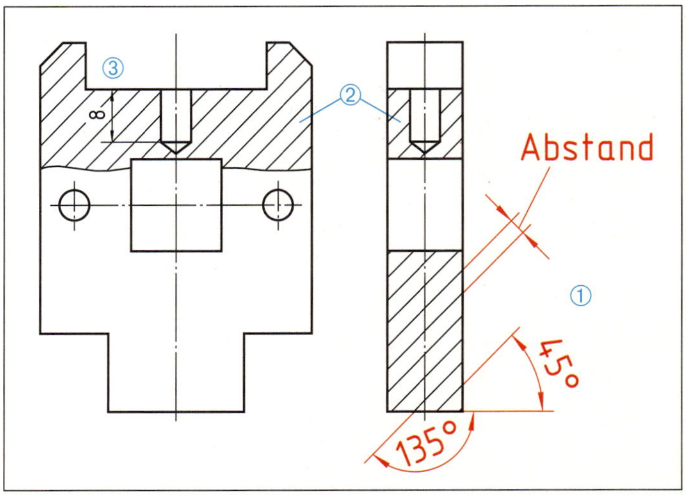

Abb. 2: Kennzeichnung von Schnittflächen

Werden gefügte Werkstücke im Schnitt dargestellt, müssen die unterschiedlichen Schnittflächen auch unterschiedlich schraffiert werden. Dazu sind die Schraffurlinien *entgegengesetzt* unter 45° bzw. 135° zu zeichnen. Der Abstand der Schraffurlinien kann für jede Schraffurfläche unterschiedlich sein (Abb. 3a).

Schmale Schnittflächen werden voll geschwärzt. Das trifft z. B. bei dünnen Blechen, dünnwandigen Buchsen oder Profilen zu (Abb. 3b).

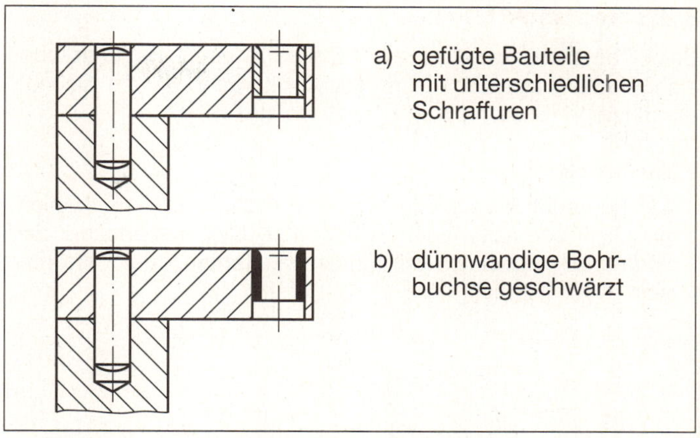

Abb. 3: Gefügte Teile im Schnitt

3.2 Schnittarten

Wichtige Schnittarten nach **DIN 6** zur Darstellung und Unterscheidung von Schnittdarstellungen sind:

- *Vollschnitt*,
- *Halbschnitt*,
- *Profilschnitt*,
- *Teilschnitt*.

3.2.1 Vollschnitt

Beim *Vollschnitt* wird die vordere Hälfte des Werkstückes gedanklich abgetrennt und nur die hintere Hälfte gezeichnet. Die Lage der Schnittebene kann zwar beliebig gewählt werden, verläuft jedoch vorzugsweise in Richtung der Längsachse oder senkrecht zu ihr (Abb. 4a).

Verdeckte Kanten werden nur dann gezeichnet, wenn sie zur besseren räumlichen Vorstellung des Werkstückes beitragen.

3.2.2 Halbschnitt

Beim *Halbschnitt* wird ein Viertel des Werkstückes gedanklich abgetrennt. Diese Darstellung wird bevorzugt bei spiegelbildgleichen Hohlkörpern angewendet. Dadurch wird in der Schnitthälfte die *innere Form* und in der Ansichtshälfte die *äußere Form* dargestellt.

Halbschnitte werden bei *waagerechter* Mittellinie *unterhalb*, bei *senkrechter* Mittellinie *rechts* von dieser angeordnet.

Werkstückkanten, die bei einem Halbschnitt direkt auf der Mittellinie liegen, sind als *sichtbare Kanten* darzustellen (Abb. 4b).

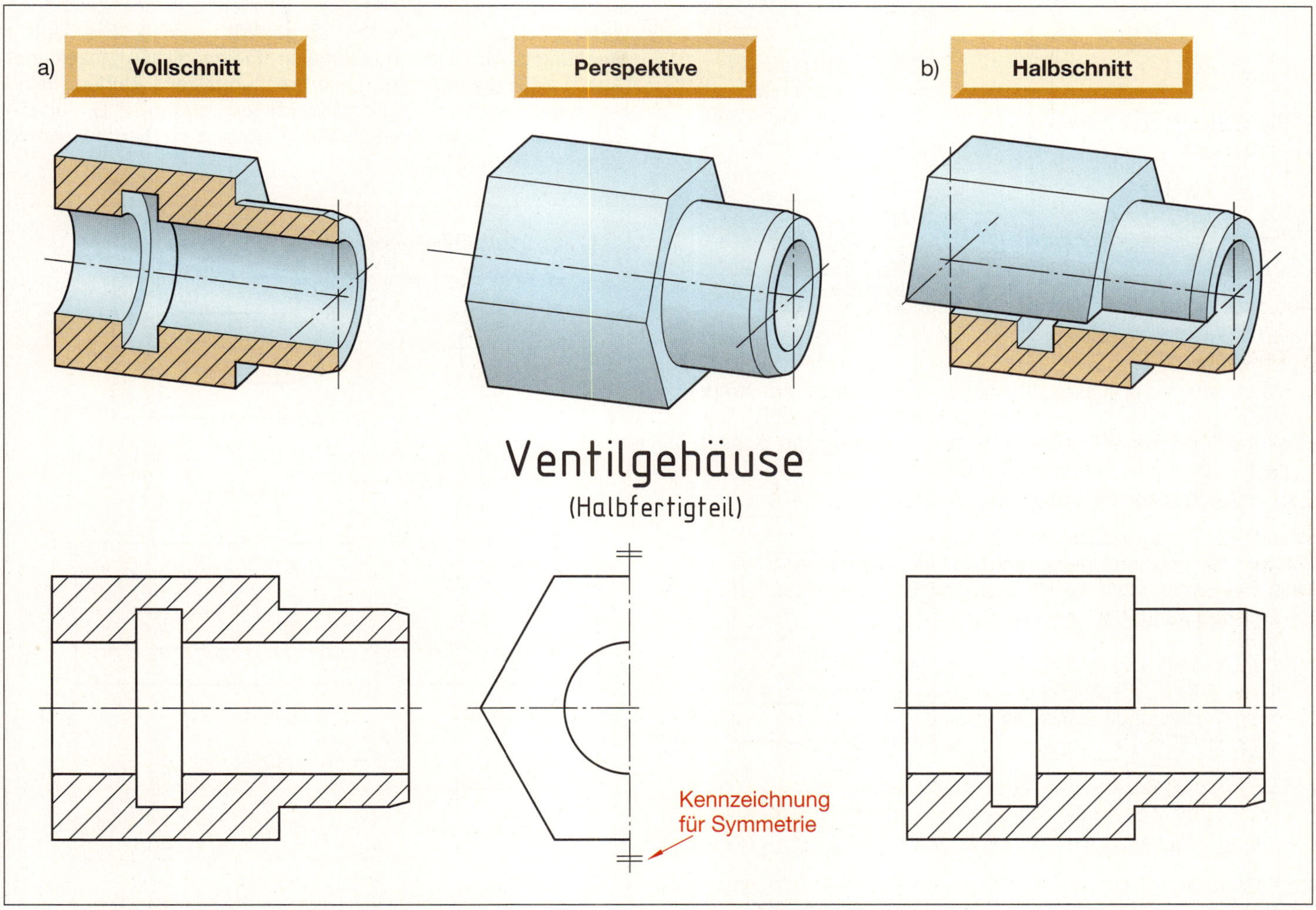

Abb. 4: Vollschnitt und Halbschnitt

3.2.3 Teilschnitt

Beim *Teilschnitt* wird nur ein Teilbereich eines Gegenstandes als Schnitt dargestellt. Zum Teilschnitt gehören die Schnittdarstellungen *Ausbruch* und *Teilausschnitt*.

- **Ausbruch**

  Ein Ausbruch wird durch eine Freihandlinie (DIN 15 – Linienart C) in schmaler Volllinie begrenzt. Die Freihandlinie darf *nicht* deckungsgleich mit Umrissen, Kanten oder Hilfslinien sein (Abb. 1 und 2).

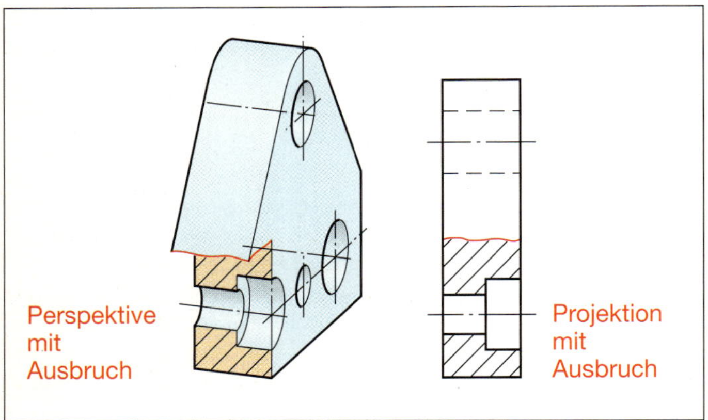

Abb. 1: Ausbruch am prismatischen Werkstück

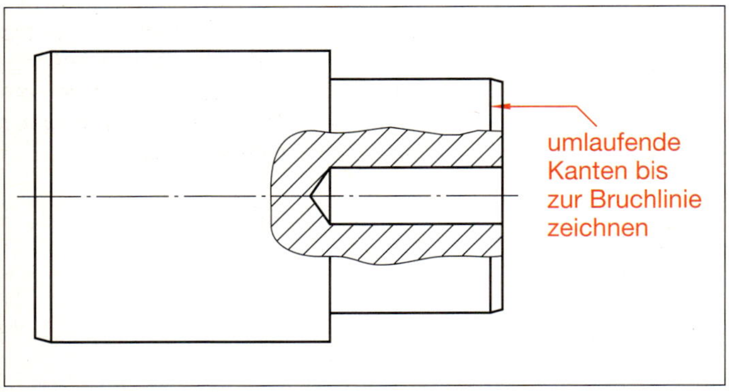

Abb. 2: Ausbruch am zylindrischen Werkstück

- **Teilausschnitt**

  Durch einen Teilausschnitt können Einzelheiten am Werkstück durch gesondertes Herauszeichnen übersichtlich dargestellt und bemaßt werden. Eine Begrenzung der Schnittfläche durch eine Freihandlinie entfällt (Abb. 3).

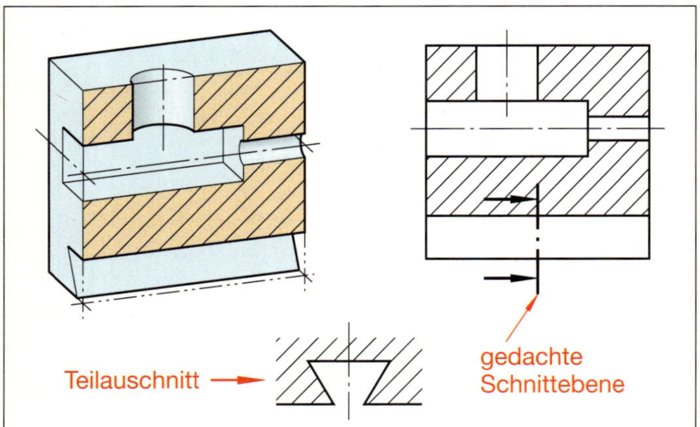

Abb. 3: Darstellung eines Teilausschnittes

3.2.4 Profilschnitt

Ein *Profilschnitt* entsteht, wenn z. B. Rundprofile, L-Profile oder Sechskantprofile so geschnitten werden, dass sich die kleinste Schnittfläche ergibt. Dies ist immer der Querschnitt des Profils.

Der Profilschnitt darf entweder *in* die zugehörige Ansicht oder *neben* die Ansicht gezeichnet werden. Direkt in der Ansicht wird das Profil in schmalen Volllinien (DIN 15 – Linienart B) gezeichnet und schraffiert. Maße dürfen direkt am Profilschnitt eingetragen werden (Abb. 4). Eine solche Darstellung soll hauptsächlich Platz auf der Zeichnung sparen.

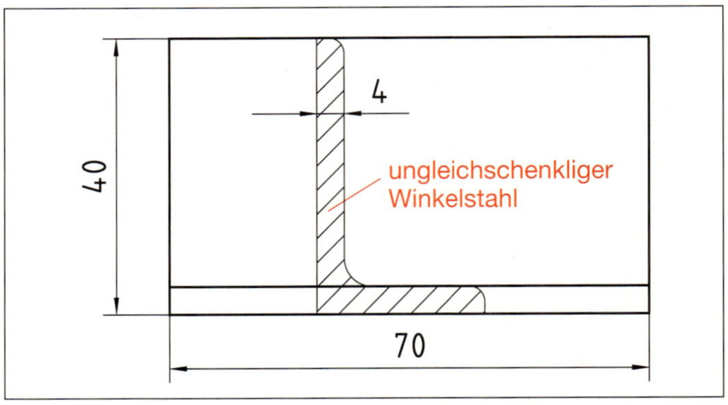

Abb. 4: Profilschnitt innerhalb der Ansicht

3.2.5 Bruchlinien

Lange bzw. große Werkstücke können auf der Zeichnung *verkürzt* oder *unterbrochen* dargestellt werden. Die Unterbrechungsstelle wird in schmalen Freihandlinien gezeichnet (Abb. 5a). Innerhalb der Unterbrechungsstelle dürfen keine Bearbeitungsformen liegen. Die Maßeintragung, z. B. für die Gesamtlänge eines Werkstückes, muss dem *Fertigungsmaß* entsprechen (Abb. 5b).

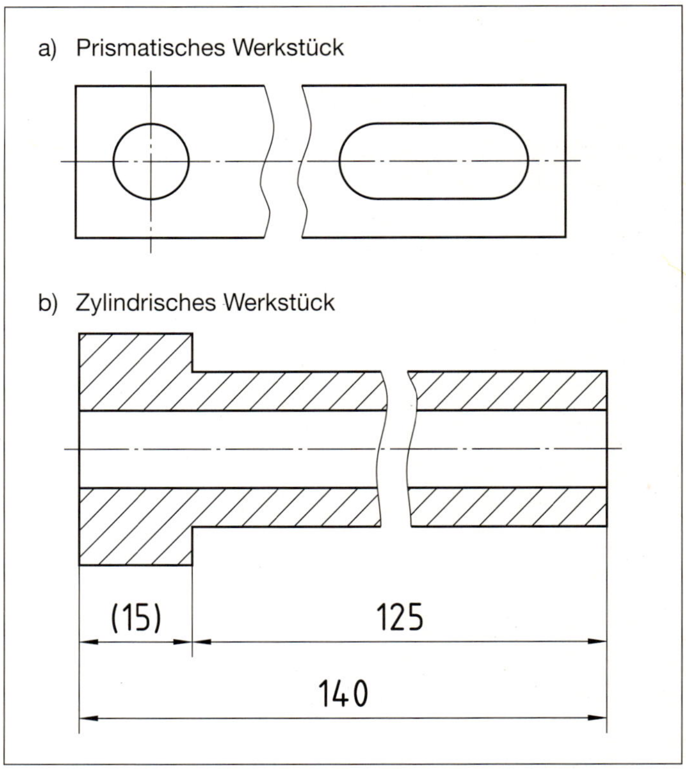

Abb. 5: Verkürzt dargestellte Werkstücke

3.3 Anordnung und Darstellung der Schnittebenen

Ist der Verlauf einer Schnittebene eindeutig, wird er nicht besonders gekennzeichnet (Abb. 6). Das ist häufig bei Voll- oder Halbschnitten der Fall.

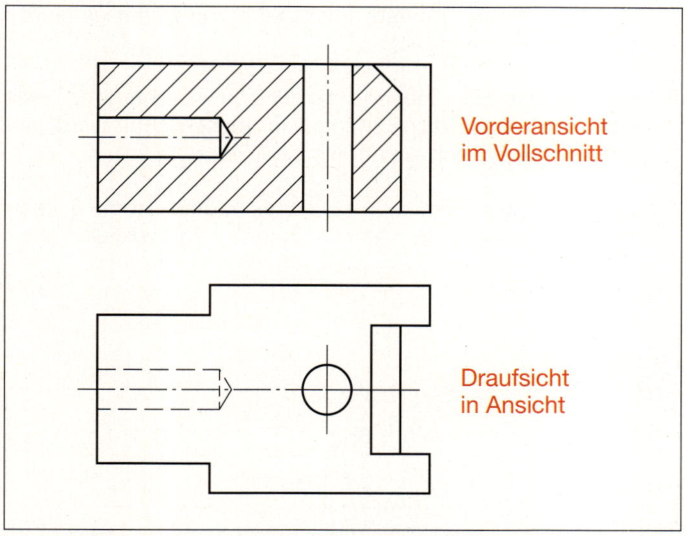

Abb. 6: Werkstück mit eindeutigem Schnittverlauf

Ist der Verlauf einer Schnittebene nicht eindeutig, wird er durch eine *Schnittlinie* gekennzeichnet. Schnittlinien sind breite *Strichpunkt-Linien* (DIN 15 – Linienart J). Sie werden nur im Bereich der Umrisslinien des Werkstücks dargestellt. Pfeile geben die Blickrichtung auf die Schnittebene an. Die Pfeile haben einen Öffnungswinkel von 15° und ca. die 1,5 fache Länge von Maßpfeilen (Abb. 7).

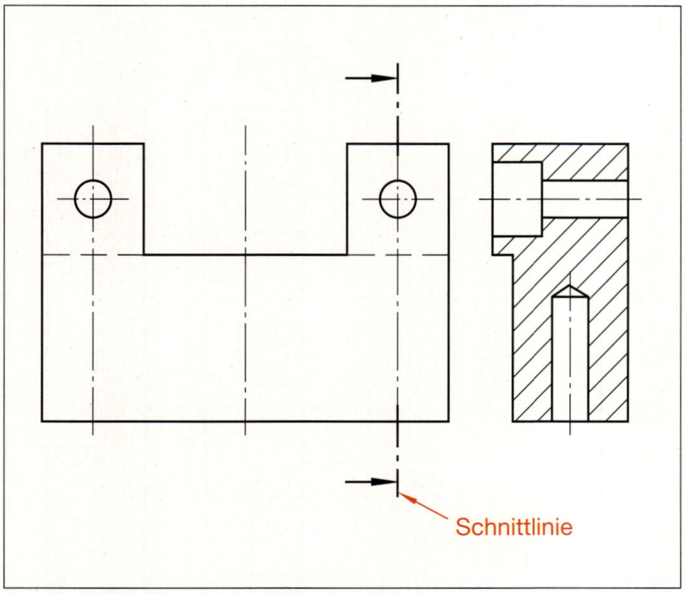

Abb. 7: Werkstück mit Schnittlinie

Liegen zwei Schnittebenen im Winkel zueinander, wird der Schnitt so dargestellt, als lägen die Schnittflächen in *einer Ebene*. Die Schnittlinie wird an der Stelle der Richtungsänderung durch *kurze breite Volllinien* dargestellt (Abb. 8).

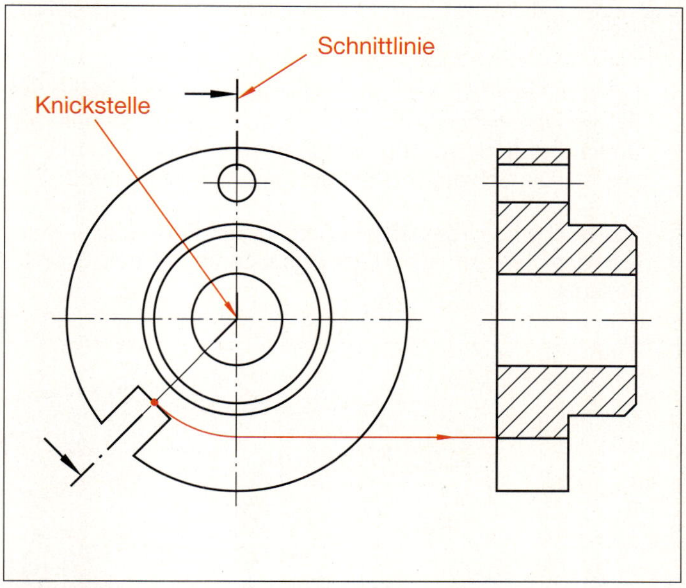

Abb. 8: Abgerundete Schnittebenen

Bohrungen auf einem Teilkreis werden ebenfalls in die Schnittebene gedreht dargestellt. Das Drehen in die Schnittebene erfolgt auf dem Teilkreis, damit dieser auch in seinem wahren Durchmesser dargestellt werden kann. Die Angabe eines Schnittverlaufes ist nicht erforderlich (Abb. 9).

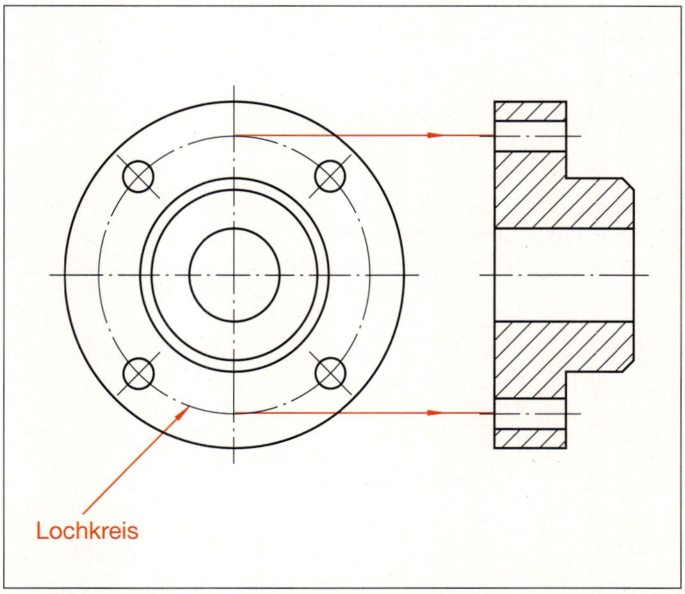

Abb. 9: Bohrungen in die Schnittebene gedreht

3.4 Zuordnung, Kennzeichnung und Darstellung der Schnitte

Schnitte lassen sich bei komplexen Werkstücken nicht immer eindeutig ihren Schnittebenen zuordnen. Der Schnittverlauf wird dann zusätzlich mit Großbuchstaben gekennzeichnet (Abb. 1).

① Der Schnittverlauf wird durch Buchstaben vom Anfang des Alphabetes gekennzeichnet. Die Buchstaben stehen von unten lesbar direkt über bzw. neben den Schnittverlaufspfeilen. Die Schriftgröße beträgt vorzugsweise 5 mm.

② Die Buchstaben stehen am Anfang, am Ende und – wenn erforderlich – an den Richtungsänderungen des Schnittverlaufs.

③ Die Eindeutigkeit eines Schnittverlaufes wird erhöht, wenn die Buchstaben um Ziffern ergänzt werden.

④ Die Buchstaben und Ziffern der Hauptansicht sind über den Schnittansichten ebenfalls anzugeben.

⑤ An den Knickstellen von versetzten Schnittebenen entstehen keine neuen Kanten, da es sich immer um gedachte Schnittebenen handelt.

⑥ Verläuft eine Schnittebene durch eine Abschrägung, entsteht eine zusätzliche Kante. In diesem Fall wird die Schnittebene durch eine breite Volllinie begrenzt.

⑦ Geht eine Schnittebene in eine Ansicht über, ist die Grenze zwischen beiden durch eine Freihandlinie darzustellen.

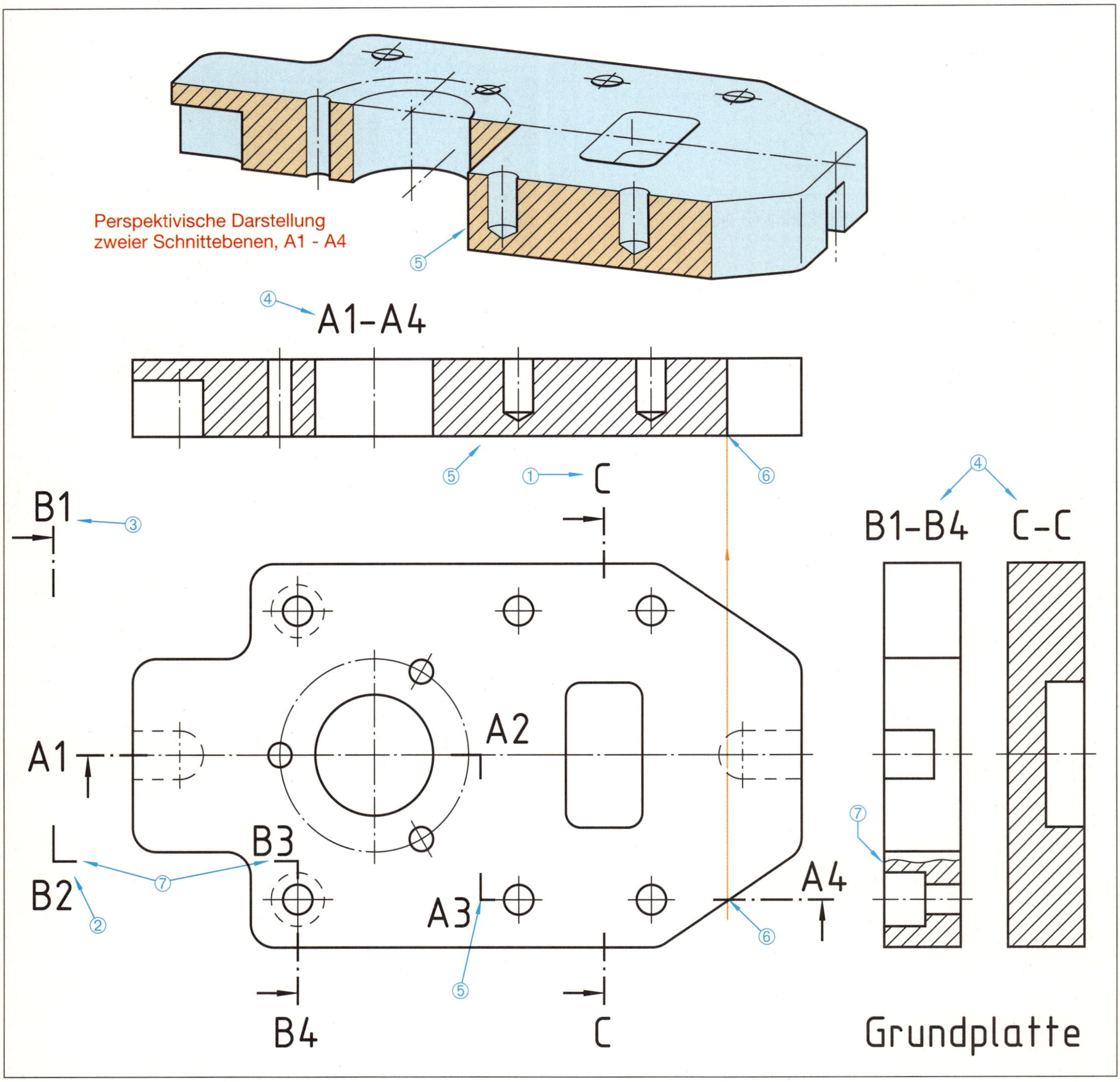

Abb. 1: Werkstück mit unterschiedlichen Schnittebenen

3.5 Besonderheiten der Schnittdarstellung

3.5.1 Teile, die nicht geschnitten dargestellt werden

Damit Schnittdarstellungen eindeutig lesbar bleiben, werden bestimmte Teile oder Bereiche eines Werkstücks ungeschnitten dargestellt. Dies gilt auch dann, wenn die Teile oder Bereiche davon in der Schnittebene liegen.

In der Gesamt-Zeichnung (Abb. 2) sind einige ungeschnitten dargestellte Teile erkennbar.

In *Längsrichtung* geschnittene Teile ohne Hohlräume werden *nicht* schraffiert. Dazu zählen z. B.:

① Schrauben,

② Stifte,

③ Bolzen bzw. Drehteile.

Technische Zusammenhänge sind oft besser erkennbar, wenn die Umrisse von angrenzenden Teilen eingezeichnet werden. Diese Teile werden in schmaler Strich-Zweipunktlinie (DIN 15 – Linienart K) gezeichnet.

④ Liegen angrenzende Teile in der Schnittebene, werden Sie ebenfalls *nicht* schraffiert. Das ist bei dem in der Vorrichtung zu bohrenden Winkel der Fall.

3.5.2 Bruchlinie innerhalb einer Schnittfläche

⑤ Wird in eine Schnittebene eine andere Schnittebene hineinprojiziert, wird die Übergangsstelle mit einer Freihandlinie gekennzeichnet.

In den beiden Schraffurflächen werden die Schraffuren versetzt zueinander gezeichnet.

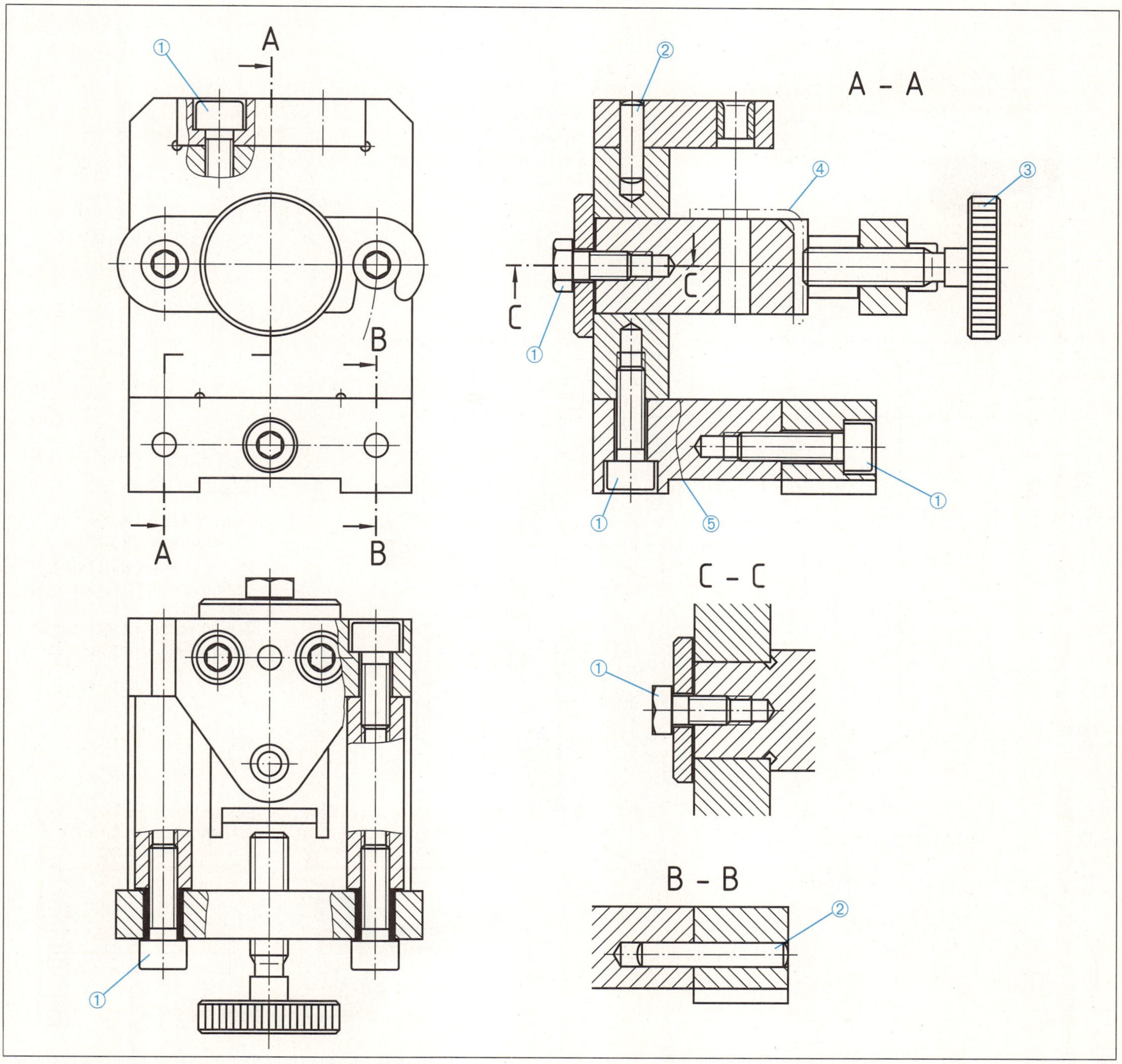

Abb. 2: Teile, die nicht schraffiert dargestellt werden

4 GEWINDEDARSTELLUNGEN

4.1 Anwendung, Benennung und Darstellung

Gewinde dienen zum Herstellen kraftschlüssiger oder formschlüssiger Verbindungen. Dazu verwendet man Funktionselemente mit

- *Außengewinde*, z. B. eine Schraube, und
- *Innengewinde*, z. B. eine Mutter.

Wird ein Funktionselement mit Außengewinde in ein Funktionselement mit Innengewinde gedreht, können Verbindungen für unterschiedliche Aufgaben hergestellt werden:

- *Befestigungsgewinde* zum Herstellen einer festen oder dichten lösbaren Verbindung und
- *Bewegungsgewinde* zum Umwandeln einer Drehbewegung in eine geradlinige Bewegung.

Dabei kommen unterschiedliche Gewindearten zum Einsatz, die sich u. a. durch ihr Gewindeprofil unterscheiden. Oft verwendete Gewindearten sind:

- *Metrisches Regelgewinde* (z. B. M10),
- *Metrisches Feingewinde* (z. B. M10 x 1),
- *Metrisches Trapezgewinde* (z. B. Tr 12 x 3),
- *Rohrgewinde* (z. B. G 3/4).

Eine Übersicht aller Gewindearten zeigt **DIN 202** →.

Nach der Abb. 1 wird deutlich, dass eine reale Darstellung von Gewinden zeichentechnisch aufwendig ist. Deshalb legt **DIN ISO 6410** die vereinfachte Darstellung von Gewinden fest, *unabhängig* von der verwendeten Gewindeart.

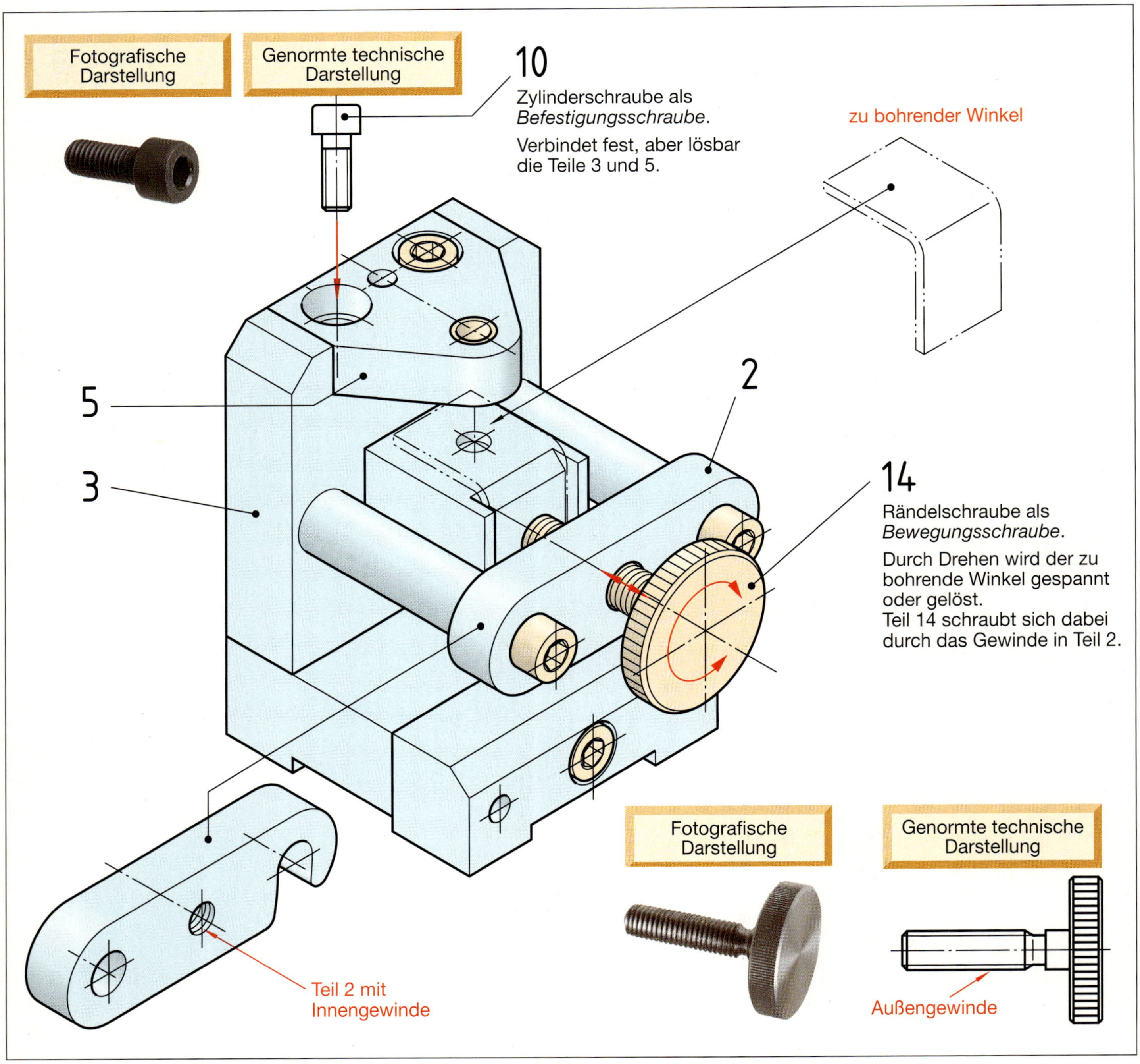

Abb. 1: Anwendung, Benennung und Darstellung von Gewinden an der Bohrvorrichtung

4.2 Außengewinde

Sichtbare Außengewinde werden mit unterschiedlichen Volllinien dargestellt (Abb. 2):

- *Breite Volllinien = Nenndurchmesser* (d),
- *Schmale Volllinien = Kerndurchmesser* (d_3),
- *Breite Volllinie = Gewindelänge* (l).

Zum genauen Darstellen eines Gewindes müssen die Maße aus DIN-Blättern ➜📖 ermittelt werden.

Der *Kerndurchmesser* (d_3) darf jedoch auch ohne Tabellenwert angenähert gezeichnet werden. Der Mindestabstand zum Nenndurchmesser beträgt dann 1 mm.

Der Gewindeanfang wird in der Regel mit einer 45°-Fase bis zum Kerndurchmesser gezeichnet.

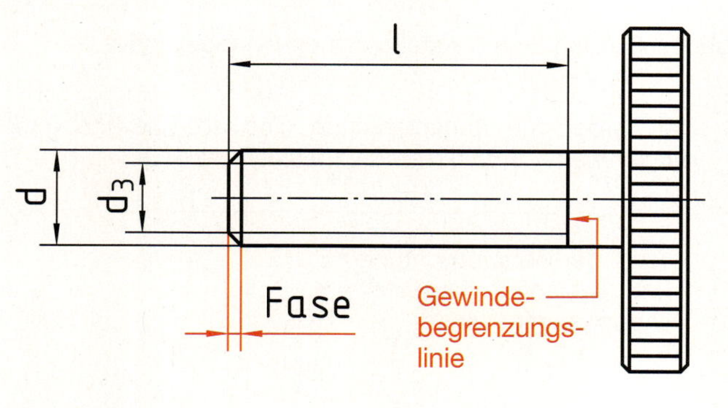

d = Nenndurchmesser
d_3 = Kerndurchmesser
l = Gewindelänge (nutzbare)

Abb. 2: Größen zum Darstellen eines Außengewindes

Im Regelfall enden die schmalen Volllinien für den Kerndurchmesser an der Gewindebegrenzung. Nur im Falle eines *Gewindefreistichs* (DIN 76, ➜📖) endet die Linie an der Freistichkante (Abb. 3).

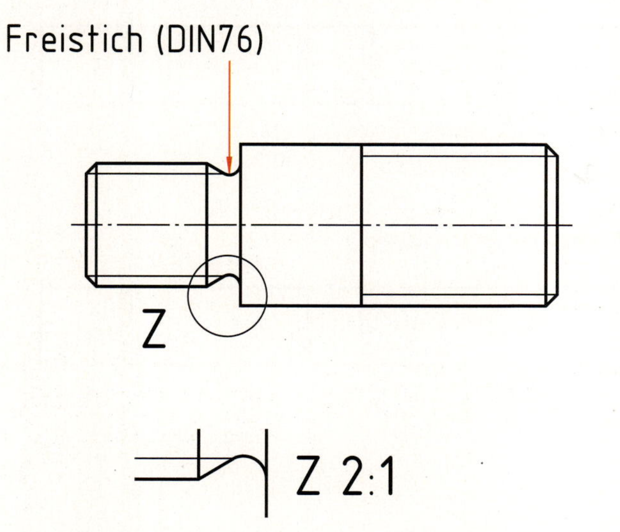

Abb. 3: Außengewinde in Ansichtsdarstellung

Werden Teile mit Außengewinde im Schnitt dargestellt, verlaufen die Schraffurlinien *über den Kerndurchmesser* hinaus bis an den Nenndurchmesser.

Im Schnitt werden

- der *Kerndurchmesser* in *schmalen Volllinien*

 und

- die *Gewindebegrenzung* in *schmaler Strichlinie* (verdeckte Kante) gezeichnet (Abb. 4).

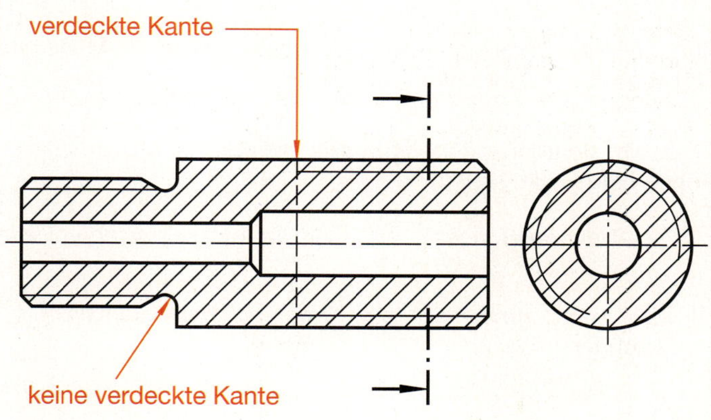

Abb. 4: Außengewinde in Schnittdarstellung

Wird ein sichtbares Außengewinde mit Blickrichtung auf die Achse dargestellt, so ist

- der *Nenndurchmesser* als Kreis in *breiter Volllinie*,
- der *Kerndurchmesser* als 3/4-Kreis in *schmaler Volllinie*

darzustellen.

Der 3/4-Kreis darf jede beliebige Lage im Achsenkreuz haben. Bei verdeckt dargestelltem Außengewinde ist der 3/4-Kreis mit einer *schmalen Strichlinie* darzustellen (Abb. 5).

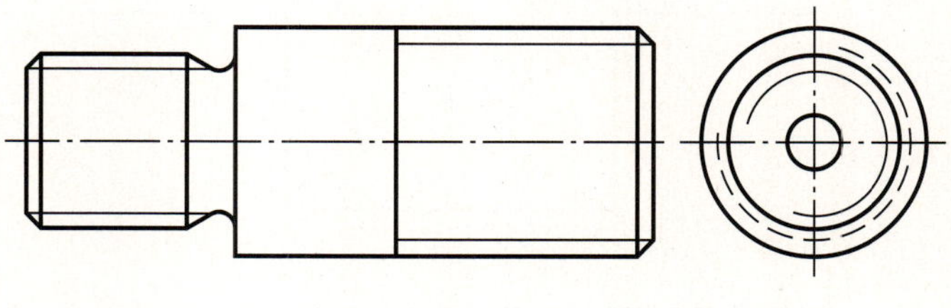

Abb. 5: Sichtbar und verdeckt gezeichneter 3/4-Kreis

Gewindefasen müssen in der Ansicht, in der die Kreisform erkennbar ist, *nicht* gezeichnet werden.

4.3 Innengewinde

Innengewinde im Schnitt werden mit unterschiedlichen Volllinien dargestellt (Abb. 1):

- *Schmale Volllinien* = *Nenndurchmesser (D)*
- *Breite Volllinien* = *Kerndurchmesser bzw. Grundlochbohrung (D_1)*
- *Breite Volllinien* = *Gewindebegrenzung*

① Die Schraffurlinien verlaufen *über den Nenndurchmesser* hinaus bis an den Kerndurchmesser.

Zum genauen Darstellen eines Gewindes müssen die Maße aus DIN-Blättern ➜📖 ermittelt werden.

Wird ein sichtbares Innengewinde mit Blickrichtung auf die Achse dargestellt, so ist:

② der *Nenndurchmesser* als 3/4-Kreis mit *schmaler Volllinie* und

③ der *Kerndurchmesser* als Kreis mit *breiter Volllinie* zu zeichnen (Abb. 2).

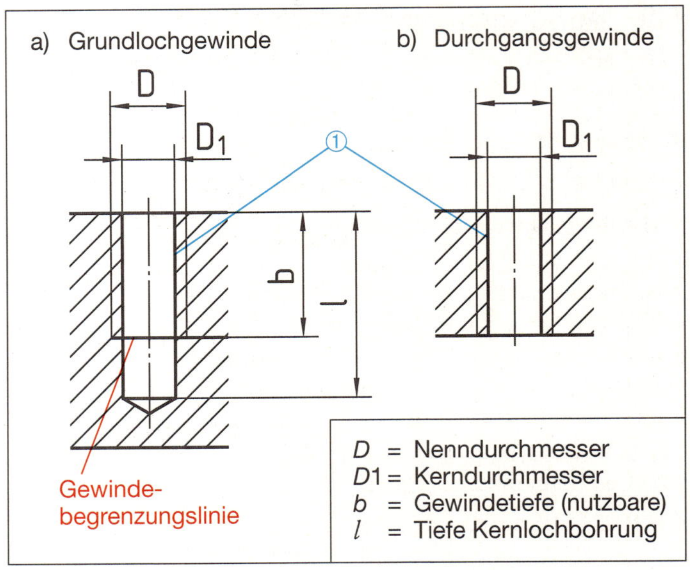

Abb. 1: Größen zum Darstellen eines Innengewindes

④ Bei verdecktem Innengewinde sind *alle* Gewindegrößen mit *schmalen Strichlinien* darzustellen (Abb. 2).

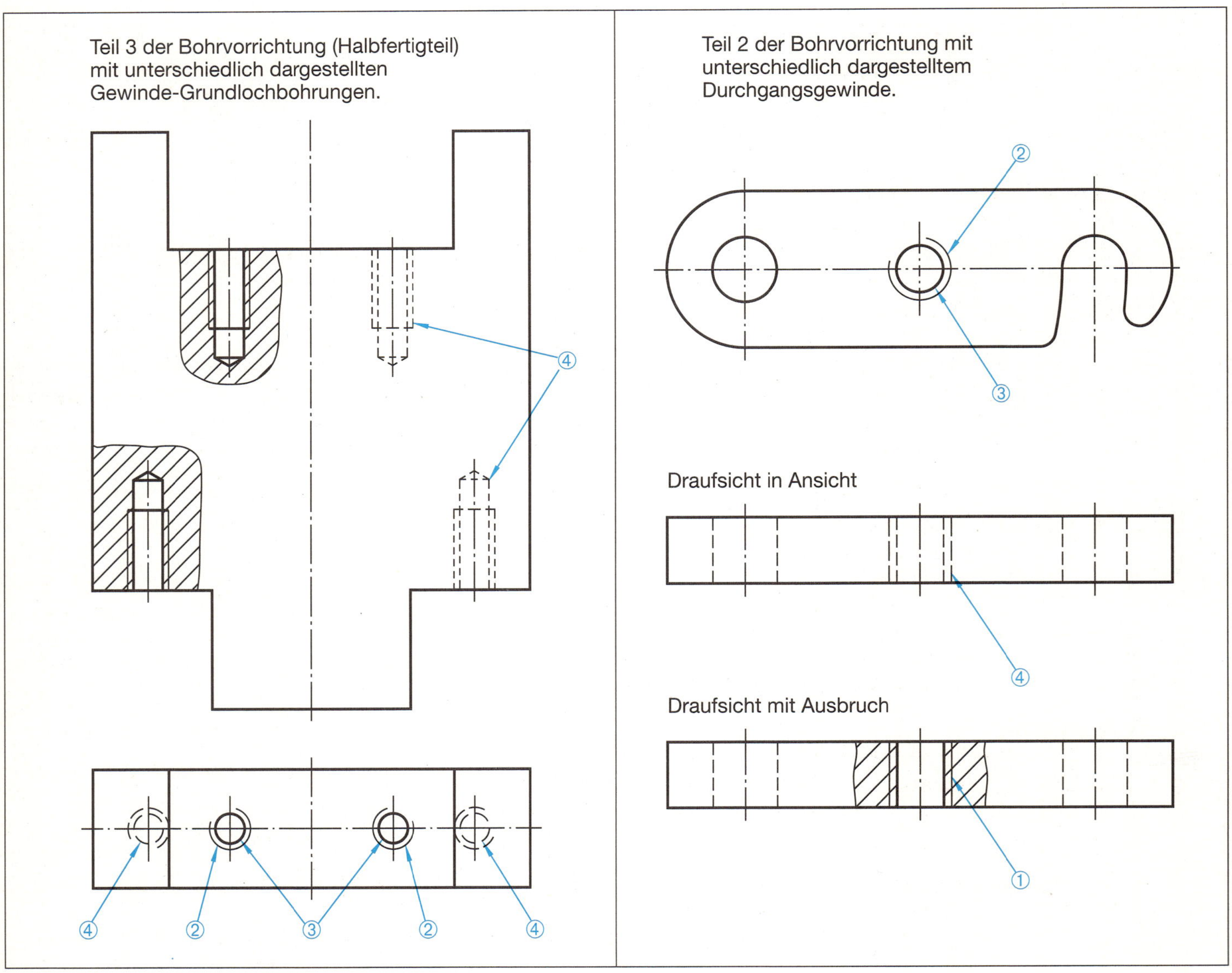

Abb. 2: Darstellung von Innengewinden

4.4 Bemaßung von Außen- und Innengewinden

Genormte Werkzeuge zur Gewindeherstellung erfordern eine *norm- und fertigungsgerechte* Bemaßung von Gewinden in einer Teil-Zeichnung. Eingetragen werden jedoch nicht alle Größen eines Gewindes.

Eine *Außengewindebemaßung* (Abb. 3) besteht aus:

① dem Maß für den *Nenndurchmesser* und dem vorangestellten *Gewinde-Kurzzeichen* nach **DIN 202**,

② dem Maß für die nutzbare *Gewindelänge*.

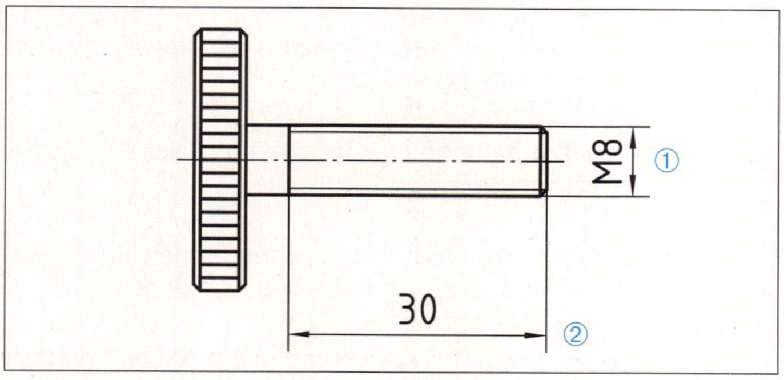

Abb. 3: Bemaßung von Außengewinden

Eine *Innengewindebemaßung* mit Grundlochbohrung (Abb. 4a) besteht aus:

① dem *Gewinde-Kurzzeichen* nach **DIN 202** und dem Maß für den *Nenndurchmesser*,

② dem Maß für die nutzbare *Gewindelänge* und

③ dem Maß für die *Tiefe der Kernlochbohrung*.

Bei einer durchgehenden Gewindebohrung wird nur der Nenndurchmesser bemaßt (Abb. 4b).

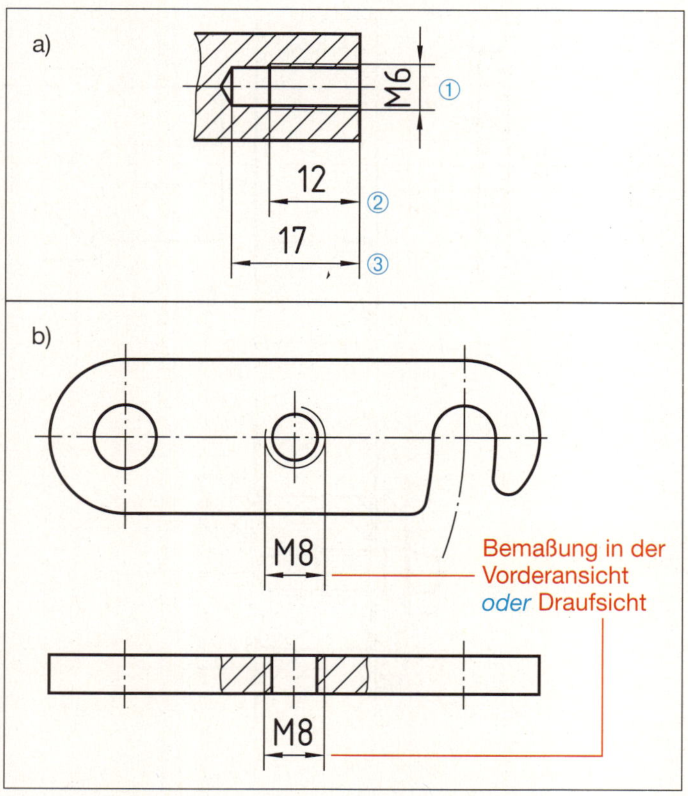

Abb. 4: Bemaßung von Innengewinden

Bei einem Grundlochgewinde ist die Tiefe der Kernlochbohrung größer als die nutzbare Gewindetiefe. Die Differenz zwischen Gewindetiefe und Kernlochtiefe ist das Maß *e*1 (Abb. 5). Es ist nach **DIN 76** genormt. In der Praxis wird das Maß meist ohne Kommastelle auf- oder abgerundet.

Bezugsgröße für *e*1 ist der Nenndurchmesser des Gewindes.

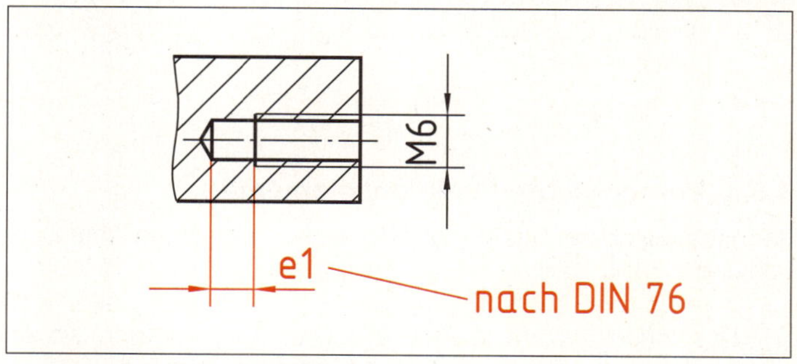

Abb. 5: Ermitteln der Kernlochtiefe

Bei einigen Gewindearten, z. B. dem *Feingewinde* oder dem *Trapezgewinde*, wird dem Nenndurchmesser die *Gewindesteigung* (*P*) angefügt (Abb. 6).

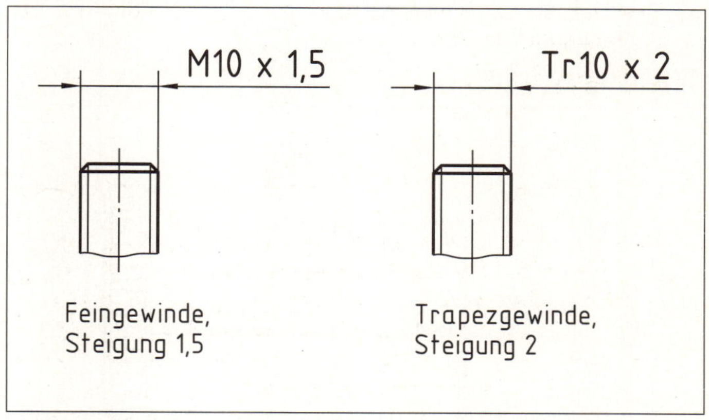

Abb. 6: Gewindebemaßung mit Angabe der Steigung

Im Allgemeinen bezieht sich die Bemaßung auf *Rechtsgewinde*. Handelt es sich jedoch um *Linksgewinde*, wird dem Nennmaß die Angabe *LH* (engl.: left hand) angefügt. Hat ein Funktionselement Links- *und* Rechtsgewinde, wird auch das Rechtsgewinde gekennzeichnet. Es erhält den Zusatz *RH* (engl.: right hand) (Abb. 7).

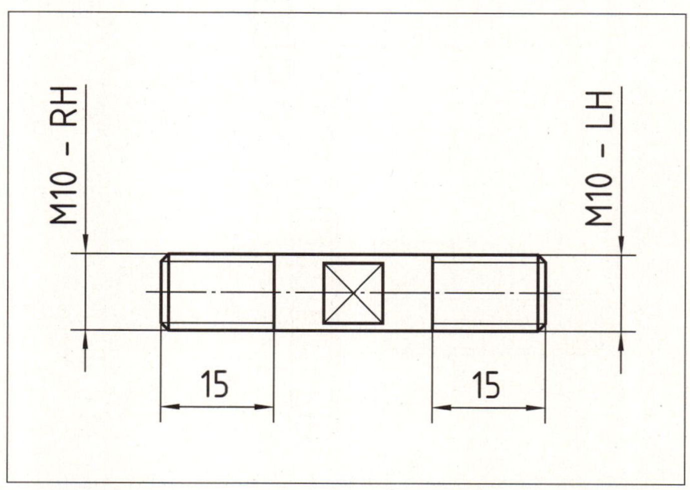

Abb. 7: Bemaßung von Rechts- und Linksgewinden

4.5 Darstellung von Gewindeverbindungen

In Gesamt- oder Gruppenzeichnungen werden Funktionselemente mit Außen- und Innengewinde verschraubt dargestellt. Die Darstellung erfolgt meist im Schnitt.

Funktionselemente mit Außengewinde sind so darzustellen, dass sie Funktionselemente mit Innengewinde ***überdecken****.*

4.5.1 Verschraubte Funktionselemente

Je nach Einschraubtiefe ergeben sich unterschiedliche Darstellungen (Abb. 1):

① Das Innengewinde in Pos. 2 ist nur dort sichtbar, wo es vom Außengewinde der Pos. 14 nicht berührt wird.

② Das Innengewinde ist vom Außengewinde vollständig verdeckt, weil Pos. 14 weiter eingeschraubt wurde.

③ Pos. 14 ist bis zur nutzbaren Gewindelänge in Pos. 2 eingeschraubt. Die Gewindebegrenzung ist bündig mit der Außenkante von Pos. 2.

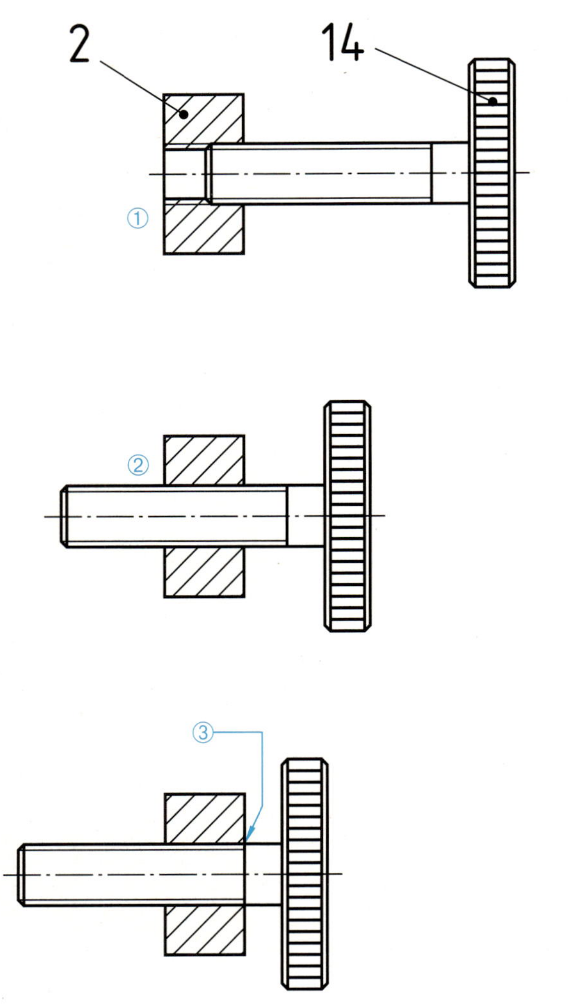

Abb. 1: Darstellungen verschraubter Funktionselemente

4.5.2 Verbindungsarten

In der Fügetechnik werden verschiedene Arten von Schrauben, Muttern und Scheiben verwendet. Damit können unterschiedliche Verbindungsarten hergestellt werden, z. B.:

- *Einziehverbindungen*

  und
- *Durchsteckverbindungen*.

4.5.2.1 Einziehverbindung

Bei der Darstellung von Einziehverbindungen gelten folgende Zusammenhänge (Abb. 2):

① Eines der beiden zu verbindenden Teile hat ein *Durchgangsloch* nach **DIN EN 20273** ➔📖.

② Das andere Teil hat eine *Gewindebohrung* als Grundloch- oder Durchgangsgewinde.

③ Zum Herstellen der Verbindung werden meist nur zwei Normteile benötigt, eine Schraube und eine Scheibe.

④ Die Schraube wird in Längsrichtung *nicht geschnitten* dargestellt.

⑤ *Genormte Scheiben* werden *nicht geschnitten* gezeichnet. Nicht genormte Scheiben dürfen im Schnitt gezeichnet werden.

⑥ Zum Zeichnen des Schraubenkopfes sollten entsprechende Schablonen verwendet werden.

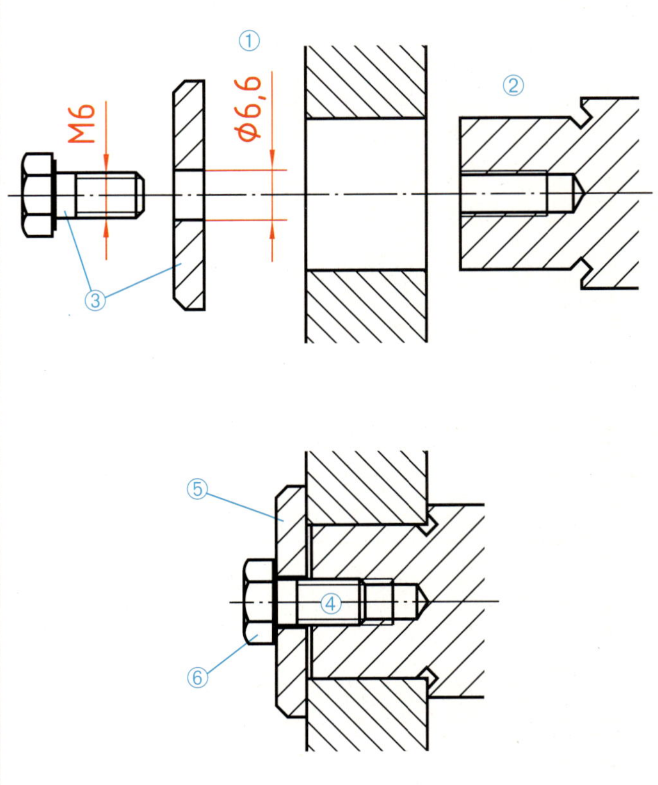

Abb. 2: Einziehverbindung – Aufbau und Darstellung

4.5.2.2 Durchsteckverbindung

Bei der Darstellung von Durchsteckverbindungen gelten folgende Zusammenhänge (Abb. 3):

① Die zu verbindenden Teile haben *Durchgangslöcher* nach **DIN EN 20273**.

② Zum Herstellen einer Verbindung werden meist die Normteile *Sechskantschraube, Sechskantmutter* und *Scheibe* verwendet.

③ Normteile für die Schraubenverbindung werden in Längsrichtung *nicht* schraffiert dargestellt.

④ Im Bereich des Durchgangsloches wird die Trennlinie der zusammengeschraubten Werkstücke bis *an den Schraubenschaft* gezeichnet.

⑤ In Gruppen- oder Gesamtzeichnungen erhalten die im Zusammenbau dargestellten Teile Positionsnummern (Pos.-Nr.), die in eine Stückliste eingetragen werden. Normteile sind mit ihrer *Norm-Kurzbezeichnung* in die Stückliste einzutragen.

⑥ Zum Zeichnen von Schraubenköpfen und Sechskantmuttern sollten entsprechende Schablonen verwendet werden.

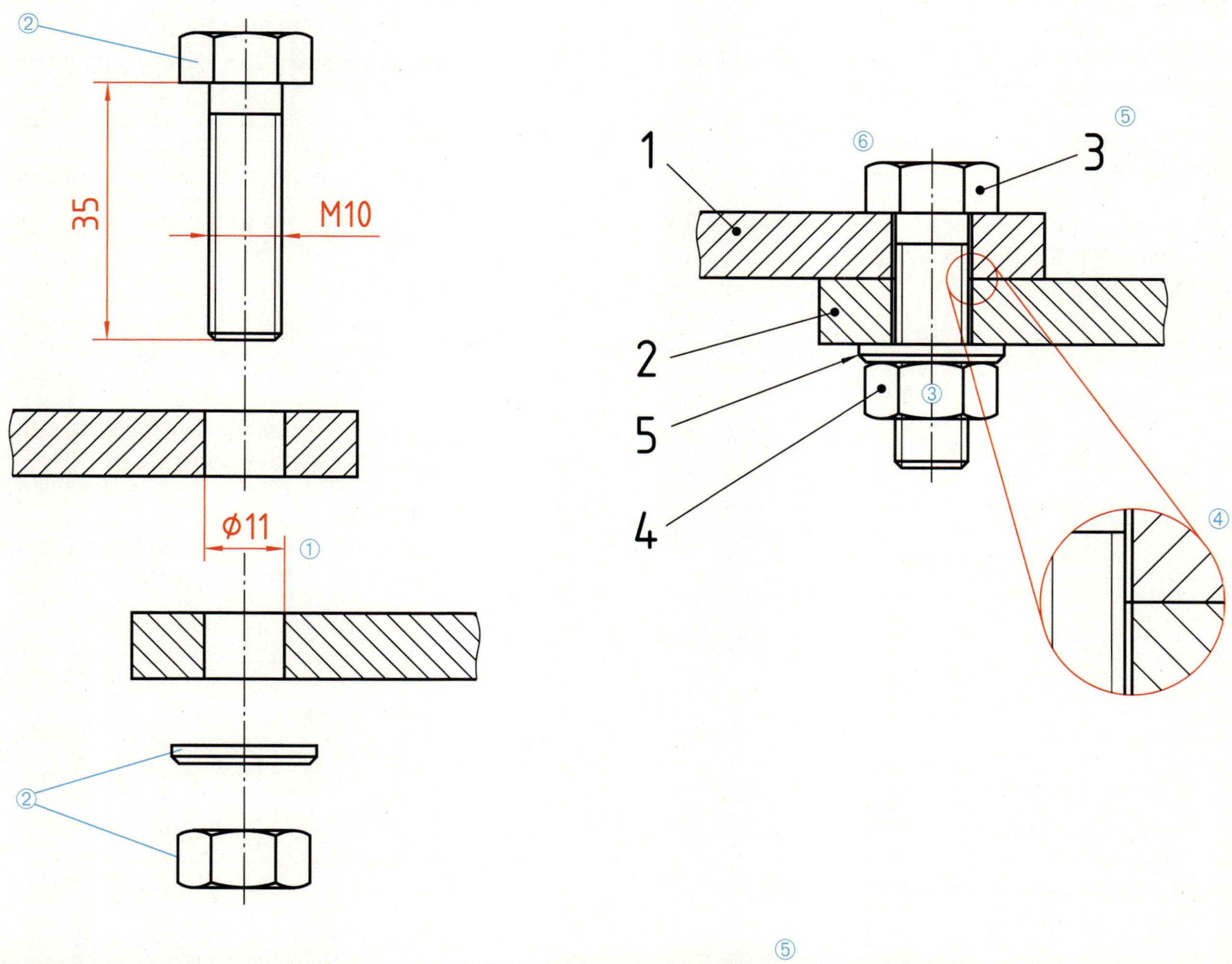

Pos.	Menge	Einheit	Benennung	Sachnummer / Norm-Kurzbezeichnung	Bemerkung
5	1	Stck.	Scheibe	DIN 125 – B 10,5 – 200 HV	
4	1	Stck.	Sechskantmutter	DIN EN 24032 – M10 – 8	
3	1	Stck.	Sechskantschraube	DIN EN 24014 – M10 x 35 – 8.8	
2	1	Stck.	Lasche 2		S 235 J
1	1	Stck.	Lasche 1		S 235 J

Abb. 3: Durchsteckverbindung – Aufbau und Darstellung

4.5.3 Darstellung und Bemaßung von Senkungen

Bei vielen Schraubenverbindungen werden die Schraubenköpfe im Werkstück *versenkt*. Dadurch werden platzsparende Verbindungen hergestellt. Genormte Schraubenköpfe erfordern deshalb die Herstellung genormter *Senkungen* im Werkstück. Senkungen müssen in Teil-Zeichnungen *norm- und fertigungsgerecht* bemaßt werden (Abb. 1).

Maße für Senkungen können den DIN-Normen entnommen werden ➜📖:

- Senkungen für Zylinderschrauben = **DIN 974**,
- Senkungen für Senkschrauben = **DIN 66**.

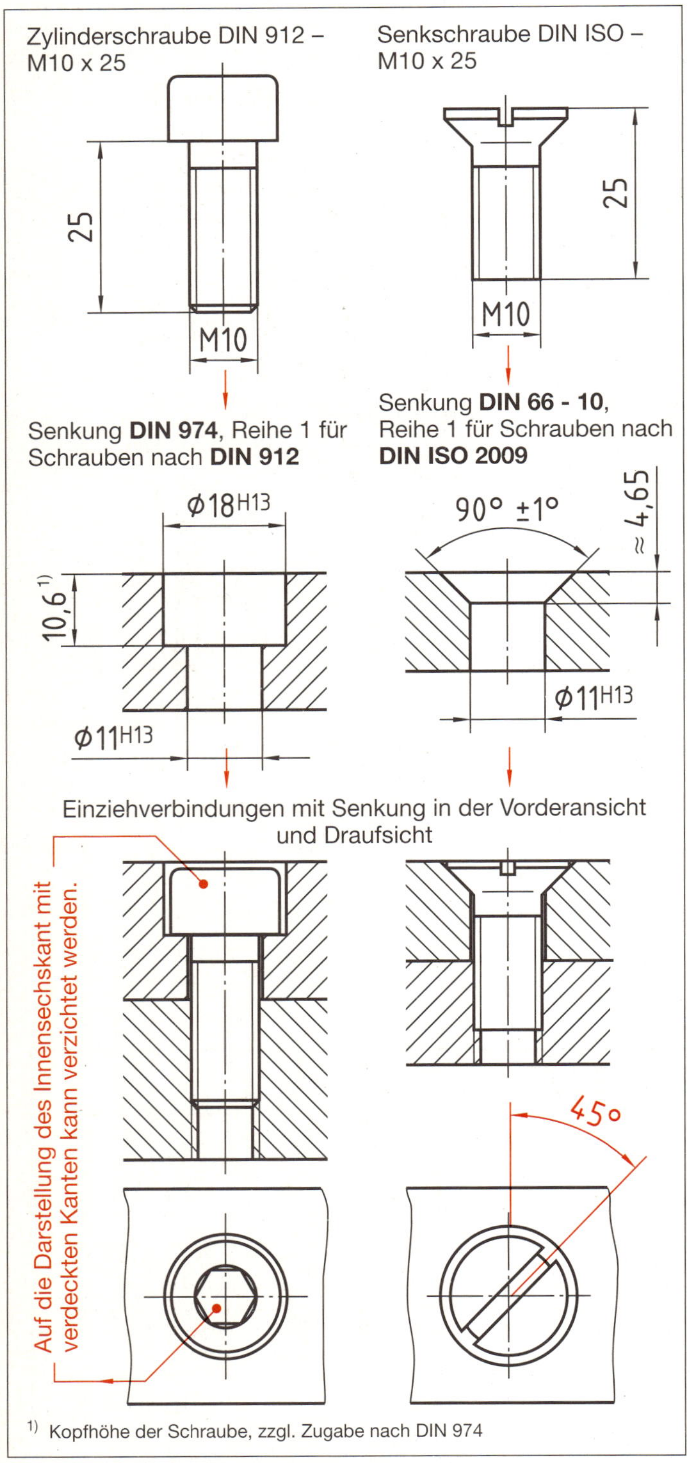

Abb. 1: Senkungen – Darstellung und Bemaßung

4.6 Vereinfachte Darstellung von Gewinden

Um manuelle Zeichenarbeit zeitlich zu reduzieren und nur wesentliche Merkmale darzustellen, wurden in der **DIN ISO 6410** Regeln für die vereinfachte Darstellung von Schrauben, Muttern und Gewinden festgelegt.

Vereinfachungen bestehen z. B. darin, dass bei Schraubenköpfen die Fasenbögen oder Details wie Gewindefasen und Freistiche *nicht* dargestellt werden (Abb. 2).

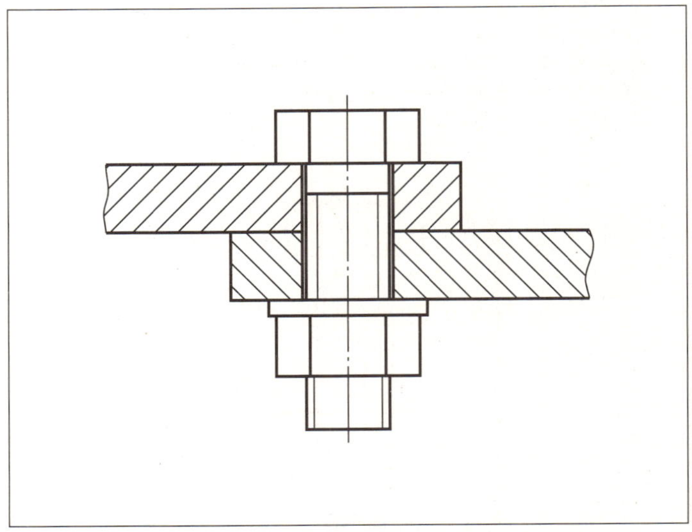

Abb. 2: Schraubenverbindung – Vereinfachte Darstellung

Kleine Gewinde können vereinfacht dargestellt und bemaßt werden. Dieses gilt für Durchmesser ≤ *6 mm* oder wenn ein regelmäßiges Muster von Bohrungen oder Gewinden derselben Größe dargestellt wird.

Die Gewindemaße werden auf einer Hinweislinie eingetragen, die auf die Mitte des Gewindes zeigt und mit einem Pfeil endet (Abb. 3).

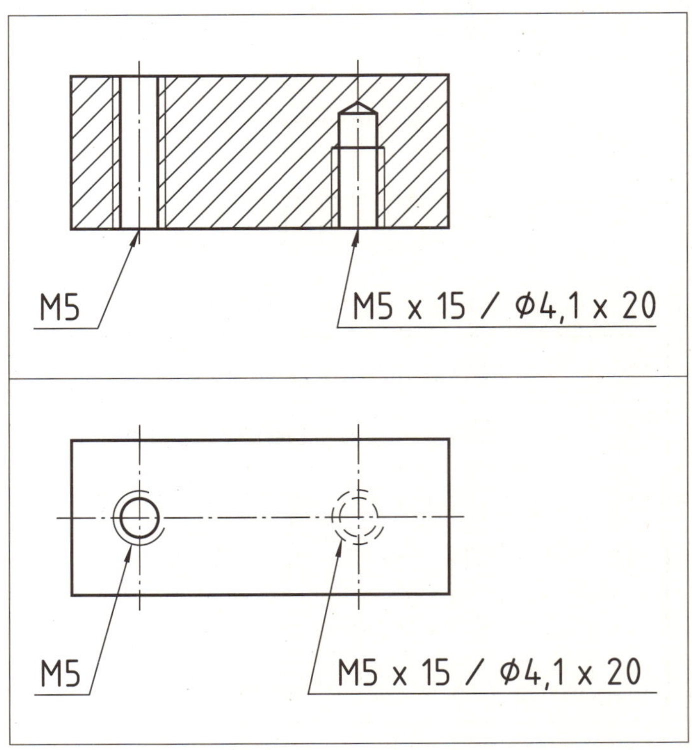

Abb. 3: Vereinfachte Darstellungen (Auswahl)

ZUSAMMENFASSUNG

Schnittdarstellungen

① Die Vorderansicht ist mit einem *Ausbruch* für *Pos. 16* dargestellt. Eine abgewinkelte Schnittlinie hat die Kennzeichnung *A-A*.

Zusätzlich wurde eine Schnittlinie mit der Kennung *B-B* eingetragen.

② Die Seitenansicht von links ist als *Schnitt A-A* gezeichnet. Die Kennzeichnung *A-A* steht über der Ansicht. In den Schnitt ist ein *Ausbruch* gelegt, der die Schraubenverbindung zwischen *Pos. 1* und *Pos. 7* zeigt. Dadurch wurde das Zeichnen einer weiteren Schnittansicht vermieden.

Eine andere Schnittlinie hat die Kennung *C-C*.

③ Die Draufsicht ist in Ansicht mit *Ausbrüchen* für die *Pos. 9, 10 und 15* gezeichnet.

④ Der Schnitt *B-B* zeigt, wie die *Pos. 1 und 7* mit dem Zylinderstift *Pos. 11* zueinander fixiert sind.

⑤ Der *Schnitt C-C* wurde als *Teilschnitt* unter die Seitenansicht gezeichnet. Er zeigt die Formen der mit *Pos. 12* verbundenen Teile.

Gewindedarstellungen

⑥ Befestigungsschrauben sind *Pos. 10, 12, 15 und 16*.

⑦ Eine *Bewegungsschraube* ist *Pos. 14*. Damit wird das zu bohrende Teil gespannt oder gelöst. Sie schraubt sich dabei durch *Pos. 2*.

⑧ *Einziehverbindungen ohne Senkung* bilden die
- *Pos. 12 und 6*, sowie die
- *Pos. 10 und 8* (in der Draufsicht).

⑨ *Einziehverbindungen mit Senkung* bilden die
- *Pos. 10, 3, 5* (in der Vorderansicht),
- *Pos. 10, 7, 3* (in der Seitenansicht),
- *Pos. 10, 1, 7* (in der Seitenansicht),
- *Pos. 15, 3, 8* (in der Draufsicht).

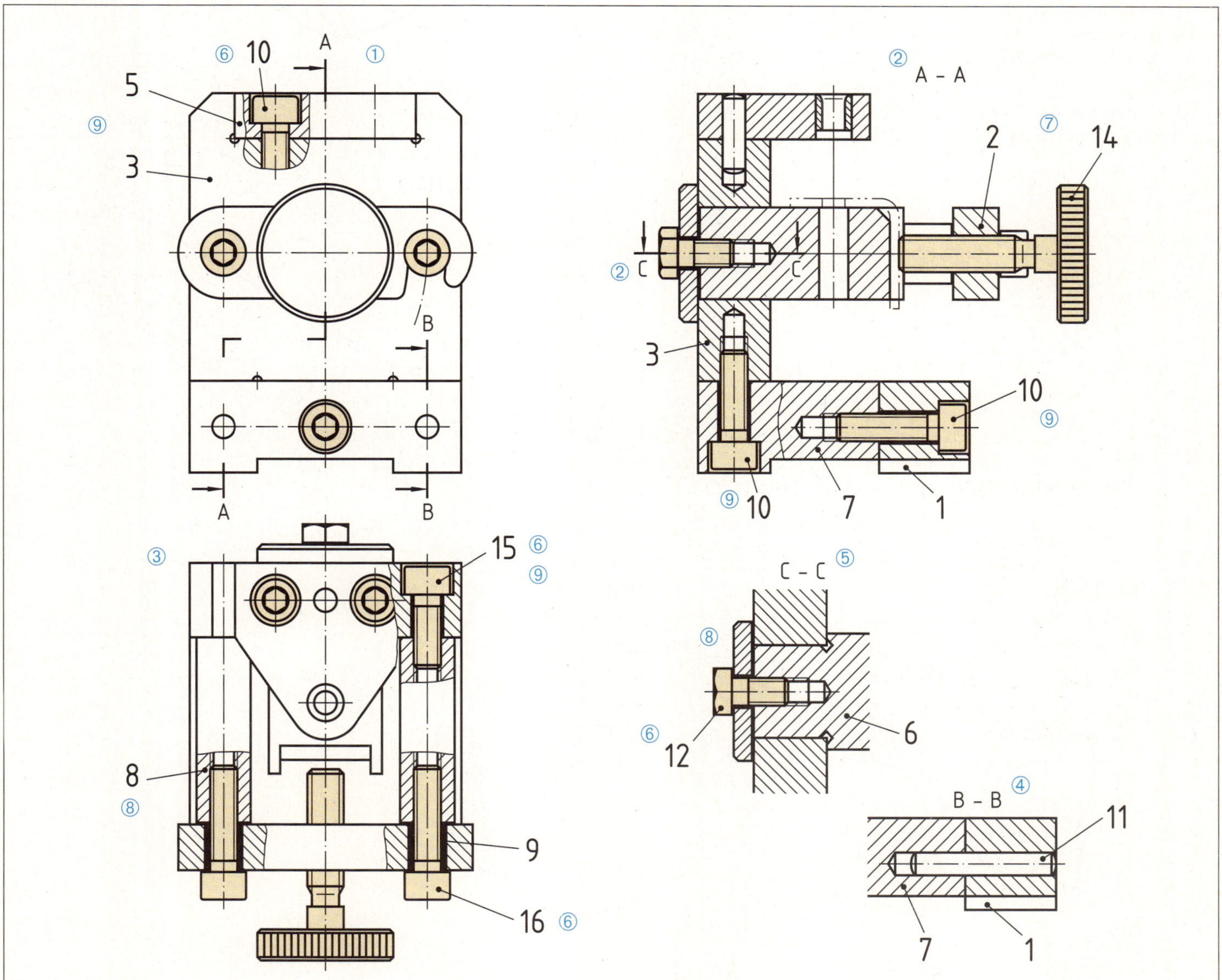

Abb. 4: Schnitt- und Gewindedarstellungen

5 TOLERANZANGABEN

5.1 Zweck von Toleranzangaben

In technischen Zeichnungen angegebene Maße können bei der Fertigung des Werkstückes nicht genau eingehalten werden. Deshalb werden zulässige Maßabweichungen angegeben.

Die Größe der Maßabweichung richtet sich nach der Funktion des Werkstückes. Aus wirtschaftlichen Gründen sollte dabei die Maßabweichung so groß wie möglich sein. Man verfährt nach dem Grundsatz:

*Die **Fertigung** sollte so **genau wie nötig** und so grob wie möglich erfolgen.*

Damit die Exzenterscheibe des Streichmaßes ihre Funktion erfüllt, dürfen einige Maße nur kleine Abweichungen haben, andere Maße können größere Abweichungen aufweisen (Abb. 1 u. 2):

- Der *Bohrungsdurchmesser* in der Exzenterscheibe darf nur mit kleinen Maßabweichungen gefertigt werden, damit beim Fügen von Buchse und Exzenterscheibe die erforderliche Presswirkung entsteht.
- Die *Scheibendicke* sollte so bemessen sein, dass der Zapfen der Buchse nach dem Fügen nicht aus der Scheibe herausragt.
- Der *Scheibendurchmesser* hat für die Funktion keine besondere Bedeutung. Er kann mit größeren Maßabweichungen hergestellt werden.

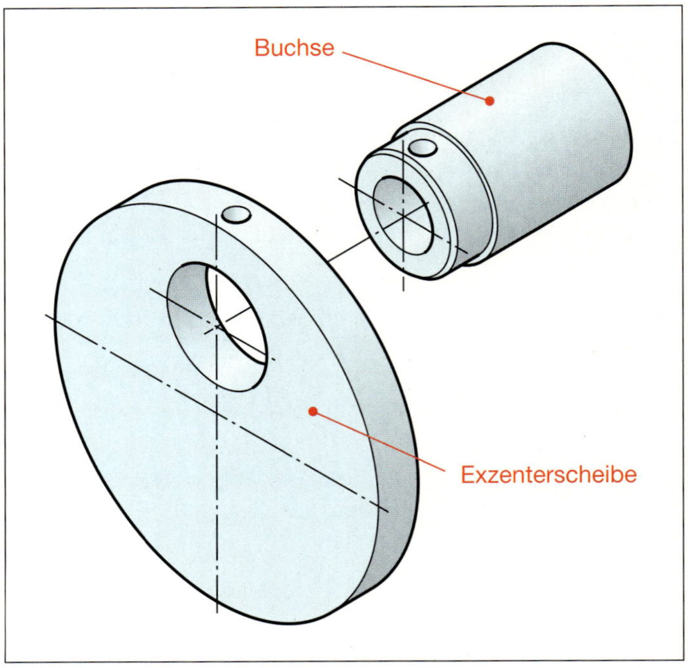

Abb. 2: Exzenterscheibe und Buchse

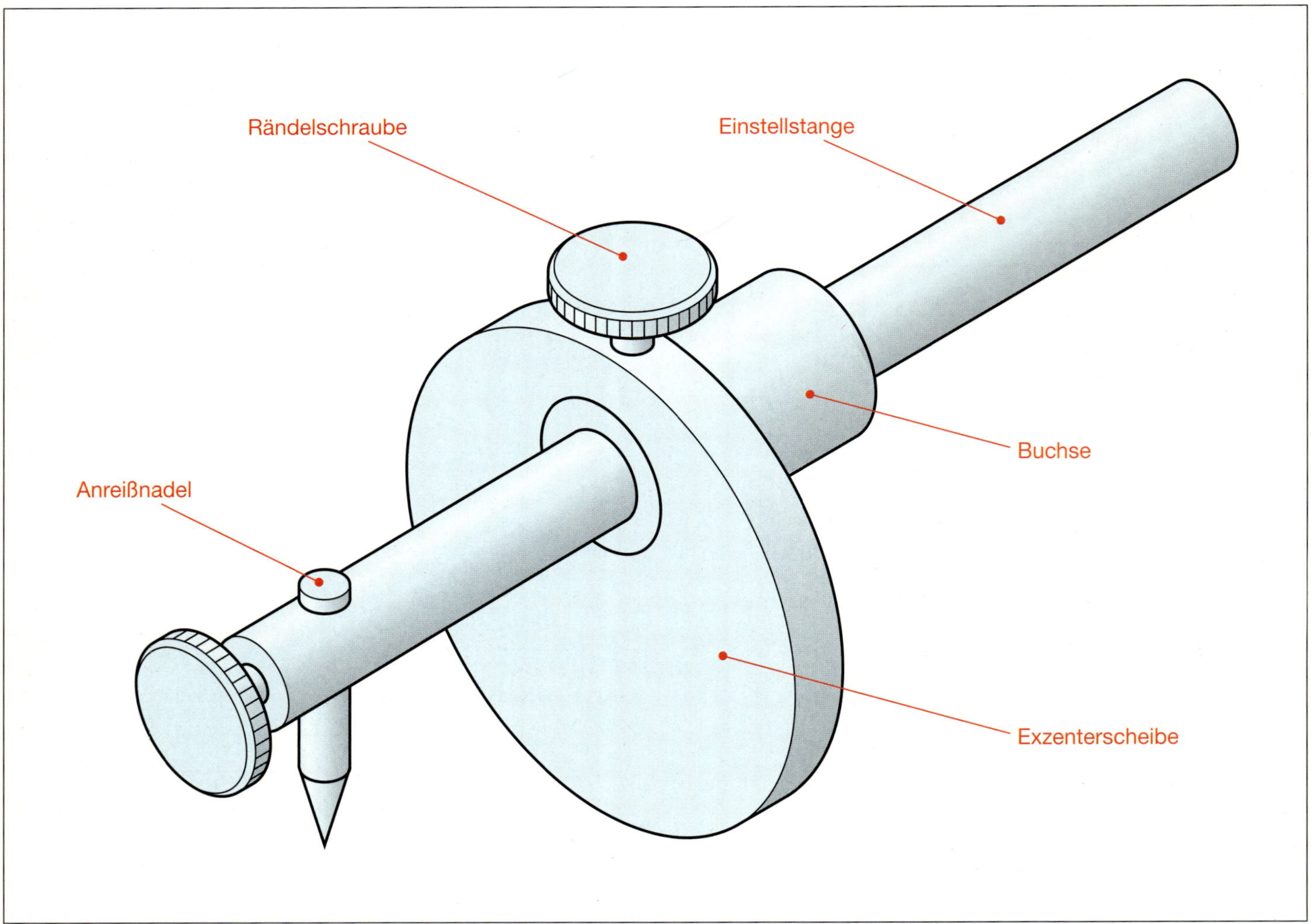

Abb. 1: Streichmaß

5.2 Grenzabmaße

Ein in einer Zeichnung angegebenes Maß heißt nach **DIN ISO 286** ➜📖 *Nennmaß*. Die tolerierten Abweichungen vom Nennmaß werden mit Hilfe von *Grenzabmaßen* angegeben (Abb. 3). Bei den Grenzabmaßen unterscheidet man zwischen dem oberen und dem unteren Abmaß. Das *obere Abmaß* (z. B. + 0,3) begrenzt die zulässige Abweichung vom Nennmaß nach oben. Das *untere Abmaß* (z. B. – 0,3) begrenzt die zulässige Abweichung vom Nennmaß nach unten. Eine aus Nennmaß und Abmaßen gebildete Maßangabe heißt *toleriertes Maß*.

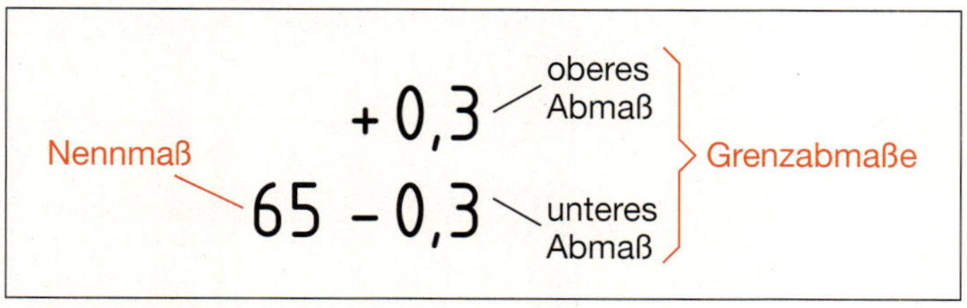

Abb. 3: Toleriertes Maß

Bei der zeichnerischen Darstellung werden positive Abmaße oberhalb und negative Abmaße unterhalb der *Nulllinie* dargestellt (Abb. 4). Die *Nulllinie* ist üblicherweise eine waagerechte Linie, die das Nennmaß darstellt.

Aus Nennmaß und Abmaßen ergeben sich die *Grenzmaße*. Das Grenzmaß für das größte zulässige Maß heißt *Höchstmaß* (z. B. 65,3 mm). Das Grenzmaß für das kleinste zulässige Maß heißt *Mindestmaß* (z. B. 64,7 mm). Die Grenzmaße geben die maßlichen Grenzen an, zwischen denen das Istmaß des Werkstückes liegen muss. Das *Istmaß* ist das am Werkstück gemessene Maß.

Der Unterschied zwischen Höchstmaß und Mindestmaß entspricht der *Maßtoleranz* oder *Toleranz* (z. B. 0,6 mm). Die Größe der Toleranz entspricht in der zeichnerischen Darstellung dem Toleranzfeld.

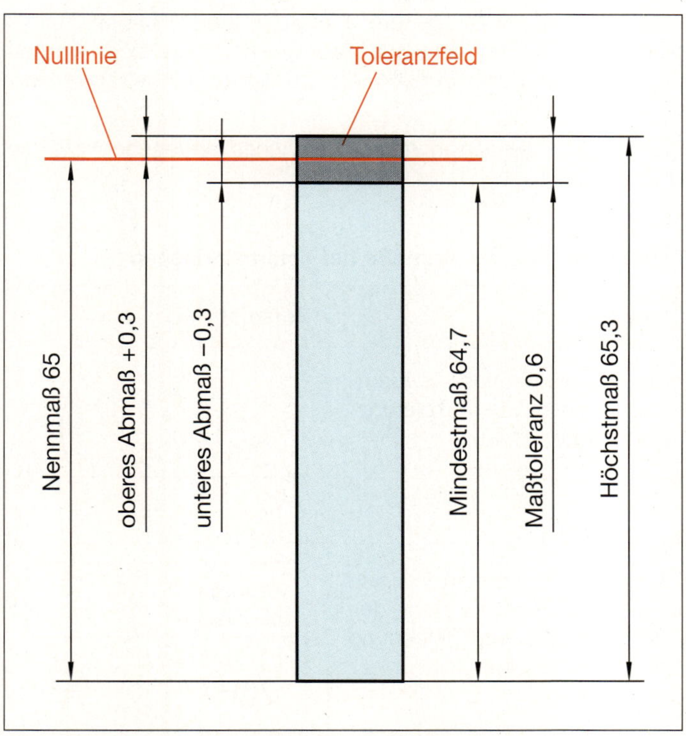

Abb. 4: Nennmaß mit Abmaßen und Toleranzfeld

5.3 Eintragen von Toleranzen

In technischen Zeichnungen werden die tolerierten Maßabweichungen angegeben (Abb. 5). Man unterscheidet Toleranzangaben durch:

- Allgemeintoleranzen ① und
- Grenzabmaße ②,
- Kurzzeichen der Toleranzklasse ③.

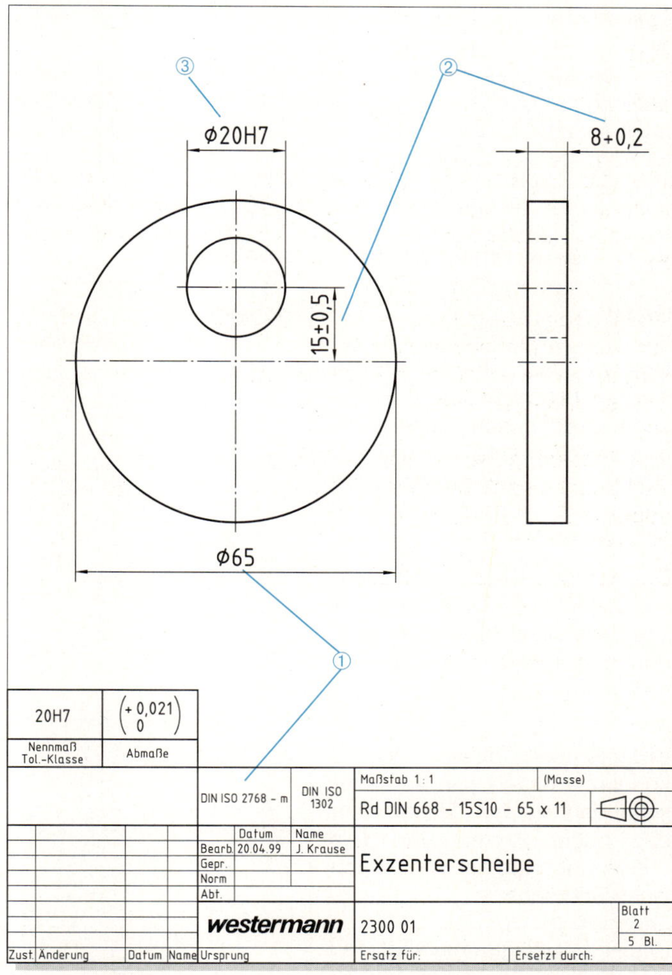

Abb. 5: Teilzeichnung der Exzenterscheibe

5.3.1 Toleranzangaben durch Allgemeintoleranzen

In **DIN ISO 2768-1** sind Allgemeintoleranzen genormt für

- Längenmaße,
- Rundungshalbmesser und Fasen,
- Winkelmaße.

Diese Norm dient der Vereinfachung von Toleranzangaben. An die Nennmaße werden in der technischen Zeichnung selbst keine Abmaße angetragen. Die Abmaße sind Tabellen für Allgemeintoleranzen zu entnehmen ➜📖. Die Abmaße sind dabei nach Plus und Minus gleich groß.

Die Größe der Toleranz hängt von der Größe des Nennmaßes und von der Toleranzklasse ab. In abgestuften Nennmaßbereichen sind vier Toleranzklassen genormt:

- f (fein),
- m (mittel),
- c (grob),
- v (sehr grob).

Je größer das Nennmaß, um so größer ist die Toleranz innerhalb einer Toleranzklasse.

Die Toleranzklasse, die für die in der Zeichnung angegebenen Maße gelten soll, ist im Zeichenschriftfeld anzugeben (z. B. **DIN ISO 2768 - m**).

5.3.2 Toleranzangaben durch Grenzabmaße

Das Eintragen von tolerierten Maßen wird nach **DIN 406-12** vorgenommen.

Die Grenzabmaße werden hinter dem Nennmaß mit dem Vorzeichen (+ oder - oder ±) eingetragen. Sie sind in derselben Einheit anzugeben wie die Nennmaße. Dabei werden Nennmaß und Abmaße vorzugsweise in der gleichen Schriftgröße geschrieben (Tab. 1).

Tab. 1: Toleranzangaben durch Grenzabmaße

Regel	Beispiel
Unteres und oberes Abmaß werden üblicherweise übereinander geschrieben. Dabei steht das untere Abmaß auf gleicher Höhe wie das Nennmaß und das obere Abmaß über dem unteren Abmaß. Die Abmaße für ein Maß müssen dabei dieselbe Anzahl von Dezimalstellen haben. Ausgenommen hiervon ist das Abmaß 0.	65 $^{+0,3}_{-0,1}$ 65 $^{-0,15}_{-0,50}$
Unteres und oberes Abmaß können hintereinander geschrieben werden. Dabei steht das obere Abmaß vor dem unteren Abmaß, getrennt durch einen Schrägstrich.	65 + 0,3/- 0,1
Wenn eines der beiden Abmaße Null ist, kann dies durch eine Null angegeben werden. Im Allgemeinen wird das Abmaß Null nicht eingetragen. Das einzutragende Abmaß steht dann auf gleicher Höhe wie das Nennmaß.	65 $^{+0,3}_{0}$ 65 +0,3
Sind oberes und unteres Abmaß gleich groß, so ist deren Wert nur einmal mit dem Zeichen ± anzugeben.	65 ±0,2
Toleranzen für Winkelmaße werden wie Toleranzen für Längenmaße eingetragen, jedoch mit Angabe der Einheiten. Werden Nennmaß oder Abmaße in Winkelminuten angegeben, muss vor die Winkelangabe 0° gesetzt werden.	40° ±1° 40° ±0°20′

5.3.3 Toleranzangaben durch Toleranzklassen

Toleranzangaben durch Toleranzklassen werden dann gewählt, wenn Nennmaße mit Toleranzen im Mikrometerbereich (1/1000 mm) gefertigt werden müssen, um einen funktionsgerechten Zusammenbau zu ermöglichen.

Die Toleranzangabe durch Toleranzklassen darf nur angewendet werden bei:

- kreiszylindrischen Formen wie Bohrungen und Wellen oder
- parallelen ebenen Formen wie Nuten.

Die Kurzzeichen für die Toleranzklasse setzen sich aus Buchstaben und Zahlen zusammen (Abb 1).

Nennmaß ——— 20 H7 ——— Toleranzklasse

Abb. 1: Toleriertes Maß mit Angabe der Toleranzklasse

Die Zahlen stehen für die Größe der Maßtoleranz. Die Buchstaben geben die Lage des Toleranzfeldes zur Nulllinie an.

Dabei verwendet man:

- *Großbuchstaben* für Innenmaße wie Bohrungen (z. B. Ø20H7) und
- *Kleinbuchstaben* für Außenmaße wie Wellendurchmesser (z. B. Ø12h11).

Die Kurzzeichen der Toleranzklasse geben die Abmaße indirekt an. Die Abmaße sind genormten Tabellen nach **DIN ISO 286-2** zu entnehmen.

Die Kurzzeichen werden hinter dem Nennmaß eingetragen. Sie werden vorzugsweise in der gleichen Schriftgröße wie das Nennmaß geschrieben.

Damit die Abmaße bei der Fertigung und Kontrolle eines Werkstückes nicht extra aus Tabellen herausgesucht werden müssen, können sie direkt in die Zeichnung eingetragen werden (Tab. 2).

Die Abmaße werden in derselben Einheit angegeben wie die Nennmaße.

Tab. 2: Angabe der Abmaße bei Toleranzklassen

Regel	Beispiel
Die Abmaße können in Klammern hinter dem Toleranzkurzzeichen stehen.	20H7 $\binom{+0,021}{0}$
Die Abmaße können in Form einer Tabelle in der Nähe des Schriftfeldes einer Zeichnung angegeben sein.	Nennmaß Tol.-Klasse: 20H7 — Abmaße: $\binom{+0,021}{0}$

OBERFLÄCHENKENNZEICHNUNG 6

6.1 Zweck der Oberflächenkennzeichnung

Damit ein Gerät einwandfrei funktioniert und sich problemlos zusammenbauen lässt, ist neben der Maß- und Formgenauigkeit auch die Oberflächenbeschaffenheit der Einzelteile von Bedeutung.

Vollkommen glatte Oberflächen können technisch nicht hergestellt werden. Je glatter eine Oberfläche, desto größer wird der Aufwand bei der Fertigung. Die Oberflächenbeschaffenheit eines Werkstückes wird nach der Funktion des Werkstückes und nach wirtschaftlichen Gesichtspunkten gewählt.

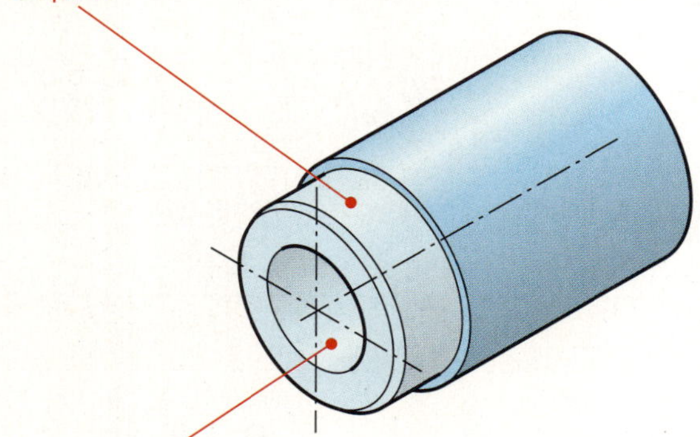

Abb. 1: Buchse des Streichmaßes

An die Buchse des Streichmaßes sind folgende Anforderungen zu stellen (Abb. 1):

- Die *Bohrungsoberfläche* muss möglichst glatt sein, damit die Einstellstange in der Buchse einwandfrei gleitet.
- Die *Zapfenoberfläche* muss ebenfalls glatt sein, damit beim Einpressen des Zapfens in die Exzenterscheibe eine ausreichende Presswirkung entsteht.

In technischen Zeichnungen wird daher die notwendige Oberflächenbeschaffenheit von Werkstücken durch Symbole angegeben, die durch **DIN ISO 1302** festgelegt sind.

6.2 Symbole zur Angabe der Oberflächenbeschaffenheit

Das *Grundsymbol* für die Angabe der Oberflächenbeschaffenheit besteht aus einem 60°-Winkel mit ungleicher Schenkellänge (Tab. 1).

Zusatzangaben

Durch Zusätze zu den Symbolen können weitere Angaben zur Oberflächenbeschaffenheit gemacht werden (Tab. 2).

Durch verschiedene *Rauheitsmessgrößen* kann die zulässige Rauheit einer Oberfläche vorgeschrieben werden. Die Rauheitswerte werden in µm angegeben. Wenn nur ein Wert angegeben ist, entspricht dieser dem höchsten zugelassenen Wert der Messgröße.

Der *arithmetische Mittenrauwert* R_a wird immer über dem 60°-Winkel eingetragen.

Tab. 1: Symbole nach DIN ISO 1302

Symbol	Bedeutung
	Grundsymbol, gibt nur an, dass eine Oberfläche behandelt wird. Es macht keine Angaben über die Art der Behandlung.
	materialabtrennende (spanende) Bearbeitung vorgeschrieben
	materialabtrennende Bearbeitung nicht zugelassen oder Oberfläche bleibt im Anlieferzustand
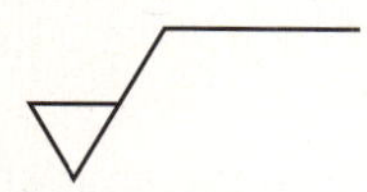	Symbol für besondere Zusatzangaben wie Bearbeitungsverfahren oder bestimmte Rauheitsmessgrößen
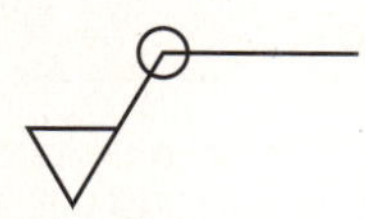	alle Oberflächen eines Teils haben dieselbe Oberflächenbeschaffenheit.

Die *gemittelte Rautiefe* R_z wird ebenfalls vorzugsweise über dem 60°-Winkel angegeben. Sie kann aber auch rechts neben das Symbol geschrieben werden. Dann erhält der längere Schenkel eine zusätzliche Linie.

Wird ein *bestimmtes Bearbeitungsverfahren* vorgeschrieben, ist die Linie ebenfalls hinzuzufügen. Dabei wird das Bearbeitungsverfahren auf die Linie geschrieben.

Tab. 2: Symbole mit Zusatzangaben

Zusatzangabe	Symbol		
	Material abtrennen ist		
	freigestellt	vorgeschrieben	unzulässig
arithmetischer Mittelwert	R_a 6,3	R_a 6,3	R_a 6,3
gemittelte Rautiefe	R_z 25 R_z25	R_z 25 R_z25	R_z 25 R_z25
Bearbeitungsverfahren	geputzt	gefräst	gesintert

6.3 Angabe in technischen Zeichnungen

Die Symbole zur Angabe der Oberflächenbeschaffenheit sollten in der Teilzeichnung grundsätzlich so angeordnet sein, dass diese von unten oder von der rechten Seite der Zeichnung gelesen werden können (Abb. 1).

Das Symbol, welches für die Mehrzahl der Oberflächen gilt, wird nicht in die Ansichten des Werkstückes eingetragen. Es wird unter den Ansichten, meist in der Nähe des Schriftfeldes, angegeben. Hinter dem Symbol werden in einer runden Klammer alle davon abweichenden Oberflächenbeschaffenheiten angegeben.

Die abweichenden Oberflächenbeschaffenheiten sind an die entsprechenden Oberflächen in die Ansichten des Werkstückes einzutragen. Regeln für deren Eintragung zeigt Tab. 1.

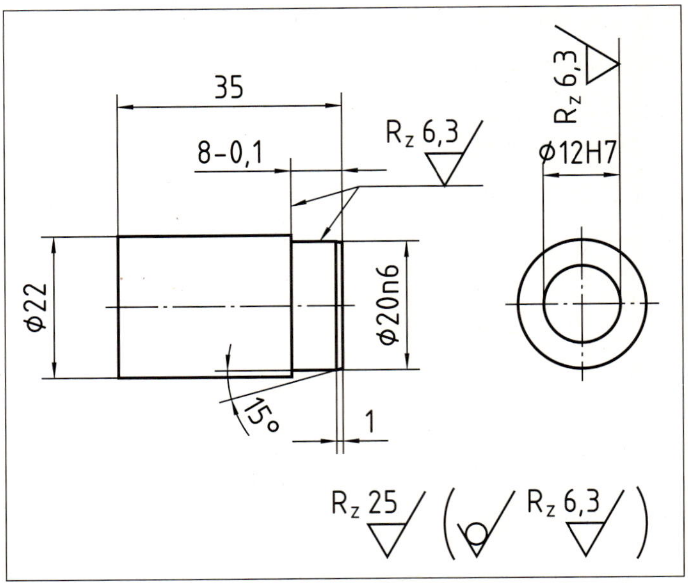

Abb. 1: Teilzeichnung mit Oberflächenangaben

Tab. 1: Regeln zum Eintragen der Oberflächenbeschaffenheit

Regel	**Beispiel**
Die Symbole zeigen von außen auf die Körperkanten, die die Werkstückoberfläche darstellen oder auf die Maßhilfslinien als Verlängerung der Körperkanten.	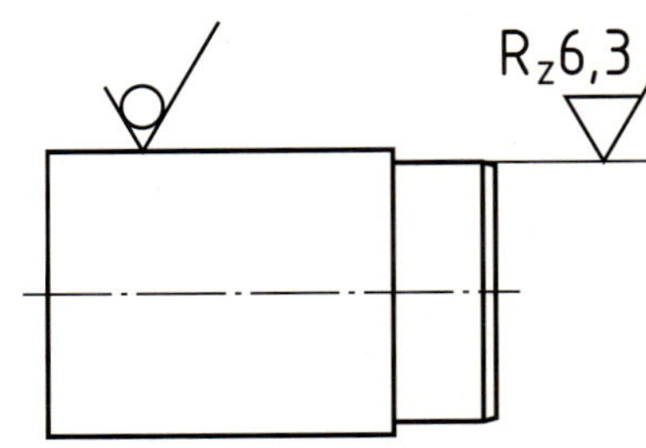
Die Symbole können auch durch Bezugslinien den Oberflächen zugeordnet werden. Die Bezugslinien enden mit einem Pfeil, der von außen auf die Fläche oder deren Verlängerung zeigt. Wenn nichts anderes angegeben ist, gilt die Rauheitsangabe auch für die anschließenden Rundungen und Fasen. In solchen Fällen dürfen die Symbole für Rundungen und Fasen weggelassen werden.	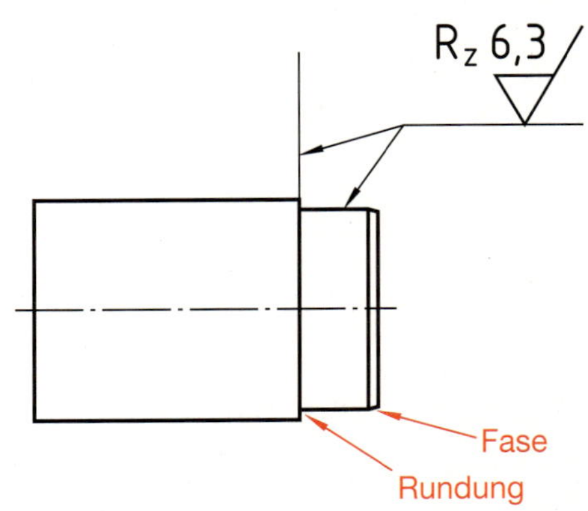
Das Symbol für eine Oberfläche, die im Anlieferzustand verbleiben soll, oder für eine Angabe der Oberflächenbeschaffenheit ohne besondere Zusatzangaben kann in jeder Lage eingetragen werden. Die Beschriftung für den Mittenrauwert R_a oder der gemittelten Rautiefe R_z muss jedoch von unten oder von rechts lesbar sein.	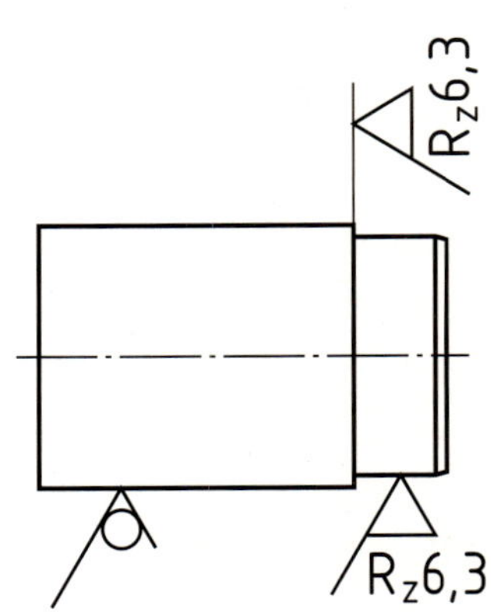

Regel	Beispiel
Das Symbol für die Oberflächenbeschaffenheit trägt man für jede Oberfläche nur einmal in die Teil-Zeichnung ein. Eingetragen wird es in der Ansicht, in der die Bemaßung der Fläche vorgenommen wurde. Zylinder und Bohrungen erhalten nur ein Symbol an einer der Mantellinien.	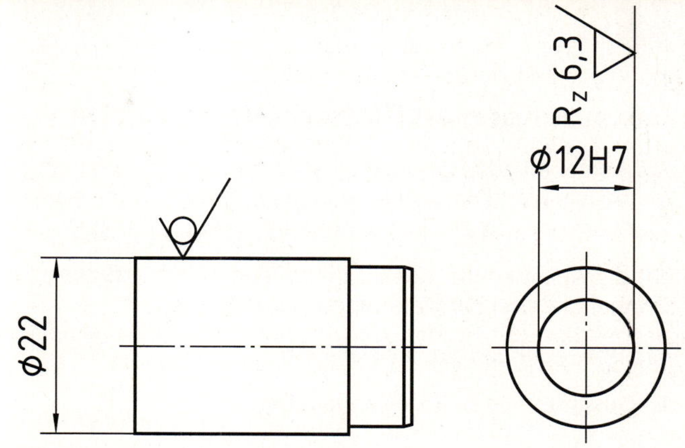
Oberflächenangaben für Rundungen sind auf die verlängerte Maßlinie des Radius zu setzen. Oberflächenangaben für Fasen können auf die Maßhilfslinie angetragen werden bzw. auf eine besondere Linie, die an die Schräge gezogen wird.	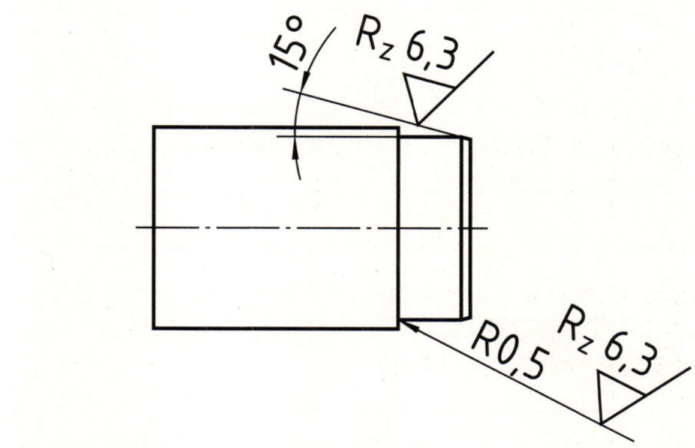
Erhalten alle Flächen des Werkstückes die gleiche Oberflächenbeschaffenheit, genügt eine Oberflächenangabe in der Nähe des Teils oder über dem Schriftfeld der Teilzeichnung.	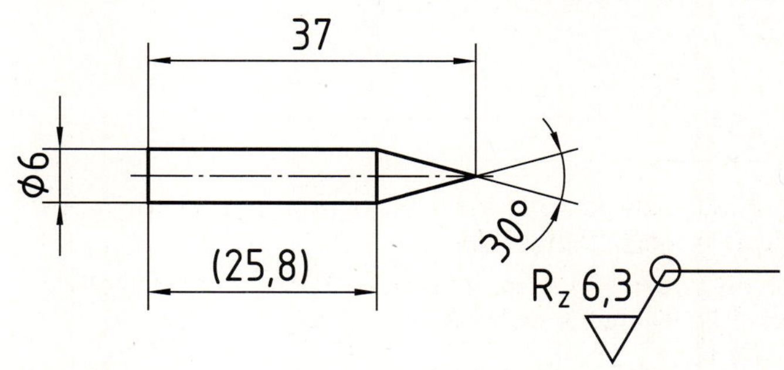
Aus Platzgründen oder um ein mehrmaliges Eintragen komplizierter Oberflächenangaben zu vermeiden, können vereinfachte Symbole verwendet werden. Diese Symbole dürfen in jeder Lage eingetragen werden. Die Bedeutung der vereinfachten Symbole muss auf der Zeichnung angegeben werden.	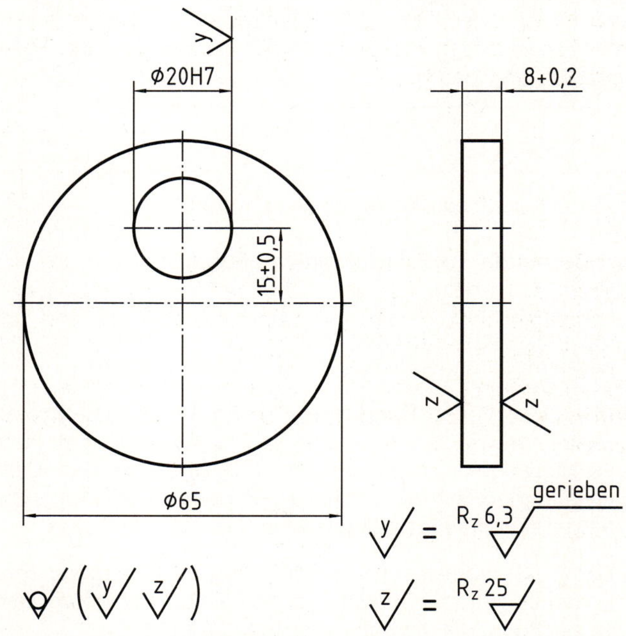

7 FLACHE WERKSTÜCKE

Flache Werkstücke werden aus Stahlblechen (z. B. **EN 10 025**) oder Flachstählen (z. B. **DIN 1017**) gefertigt. Sie werden z. B. als Platten für Vorrichtungen, Flansche oder als Zuschnitte für Biegeteile verwendet.

7.1 Rundungen an Platten und Flanschen

① Radienmaßen von Rundungen ist *immer* der Buchstaben *R* voranzustellen. Die Maße werden entweder von außen oder von innen an die Rundung gesetzt (Abb. 1).

Besteht die Außenkontur des zu bemaßenden Werkstücks aus Kreisbögen, die zwei parallele Linien verbinden, so

② wird entweder das Radienmaß oder

③ die Gesamtbreite (= 2 x *R*) angegeben.

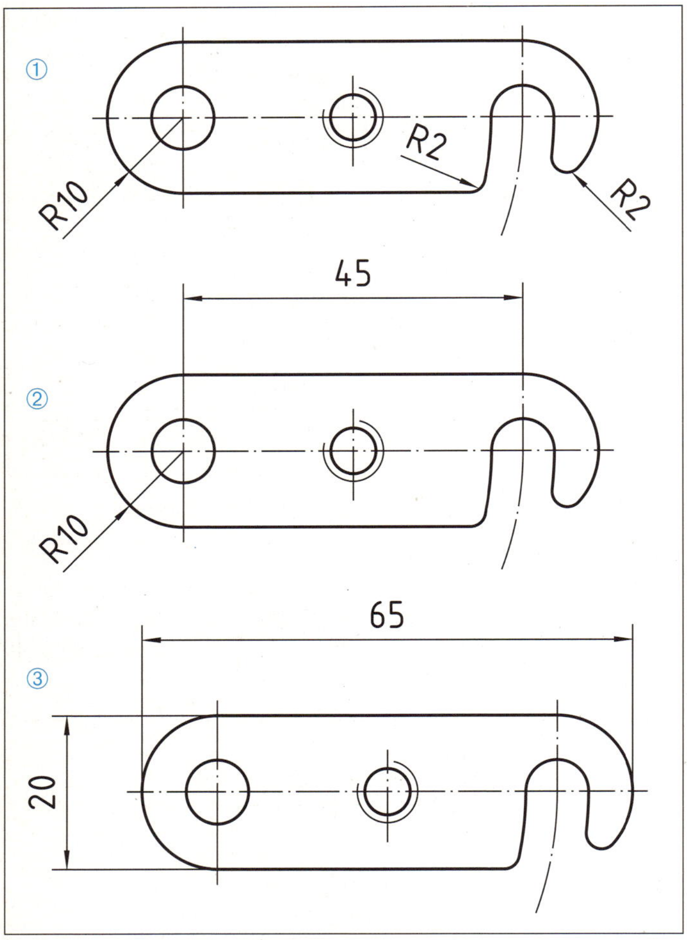

Abb. 1: Unterschiedliche Rundungsbemaßungen

Besonderheiten der Rundungsbemaßung:

① Der Mittelpunkt der Rundung wird nur dann gekennzeichnet und bemaßt, wenn seine Lage aus Funktions- oder Fertigungsgründen festgelegt sein muss (Abb. 2).

② Muss bei großen Rundungen die Lage des Mittelpunktes festgelegt werden, so kann die Maßlinie zweimal rechtwinklig abgeknickt und *verkürzt* dargestellt werden. Dabei verläuft der Teil der Maßlinie mit dem Maßpfeil in Richtung des Rundungsmittelpunktes (Abb. 2).

③ Damit Grundmaße an Werkstücken mit abgerundeten Ecken eingetragen werden können, sind schmale Volllinien zu zeichnen, die die Ecke ausbilden (Abb. 2).

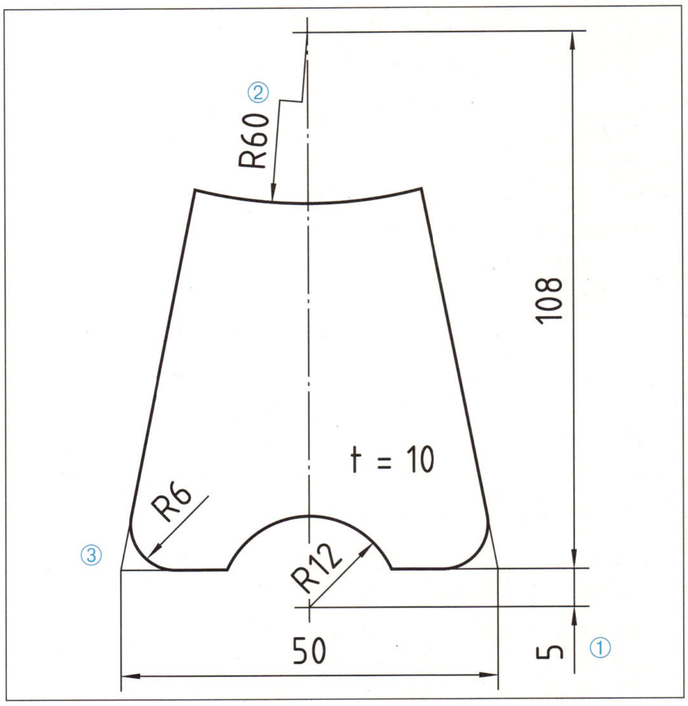

Abb. 2: Besonderheiten der Rundungsbemaßung

④ Rundungen an *Langlöchern* werden nicht direkt bemaßt, sondern immer durch die Angabe der Langlochbreite bestimmt (Abb. 3a - b).

a) = Langlochbemaßung für das Anreißen,
b) = Langlochbemaßung für das Fräsen,
c) = Bemaßung eines bogenförmigen Langlochs.

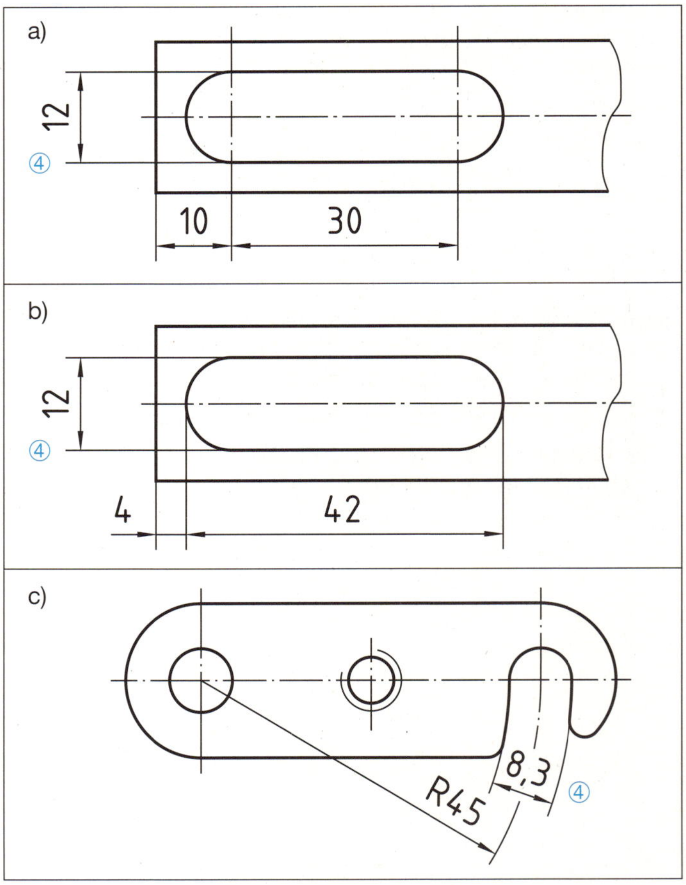

Abb. 3: Rundungsbemaßung an Langlöchern

⑤ Radienmaße gleicher Größe können auf einer Maßlinie zusammengefasst werden (Abb. 4). Die Maßlinien müssen dabei in Richtung des Rundungsmittelpunktes weisen.

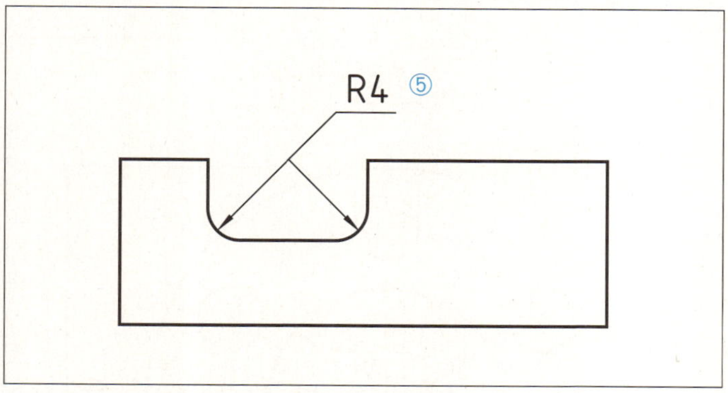

Abb. 4: Bemaßung gleichgroßer Radien

⑥ Beziehen sich unterschiedliche Radien auf einen gemeinsamen Mittelpunkt, enden die Maßlinien an einem kleinen Kreis (Abb. 5).

⑦ Die Maßlinien können auch verkürzt gezeichnet werden (Abb. 5).

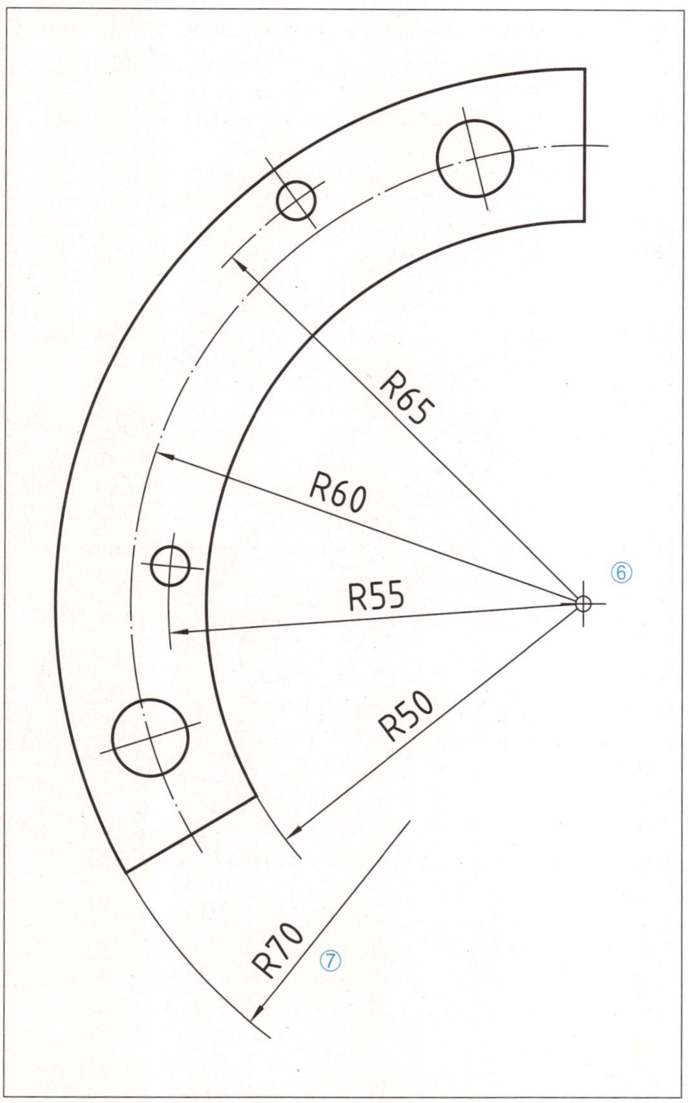

Abb. 5: Unterschiedliche Radien auf einen Mittelpunkt

⑧ Bei Rundungen mit anschließenden Tangenten werden die Rundungsgröße und die Lage der Rundungsmittelpunkte zueinander bemaßt. Dadurch ergeben sich Länge und Winkellage der Tangenten (Abb. 6). Außerdem ergeben sich dadurch die Grundmaße des Werkstückes.

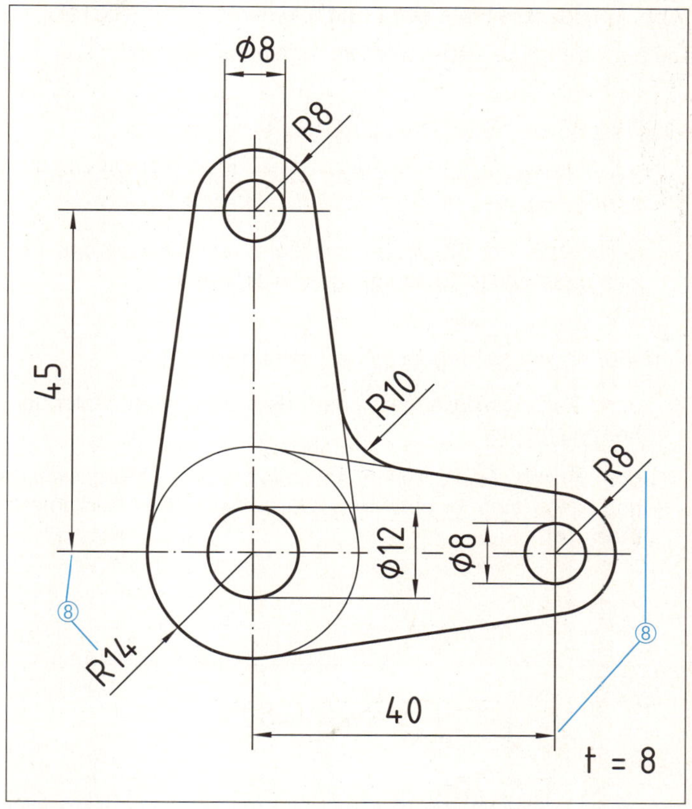

Abb. 6: Rundungsbemaßung an einem Winkelhebel

⑨ Auch an Flanschen lassen sich die Außenformen durch wenige Maße eindeutig festlegen (Abb. 7). Eine Winkelbemaßung zwischen den drei Bohrungen Ø 6,6 ist nicht erforderlich (siehe auch Kapitel 7.2).

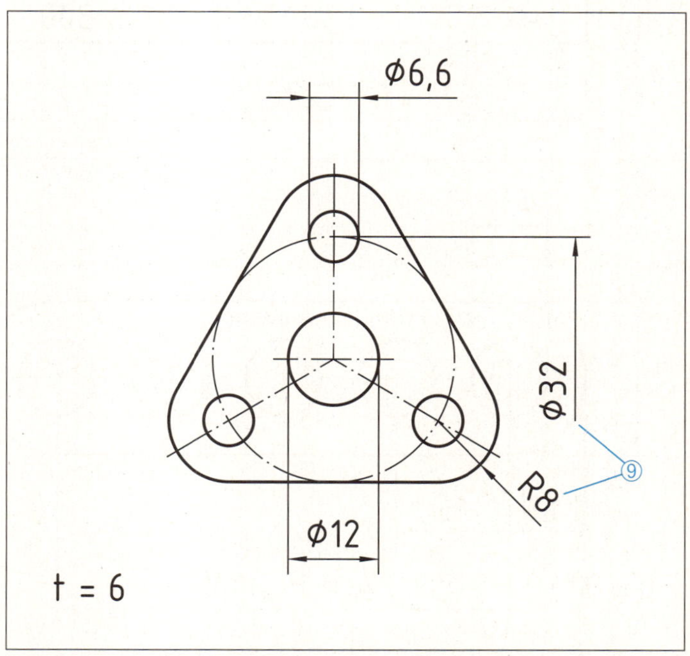

Abb. 7: Rundungsbemaßung an einem Flansch

7.2 Teilungen

Bei Werkstücken mit sich wiederholenden Formelementen in gleichmäßigen Abständen oder Winkeln, wird eine *Teilungsbemaßung* angewendet.

Die Teilungsmaße beziehen sich dabei entweder auf eine Kante (Abb. 1a) oder die Mitte eines Formelementes (Abb. 1b, 1c).

Die Formelemente selber werden nur einmal bemaßt.

Eine *Teilungsbemaßung für Längenmaße* besteht aus:

① dem *Teilungsmaß* zwischen den sich wiederholenden Formelementen,

② der *Anzahl der Teilungen* mal dem *Teilungsmaß* und der sich ergebenden *Gesamtlänge* in Klammern.

Eine *Teilungsbemaßung für Winkelmaße* besteht aus:

③ dem *Teilungswinkel* zwischen den sich wiederholenden Formelementen,

④ der *Anzahl der Teilungen* mal dem *Teilungswinkel* und dem sich ergebenden *Gesamtwinkel* in Klammern (Abb. 1c).

⑤ Wenn Bohrungen gleichmäßig auf einem Lochkreis verteilt sind, entfällt die Angabe des Teilungswinkels. Anzugeben sind dann nur der Lochkreis- und Bohrungsdurchmesser (Abb. 2).

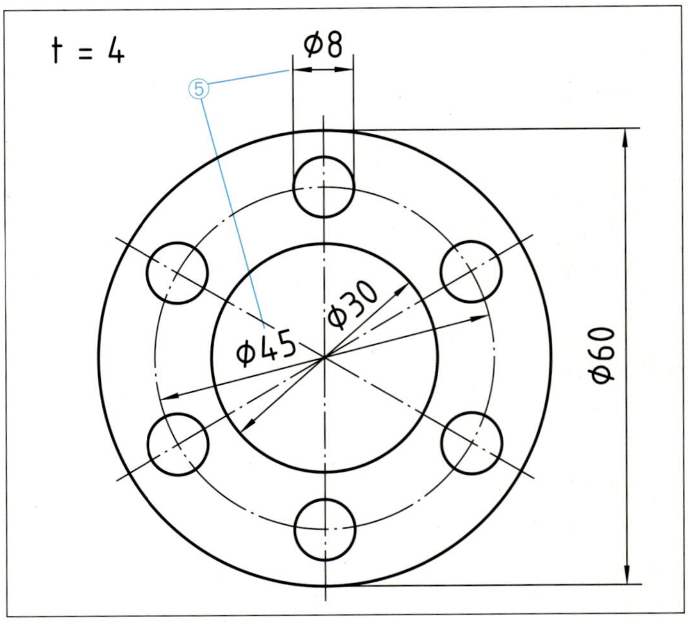

Abb. 2: Eindeutige Teilung ohne Teilungsmaße

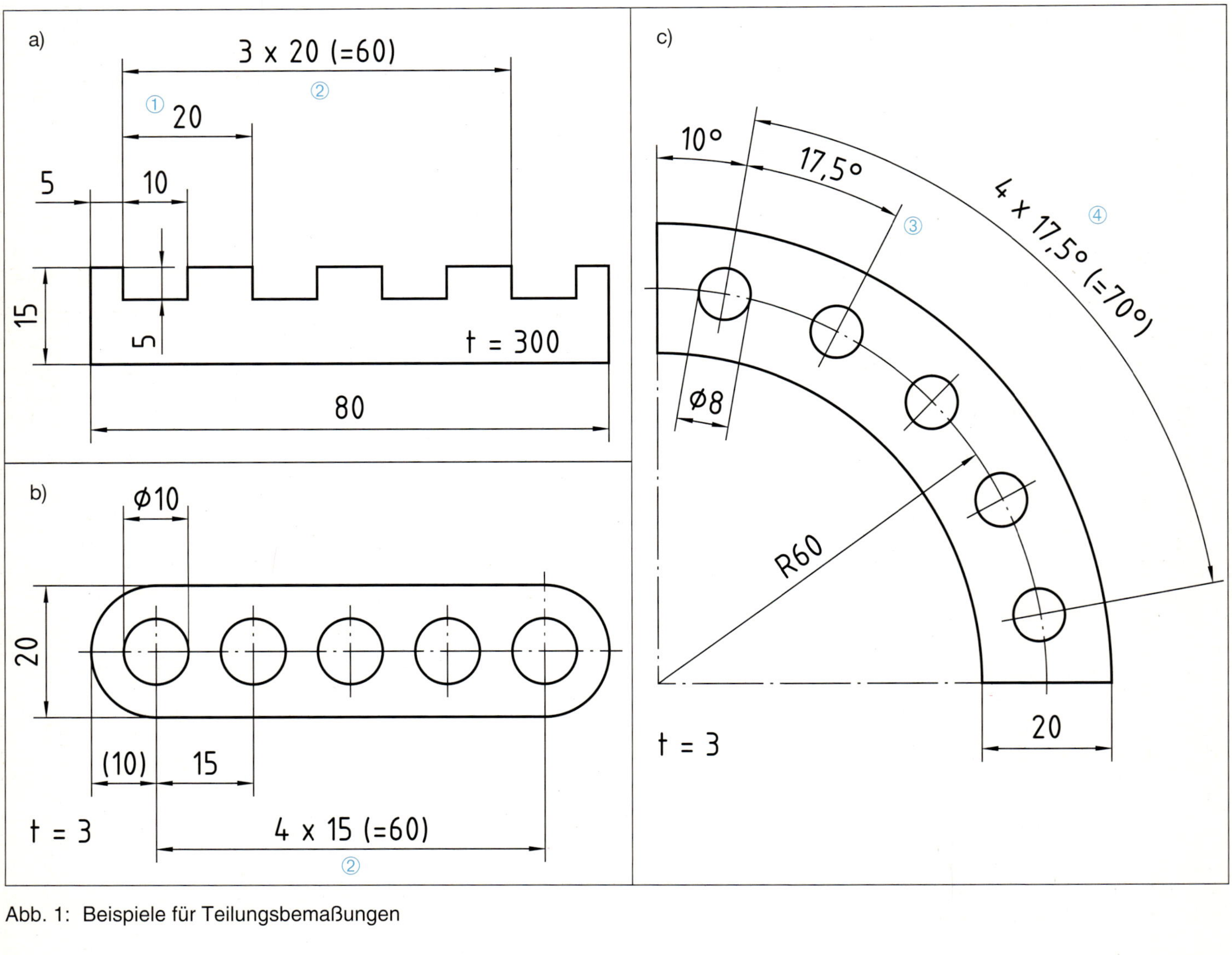

Abb. 1: Beispiele für Teilungsbemaßungen

7.3 Biegeteile

Durch Biegeumformen hergestellte Werkstücke werden im Allgemeinen in Gebrauchslage dargestellt. Die Maßeintragung muss neben den Funktionsmaßen auch die Maße für den Biegevorgang berücksichtigen (Abb. 3).

Maße für den Biegevorgang sind z. B.:

① das Maß 21 und

② das Maß 31.

Maße für die Funktion des Werkstückes sind z. B.:

③ das Maß 38 für den Lochabstand der Bohrungen Ø 5,5 oder

④ das Bohrungsmaß Ø 11.

Zur korrekten Bemaßung von Biegeteilen muss deren ***Funktion*** *und* ***Herstellung*** *bekannt sein.*

Die Herstellung eines Biegeteiles wird erleichtert, wenn zusätzlich zur Teil-Zeichnung eine *Zuschnittszeichnung* erstellt wird. Die Zuschnittszeichnung zeigt *Form und Abmessungen* des Biegeteiles vor dem Biegen (Abwicklung). Eine solche Zeichnung kann auf der Teil-Zeichnung oder als eigenständige Zeichnung erstellt werden.

Wesentliche Inhalte einer Zuschnittszeichnung sind:

⑤ die gestreckte Länge des Zuschnitts,

⑥ Breite und Dicke des Zuschnitts,

⑦ Biegelinien zum Kennzeichnen der Mitte von Biegerundungen,

⑧ Lagemaße für Biegelinien.

Die Biegelinien sind mit schmalen Volllinien zu zeichnen. Die gestreckte Länge und die Lagemaße für die Biegelinien sind rechnerisch zu ermitteln ➜📖. Siehe hierzu auch Kapitel 12.5.

Ob die Bohrungen Ø 5,5 und Ø 11 in den Zuschnitt eingezeichnet werden ist davon abhängig, ob der Zuschnitt vor oder erst nach dem Biegen gebohrt wird.

Kennzeichnung der gestreckten Länge

Bei einfachen Biegeteilen kann die gestreckte Länge mit einer schmalen Strich-Zweipunktlinie direkt an das Werkstück gezeichnet und bemaßt werden (Abb. 4a).

Wird keine gestreckte Länge gezeichnet, erfolgt die Bemaßung durch Angabe eines Symbols (Abb. 4b).

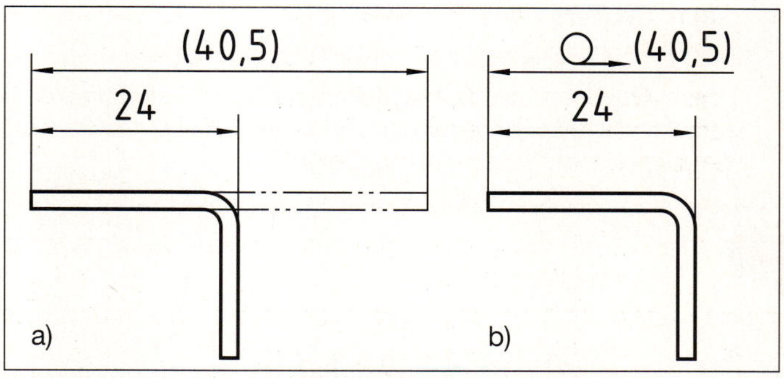

Abb. 4: Vereinfachte Angabe der gestreckten Länge

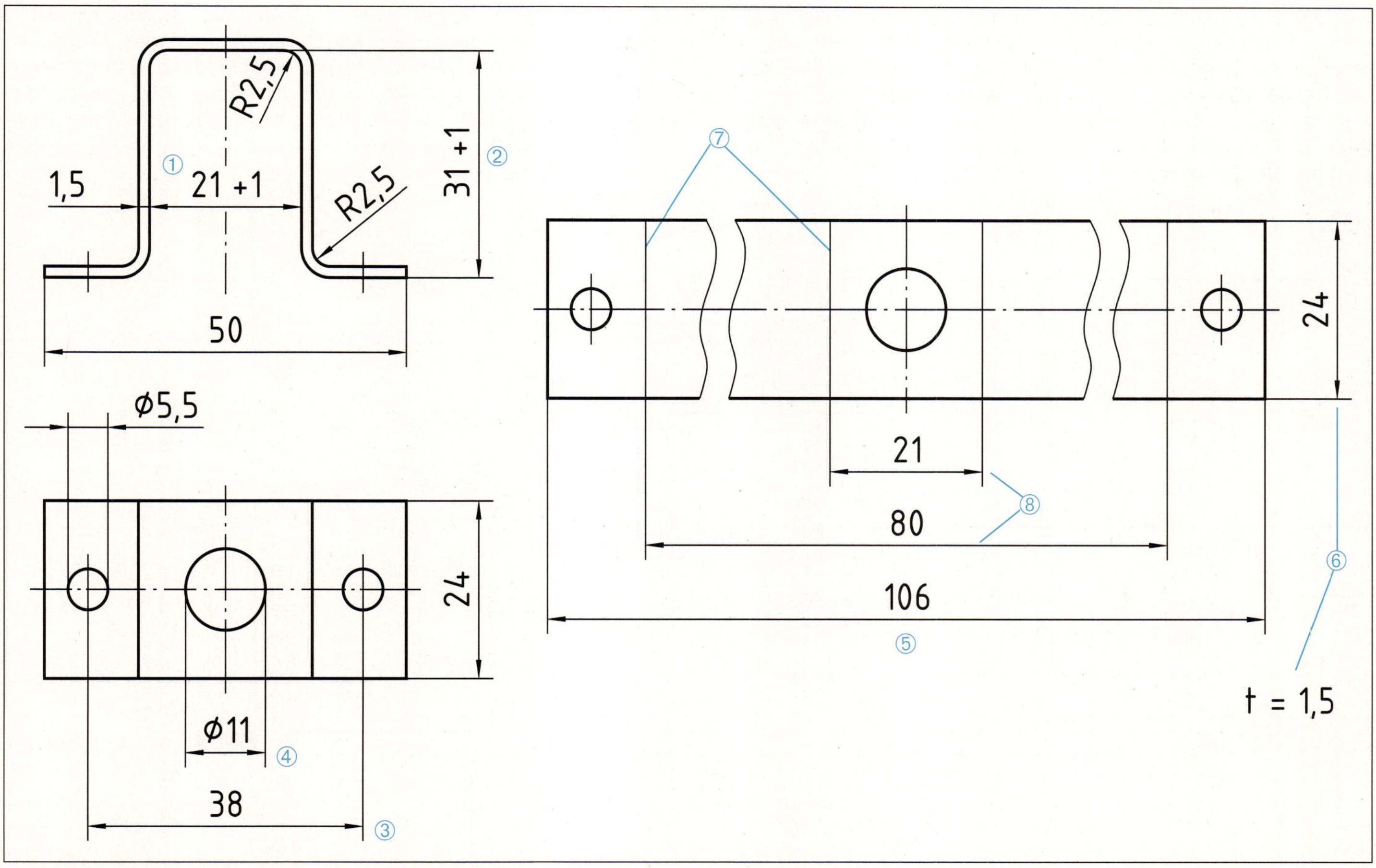

Abb. 3: Teil-Zeichnung und Zuschnitt eines Biegeteils

8 TABELLEN UND DIAGRAMME

In der Technik werden funktionale Zusammenhänge häufig durch Tabellen und Diagramme dargestellt.

Den Zusammenhängen können *Gesetzmäßigkeiten* aus Naturwissenschaft und Technik zugrunde liegen. Sie lassen sich dann darstellen in Form von:

- Formeln (z. B. Schnittgeschwindigkeits-Formel $v_c = d \cdot \pi \cdot n$),
- Tabellen (z. B. Umdrehungsfrequenz-Tabelle) oder
- Diagrammen (z. B. Umdrehungsfrequenz-Diagramm).

Ergibt sich die Zuordnung von Größen nur aufgrund von Messungen oder Erfahrungswerten spricht man von *empirischen Funktionen* oder Erfahrungsfunktionen.

8.1 Tabellen

DIN 820-24 und **DIN 55 301** legen den *Aufbau von Tabellen* fest (Abb. 1):

① Der *Tabellenkopf* (Kopfzeile) gliedert die Tabelle in senkrechte Spalten.

② Die *Vorspalte* gliedert die Tabelle in waagerechte Zeilen.

③ Durch die Spalten und die Zeilen wird das Tabellenfeld in einzelne *Tabellenfächer* unterteilt. In die Tabellenfächer sind die zugeordneten Zahlenwerte eingetragen.

*In Tabellen sind **einander zugeordnete Zahlenwerte** in übersichtlicher Form aufgeführt.*

Beim *Ermitteln eines Wertes* geht man von der Kopfzeile und der Vorspalte aus und verfolgt die Spalte senkrecht nach unten und die Zeile waagerecht nach rechts, bis sich Spalte und Zeile kreuzen. In diesem Tabellenfach kann der zugehörige Tabellenwert abgelesen werden. Bei einem Durchmesser $d = 80$ mm und einer zulässigen Schnittgeschwindigkeit $v_c = 50$ m/min ergibt sich eine Umdrehungsfrequenz $n = 199$ min^{-1}. Zwischenwerte, die nicht in der Tabelle aufgeführt sind, müssen durch Zwischenwertberechnung (Interpolation) bestimmt werden.

8.2 Diagramme

Diagramme sind graphische Darstellungen in Koordinatensystemen.

*In Diagrammen werden **funktionale Zusammenhänge** zwischen Größen **im Koordinatensystem** dargestellt.*

DIN 461 und **DIN 406** legen den *Aufbau von Diagrammen* fest (Abb 2 u. 3):

① Das rechtwinklige kartesische *Koordinatensystem* besteht aus der waagerechten Achse (Ordinate) und der dazu senkrechten Achse (Abszisse). Pfeilspitzen zeigen an, in welcher Richtung die jeweiligen Koordinaten wachsen.

② Das *Formelzeichen* der Größe ist unter der waagerechten Pfeilspitze bzw. links neben der senkrechten Pfeilspitze anzugeben.

③ Die *Pfeile* dürfen auch parallel zu den Achsen gezeichnet werden. Die Formelzeichen oder Benennungen stehen dann hinter den Pfeilen.

④ Die *Einheiten* können
a) zwischen den letzten Zahlenwerten eingefügt werden,
b) in Bruchform mit dem Formelzeichen stehen oder
c) mit dem Wort „in" an das Formelzeichen angehängt werden.

⑤ Die Kennlinien (Graphen) geben durch ihren Verlauf den funktionalen Zusammenhang an. Die *Linienbreiten* sollten in folgendem Verhältnis gewählt werden: Netz : Achse : Kennlinie = 1 : 2 : 4.

Zwischen den beiden Größen Schnittgeschwindigkeit v_c und Durchmesser d besteht eine proportionale Zuordnung, wenn die Umdrehungsfrequenz n konstant gehalten wird. Die Kennlinie ist eine Gerade (Abb. 2). Für verschiedene Umdrehungsfrequenzen ergeben sich unterschiedliche Steigungen der Geraden. Bei einem Umdrehungsfrequenz-Diagramm mit linearer Achsenteilung beginnen alle Kennlinien im Nullpunkt des Koordinatenkreuzes.

②   ①   ③ $v_c = 50 \frac{m}{min}$ $d = 80$ mm   Ablesewert: 199

Durchmesser d in mm	Schnittgeschwindigkeit v_c in m/min													
	8	9	10	12	15	20	22	25	27	30	35	40	45	50
	Umdrehungsfrequenz n in 1/min (min^{-1})													
5	510	573	663	764	955	1272	1398	1590	1720	1912	2230	2548	2870	3180
8	318	358	400	478	597	796	876	996	1075	1194	1393	1592	1791	1990
10	255	287	318	382	478	637	700	796	860	956	1125	1274	1435	1590
12	212	239	265	318	398	531	584	663	716	796	928	1060	1195	1325
16	159	179	199	239	298	398	438	497	538	597	695	796	896	995
20	128	143	159	191	239	319	351	398	430	478	558	637	716	795
25	102	115	128	153	192	255	281	319	344	383	446	510	574	638
28	91	103	114	137	171	227	250	284	307	341	398	455	512	568
32	80	89	100	119	149	199	219	249	269	298	348	398	448	498
36	71	79	89	106	138	177	194	221	239	265	310	354	398	442
40	64	72	80	96	119	159	175	199	215	239	278	318	358	393
45	57	64	71	85	106	142	156	177	191	214	248	283	318	354
50	51	57	64	76	96	127	140	159	172	191	223	255	287	318
55	46	52	58	69	87	116	127	145	156	174	203	231	260	289
60	43	48	53	64	80	106	117	133	143	159	186	212	239	265
80	32	36	40	48	60	80	88	100	107	119	139	159	179	**199**
100	25,5	29	31,8	38,2	47,8	64	70	80	86	96	111	127	143	159
125	20,4	23	25,5	30,6	38,2	51	56	64	69	76	89	102	115	127
140	18,2	20	22,8	27,3	34,2	46	50	57	61	68	80	91	102	114
160	16	18	20	24	29,8	40	44	50	54	60	70	80	90	100

Abb. 1: Aufbau von Tabellen

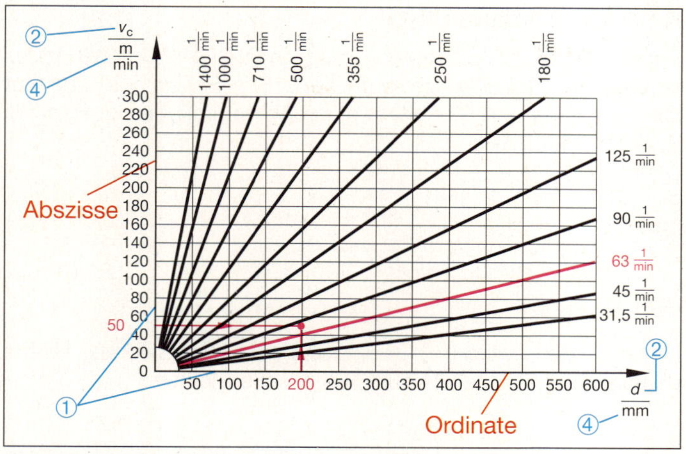

Abb. 2: Umdrehungsfrequenz-Diagramm lineare Teilung

Genauere Ablesewerte ergeben sich durch Diagramme mit *logarithmischer Achsenteilung* (Abb. 3). Bei der logarithmischen Achsenteilung sind die Abstände zwischen den Werten im Anfangsbereich größer und werden mit wachsenden Werten kleiner.

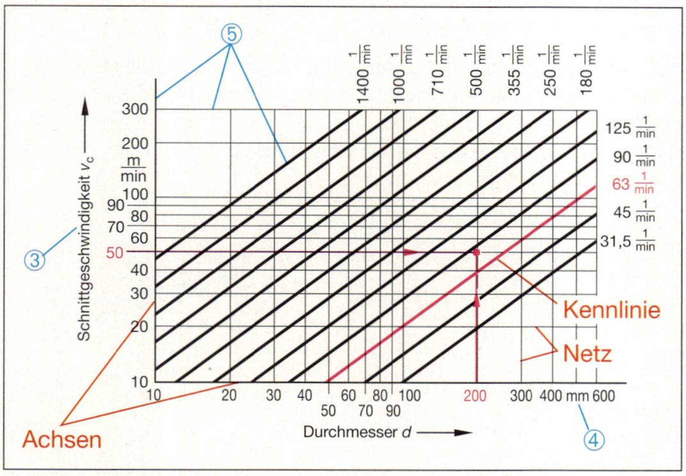

Abb. 3: Umdrehungsfrequenz-Diagramm logarithmische Teilung

Beim *Ermitteln von Werten* aus Diagrammen geht man folgendermaßen vor (Abb. 2 u. 3):

Soll die an der Maschine einzustellende Umdrehungsfrequenz ermittelt werden, werden der Durchmesser (z. B. 200 mm) und die einstellbare Schnittgeschwindigkeit (z. B. 50 m/min) auf den Achsen aufgesucht. Man projiziert die entsprechenden Achsenabschnitte senkrecht nach oben bzw. waagerecht nach rechts. Der Schnittpunkt ergibt die zugehörige Umdrehungsfrequenz. Im Allgemeinen wird dieser Punkt zwischen zwei Kennlinien liegen. Dann wird im Regelfall die nächst niedrigere Umdrehungsfrequenz (z. B. 63 min^{-1}) gewählt und an der Maschine eingestellt.

8.3 Besondere Diagrammformen

Eine besondere Form von Diagrammen ergibt die graphische Darstellung von Zusammenhängen in

- Balken- oder Säulendiagrammen,
- Kreis- oder Tortendiagrammen und
- Sankey[1]-Diagrammen.

Die in ihnen enthalten Informationen sind im Allgemeinen leicht zu erfassen und zu entschlüsseln.

In *Säulendiagrammen* werden mengenmäßige Veränderungen im Zeitverlauf oder vergleichende Gegenüberstellungen dargestellt (Abb. 4a). Die Mengenanteile werden auf der senkrechten Achse abgetragen. Die Höhe der Säulen ergibt sich aus der darzustellenden Menge umgerechnet mit dem festgelegten Maßstab. Die Säulenbreite ist frei wählbar und wird für ein Diagramm konstant gehalten.

In *Kreisdiagrammen* werden anteilmäßige Zusammensetzungen dargestellt (Abb. 4b). Die Größe der Flächenanteile ergibt sich aus der anteilmäßigen Aufteilung des Kreises. Dabei entsprechen 100 % einem Winkel von 360° oder 1 % einem Winkel von 3,6°.

In *Sankey-Diagrammen* werden ebenfalls anteilmäßige Zusammensetzungen dargestellt (Abb. 4c). Die Ausgangsbreite des Diagramms entspricht für alle Anteile 100 %. Die Breite der Einzelanteile ergibt sich aus der prozentualen Aufteilung der Ausgangsbreite.

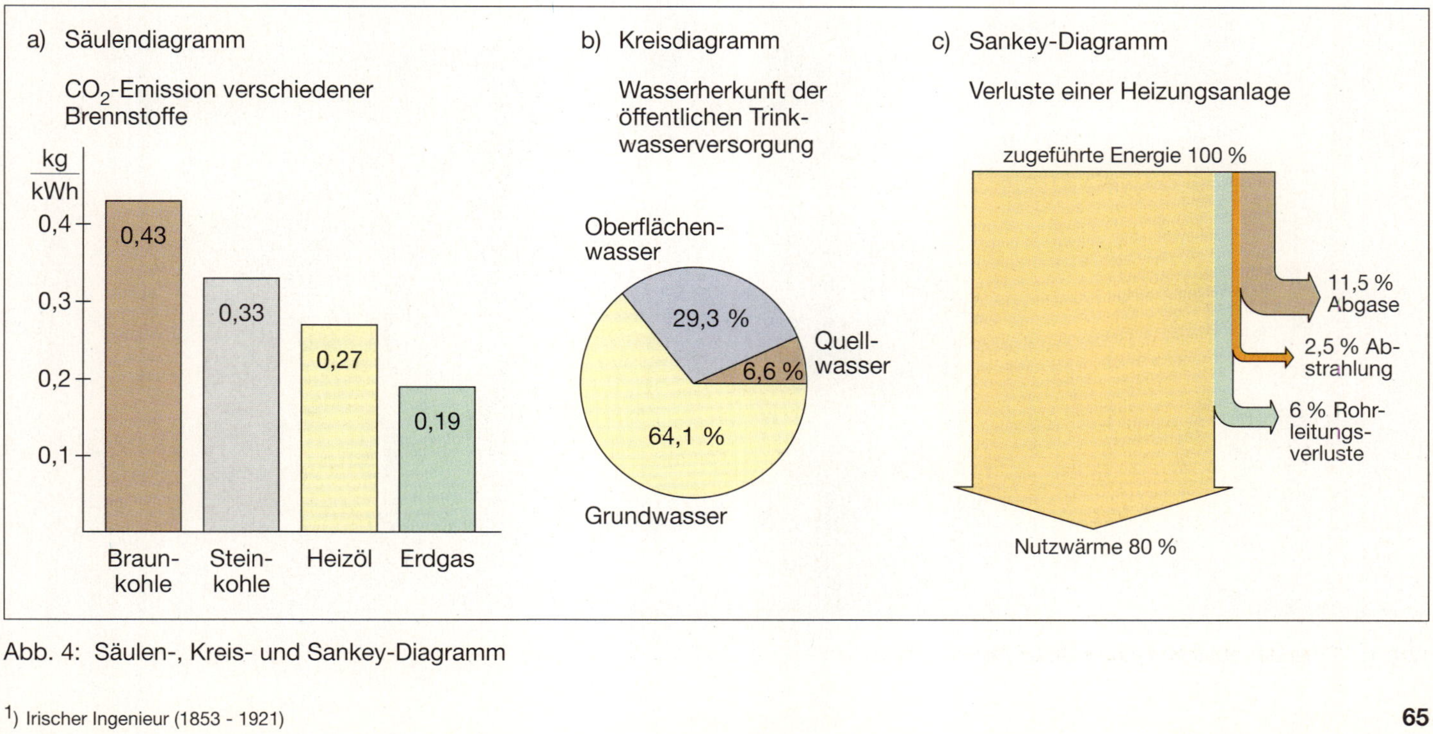

Abb. 4: Säulen-, Kreis- und Sankey-Diagramm

[1]) Irischer Ingenieur (1853 - 1921)

9 PNEUMATISCHE SCHALTPLÄNE

9.1 Schaltplandarstellung

Das Foto (Abb. 1) zeigt das Funktionsmodell einer automatischen Biegevorrichtung. Die Biegevorrichtung besteht aus einem Spannzylinder und einem Biegezylinder. Nach dem Start läuft der Biegevorgang selbsttätig ab. Zuerst fährt der Spannzylinder aus und spannt das Blech. Anschließend fährt der Biegezylinder aus und kantet das Blech. Nach dem Biegen fährt er wieder in die Ausgangsstellung zurück. Zuletzt fährt der Spannzylinder wieder in die Ausgangstellung.

Wie dieser Biegevorgang gestartet und durch welche Bauteile der Ablauf gesteuert wird, zeigt der pneumatische Schaltplan der Anlage (Abb. 2).

Beim Vergleich von Foto und Schaltplan erkennt man offensichtliche Unterschiede: In pneumatischen Schaltplänen werden die Bauglieder mit Symbolen dargestellt. Außerdem sind die Bauglieder anders angeordnet. Die Leitungen zwischen den Baugliedern verlaufen im Schaltplan so, dass sie sich nicht kreuzen. Dadurch werden die Schaltpläne sehr übersichtlich. Man kann leicht die Funktionsweise der Steuerung erkennen. Der Schaltplan gibt keine Auskunft über Form, Größe, Bauart und Anordnung der Bauglieder in einer Schaltung.

*Pneumatische Schaltpläne stellen die **Funktionsweise von pneumatischen Anlagen** dar. Sie geben nicht die tatsächliche räumliche Anordnung und Abmessungen der Bauglieder an.*

9.1.1 Schaltplanaufbau

Pneumatische Schaltpläne werden nach **DIN ISO 1219** in einzelne Schaltkreise aufgeteilt. Ein *Schaltkreis* umfasst alle Bauglieder zur Steuerung eines Antriebsgliedes, z. B. eines Zylinders (1A, 2A).

Die einzelnen Schaltkreise werden in der Reihenfolge des Steuerungsablaufes von links nach rechts nebeneinander dargestellt.

Links ist der Zylinder 1A zum Spannen des Bleches, rechts daneben der Zylinder 2A zum Biegen des Bleches.

Die Bauglieder eines Schaltkreises sind entsprechend dem Signalfluss und Energiefluss von unten nach oben angeordnet.

Unten im Schaltkreis sind die *Signalglieder* angeordnet. Die Signalglieder haben die Aufgabe, die Eingabesignale zu erfassen und weiterzugeben. Über die Signalglieder erfolgt die *Signaleingabe* zum Start der Anlage (Ventil 1S1, 1S2) oder zum automatischen Weiterschalten (Ventil 1S3, 2S1, 2S2).

Bei Signalgliedern, die durch einen Zylinder betätigt werden, wird die Einbaustelle durch einen kurzen Markierungsstrich gekennzeichnet (Ventil 1S3, 2S1, 2S2). Über dem Markierungsstrich wird die Bauteilkennzeichnung des entsprechenden Signalgliedes angetragen.

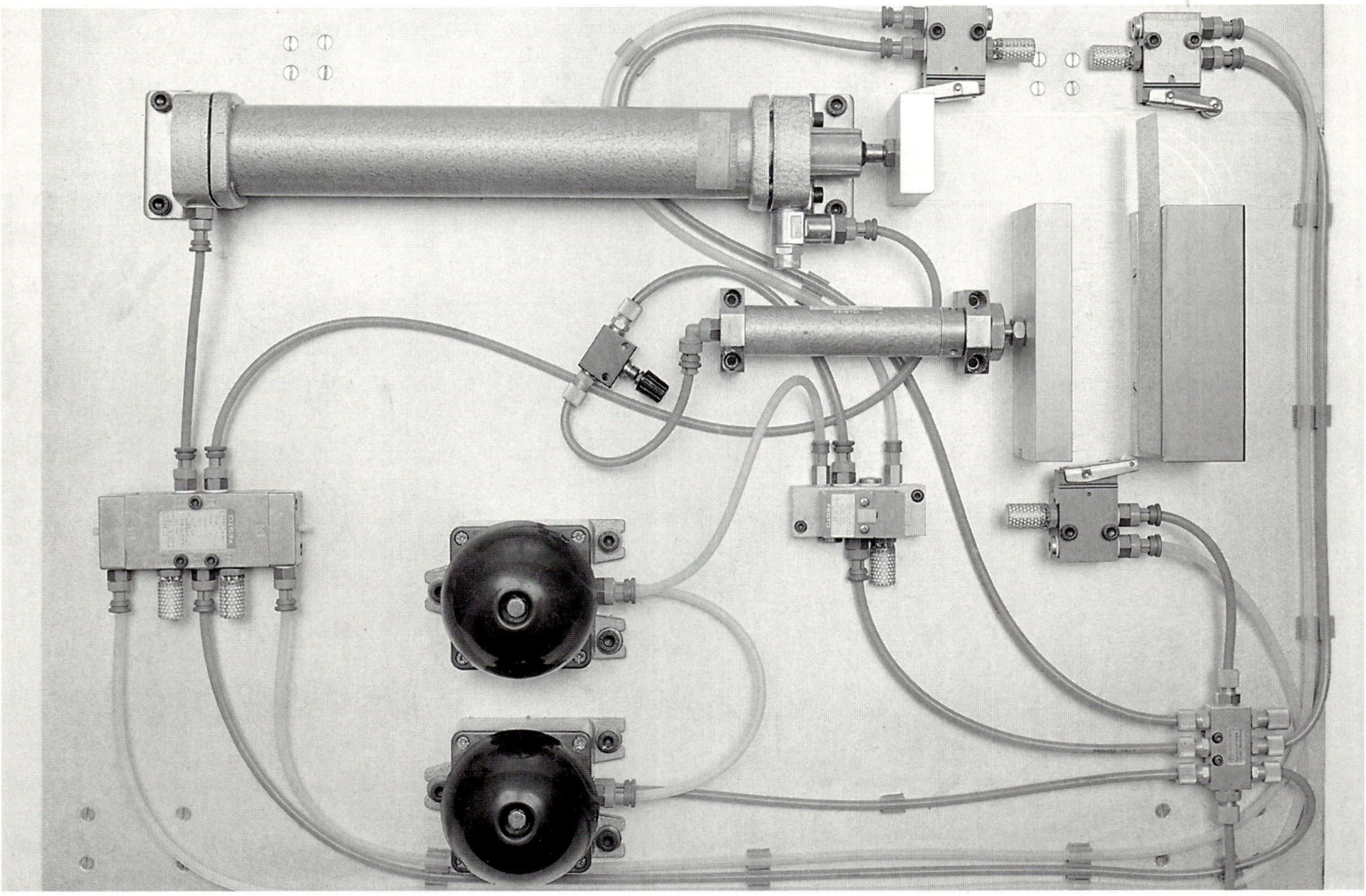

Abb. 1: Foto der automatischen Biegevorrichtung

Bei Signalgliedern, die nur in einer Richtung betätigt werden (Ventil 1S3, 2S1), wird die Betätigungsrichtung durch einen Pfeil (—•) am Markierungsstrich angegeben.

Die Eingabesignale werden an die *Steuerglieder* weitergeleitet. Steuerglieder (Ventil 1V1) haben die Aufgabe der *Signalverarbeitung.* Bei der Biegevorrichtung sollen die Eingabesignale nur dann weitergegeben werden, wenn beide Starttaster betätigt sind.

Die Steuerglieder geben die Steuersignale an die *Stellglieder* weiter. Durch die Stellglieder (Ventil 1V2, 2V1) erfolgt die *Signalausgabe*. Stellglieder schalten den Druckluftstrom zu den Antriebsgliedern (Zylinder). Dadurch fahren die Zylinder ein oder aus.

Antriebsglieder (Zylinder 1A, 2A) haben die Aufgabe der *Energieumwandlung*. Beim Spannen und Umformen des Bleches verrichten die Zylinder Arbeit. Die Druckenergie der Druckluft wird in Arbeit umgewandelt.

Die *Energieversorgung* der Schaltkreise mit Druckluft erfolgt über *Versorgungsglieder*. Zu den Versorgungsgliedern zählen die Aufbereitungseinheit 0Z1 und das Hauptventil 0V1. Die Aufbereitungseinheit wird in pneumatischen Schaltplänen meist vereinfacht dargestellt (Abb. 3). Auf ihre Darstellung kann aber auch ganz verzichtet werden.

Die Druckquelle wird durch ein unausgefülltes Dreieck symbolisiert. Die Spitze des Dreieckes zeigt in Richtung des Druckluftstromes.

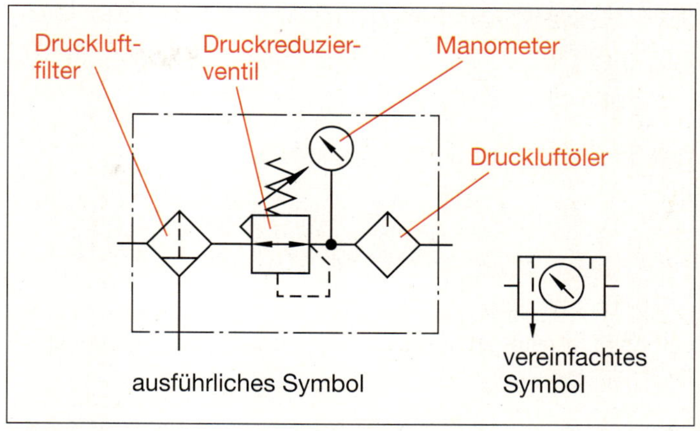

Abb. 3: Aufbereitungseinheit

9.1.2 Leitungen und Leitungsanschlüsse

Leitungen werden in Schaltplänen je nach ihrer Funktion mit unterschiedlichen Linien gezeichnet.

Arbeitsleitungen und *Anschlussleitungen* an das Druckluftnetz werden mit durchgezogenen Linien dargestellt. Über diese Leitungen werden Ventile und Zylinder mit Druckluft versorgt. *Steuerleitungen* werden mit gestrichelten Linien dargestellt. Über diese Leitungen werden Steuersignale zum Umschalten der Ventile geleitet.

Die Linien für Leitungen werden senkrecht und waagerecht gezogen. Sie sollen sich möglichst nicht kreuzen. *Leitungsverbindungen* werden durch einen Punkt gekennzeichnet.

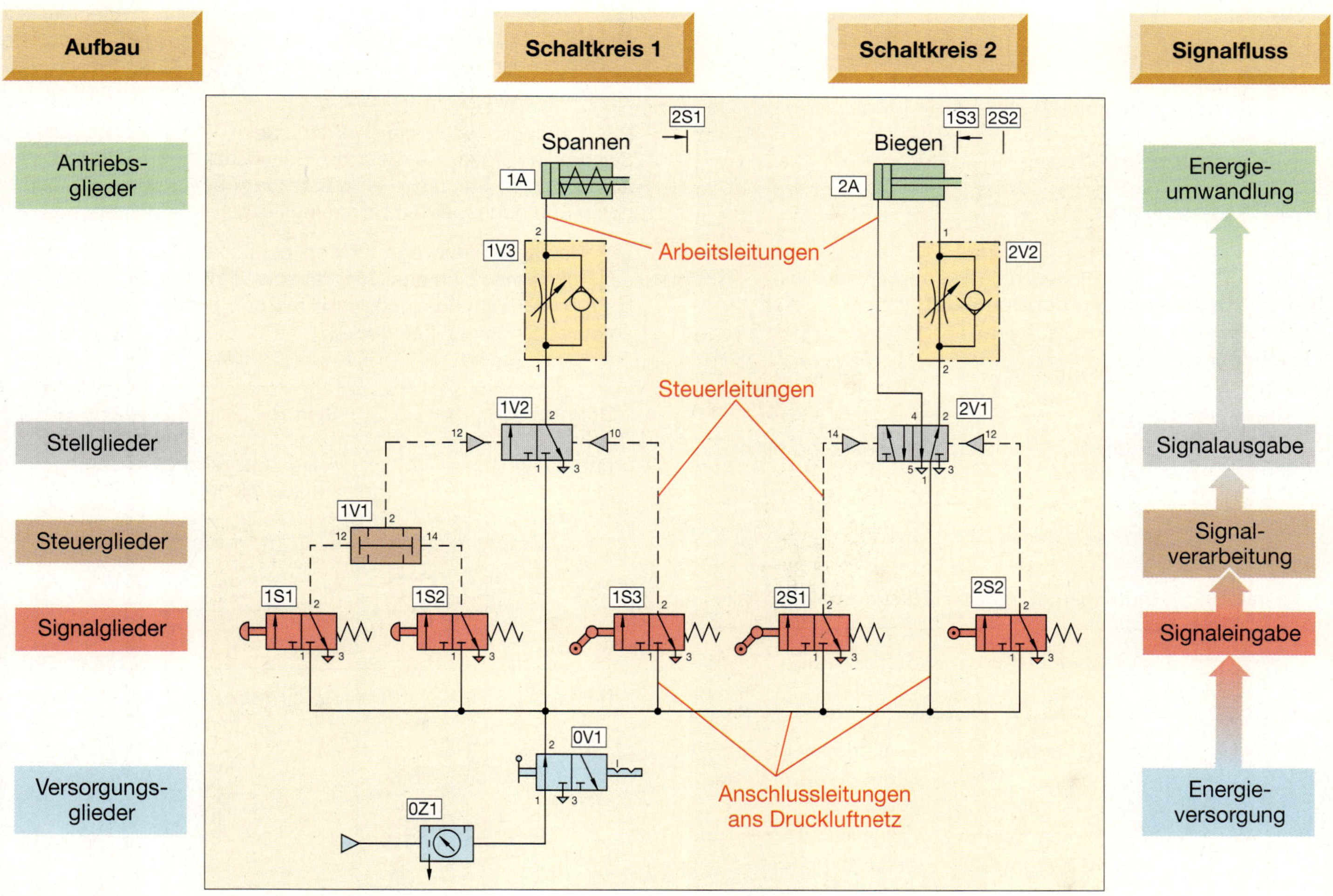

Abb. 2: Pneumatischer Schaltplan der Biegevorrichtung

9 PNEUMATISCHE SCHALTPLÄNE

Die *Anschlusskennzeichnung* erfolgt durch Ziffern oder Buchstaben (Tab. 1). Die gleiche Kennzeichnung findet sich auf den Bauteilen. Neuere Bauteile sind mit Ziffern, ältere Bauteile mit Buchstaben gekennzeichnet.

Tab. 1: Kennzeichnung von Anschlüssen

Anschlussarten	Bezeichnung der Anschlüsse durch Ziffern	durch Buchstaben
Arbeits- bzw. Ausgangsleitungen	2, 4, 6	A, B, C
Druckluftanschluss	1	P
Abfluss, Entlüftung	3, 5, 7	R, S, T
Steuerleitungen	10, 12, 14	X, Y, Z

9.1.3 Kennzeichnung von Baugliedern

Jedes Bauglied erhält eine Kennzeichnung, die mit einem Rahmen versehen sein soll. Die Kennzeichnung besteht aus

- der Schaltkreisnummer,
- der Bezeichnung der Bauteilart (vgl. Tab. 2) und
- einer fortlaufenden mit 1 beginnenden Bauteilnummer.

Elemente der Energieversorgung erhalten die Schaltkreisnummer 0. Sie sind keinem Schaltkreis zugeordnet.

Beispiel:

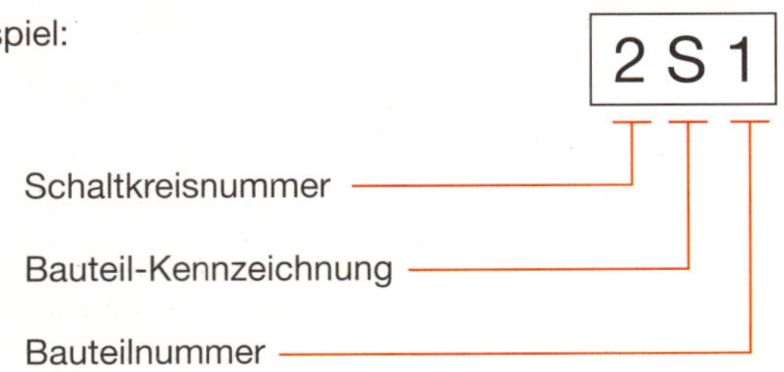

Tab. 2: Kennzeichnung der Bauteilart

Kennbuchstabe	Bauteilart	Beispiel
P	Pumpen, Verdichter	Kolbenkompressor
A	Antriebsglieder	Zylinder
M	Antriebsmotoren	Elektromotor
S	Signalaufnehmer	Start-Taster, Grenztaster
V	andere Ventile	Zweidruckventil, Drosselrückschlagventil
Z	andere Bauglieder	Aufbereitungseinheit, Manometer

9.1.4 Symbole für Bauglieder

Die Bauglieder werden in Schaltplänen durch Symbole nach **DIN ISO 1219-1** dargestellt. Symbole kennzeichnen die Funktionsweise und Anschlüsse der Bauglieder. Form, Größe und Konstruktion eines Gerätes kann man aus den Symbolen nicht ersehen.

9.1.4.1 Wegeventile

*Wegeventile öffnen und sperren den **Durchfluss** oder ändern die **Durchflussrichtung** der Druckluft.*

Aus dem Symbol für Wegeventile kann man ersehen:

- die Anzahl der Schaltstellungen,
- die Strömungswege der Druckluft,
- die Art der Betätigung und
- die Druckluftanschlüsse.

Funktionsweise

Das Wegeventil in Abb. 1 hat zwei Schaltstellungen. Ist das Ventil unbetätigt, hält es die Feder in Ausgangsstellung. Wird das Ventil durch Drücken des Handtasters betätigt, schaltet es in Arbeitsstellung.

Im Symbol werden die Schaltstellungen jeweils durch ein Quadrat dargestellt. Das eine Quadrat zeigt die Schaltstellung bei unbetätigtem, das andere bei betätigtem Ventil.

Das Wegeventile hat drei Anschlüsse. An zwei Anschlüssen (1 und 2) sind Druckluftleitungen angeschlossen. Der dritte Anschluss ist eine Luftauslassöffnung (3). Über diesen Anschluss entweicht die Druckluft.

Die Leitungsanschlüsse werden beim Symbol nur an ein Quadrat gezogen. Es stellt die Schaltstellung im unbetätigten Zustand dar. Für diese Schaltstellung lassen sich die geöffneten und abgesperrten Strömungswege leicht erkennen.

Um die Strömungswege für den betätigten Zustand zu erfassen, muss man sich das Quadrat soweit verschoben vorstellen, bis sich die Leitungsanschlüsse mit den Strömungswegen des entsprechenden Feldes decken.

Schnittbild	Symbol
unbetätigt 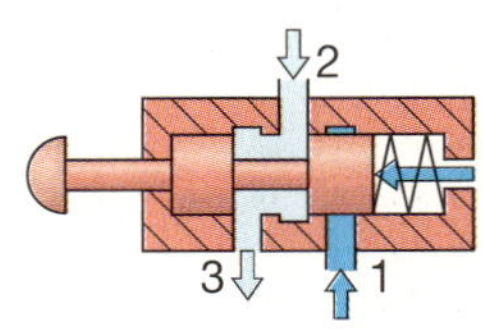	Ausgangsstellung (Ruhestellung) 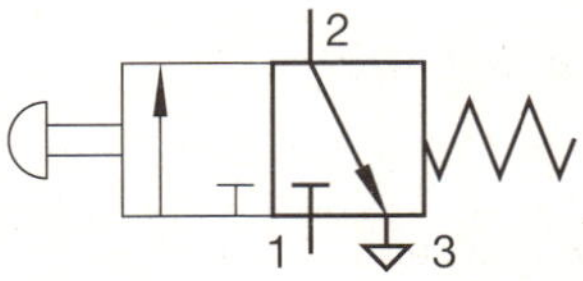
betätigt 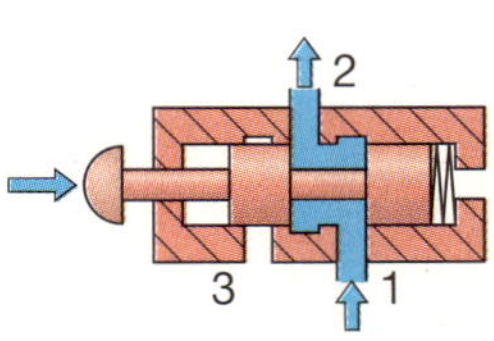	Arbeitsstellung 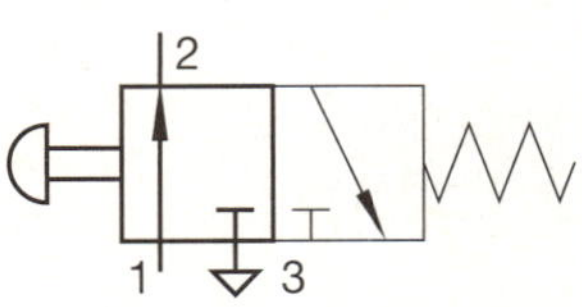

Abb. 1: Funktionsweise von Wegeventilen

Symbolaufbau

Die *Anzahl der Schaltstellungen* wird durch die Anzahl der quadratischen Kästchen angegeben (Abb. 2).

Die *Anschlüsse* für die Leitungen sind nur an einem Quadrat gezeichnet. Es kennzeichnet die Schaltstellung bei unbetätigtem Ventil. Diese Schaltstellung nennt man Ausgangsstellung (Ruhestellung). Anschlüsse werden durch Zahlen oder Buchstaben gekennzeichnet (Tab. 1).

Das Quadrat ohne Leitungsanschlüsse stellt die Schaltstellung bei betätigtem Ventil dar. Diese Schaltstellung nennt man Arbeitsstellung.

Die *Strömungswege* der Druckluft im Ventil werden für jede Schaltstellung in das entsprechende Quadrat eingetragen. Pfeile kennzeichnen die Strömungsrichtung. Abgesperrte Wege sind durch ein „T-Zeichen" dargestellt.

Die *Art der Betätigung* wird seitlich rechts und links an die Quadrate angetragen. Es gibt Zeichen für Betätigung durch Muskelkraft und Druckluft sowie für mechanische und elektrische Betätigung. Die Betätigungsart gibt an, wie die jeweilige Schaltstellung erreicht wird.

Bezeichnung

Die Bezeichnung der Wegeventile erfolgt nach der Anzahl der Leitungsanschlüsse und der Anzahl der Schaltstellungen.

Beispiel: **3 / 2-Wegeventil**

3 Anschlüsse
2 Schaltstellungen

Steuerleitungsanschlüsse werden dabei nicht als Anschlüsse mitgezählt. Sie sind mit zweistelligen Zahlen gekennzeichnet.

Dabei bedeutet:

Druckluft am Anschluss 12 ⇒ Strömungsweg von 1 nach 2 geöffnet.

9.1.4.2 Pneumatikzylinder

Nach der Funktion unterscheidet man einfach wirkende und doppelt wirkende Zylinder.

Einfach wirkende Zylinder haben nur einen Leitungsanschluss. Über diese Leitung wird je nach Bewegungsrichtung die Druckluft zum Zylinder geführt oder als Abluft aus dem Zylinder abgeführt (Abb. 3a).

Bei einfach wirkenden Zylindern drückt die Druckluft den Kolben nur in eine Richtung. Dabei wird eine Feder zusammengedrückt. Sobald die Druckluft aus dem Zylinder entweicht, schiebt die eingebaute Feder den Kolben in seine Ausgangsstellung zurück.

Doppelt wirkende Zylinder haben zwei Leitungsanschlüsse. Über die Leitungen wird je nach Bewegungsrichtung die Druckluft zum Zylinder geführt oder als Abluft wieder abgeführt. Bei doppelt wirkenden Zylindern wird der Kolben in beide Richtungen durch Druckluft bewegt.

Die Leitungsanschlüsse an Zylindern werden nicht mit Zahlen gekennzeichnet (Abb. 3b).

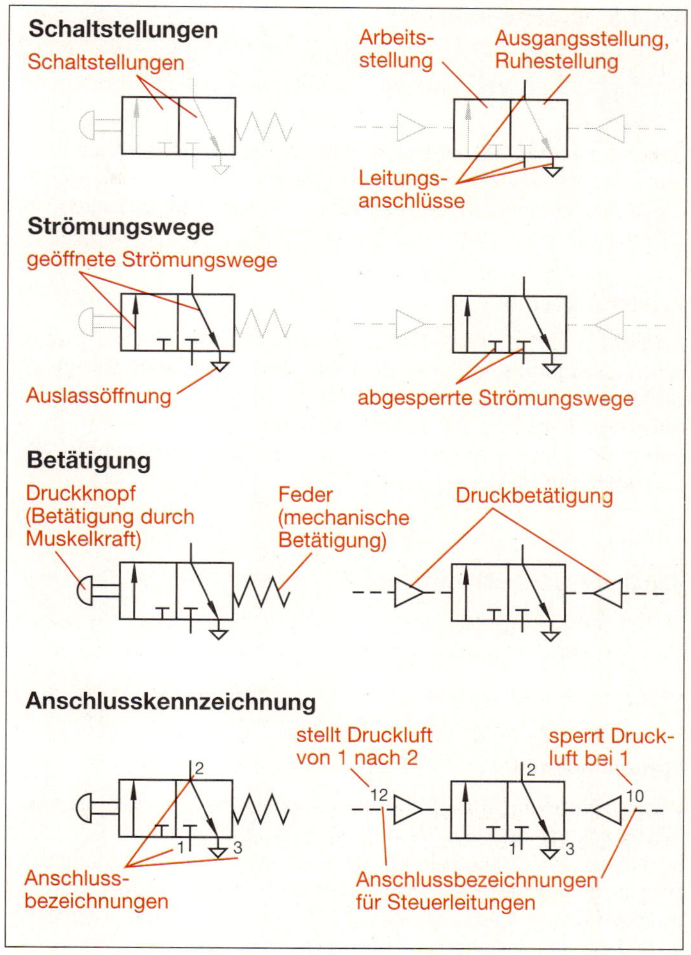

Abb. 2: Symbolaufbau

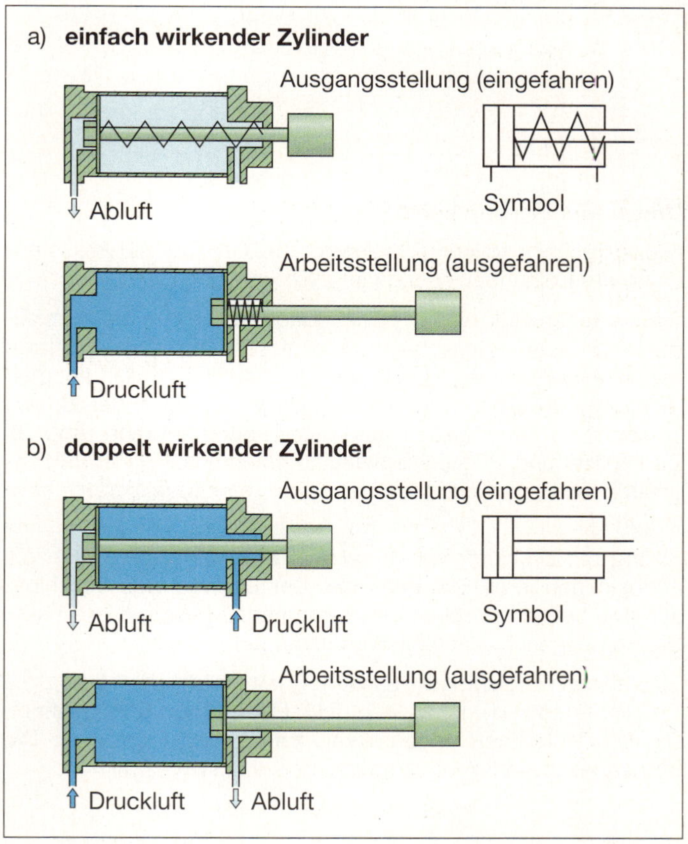

Abb. 3: Funktionsweise von Pneumatikzylindern

9.1.4.3 Sperrventile

Sperrventile lassen den Durchfluss der Druckluft nur in eine Richtung zu. In der anderen Richtung sperren sie den Durchfluss.

Sperrventile werden nur mit einem Rechteck dargestellt. In dem Rechteck wird symbolisch die Ventilfunktion angegeben. Die Leitungsanschlüsse werden wie bei Wegeventilen mit Ziffern oder Buchstaben gekennzeichnet.

Zweidruckventil

Zweidruckventile (Abb. 1) haben Anschlüsse für zwei Steuerleitungseingänge (12, 14) und für eine Ausgangsleitung (2). Steht nur an einem der Eingänge Druckluft an, wird die Verbindung zum Ausgang und zum anderen Eingang abgesperrt. Erst wenn an beiden Eingängen Druckluft ansteht, wird Druckluft zum Ausgang geführt.

> ***Zweidruckventile** führen die Druckluft nur dann zum Ausgang weiter, wenn am Eingang 12 und am Eingang 14 Druckluft ansteht. Sie haben die Funktion einer **UND-Verknüpfung**.*

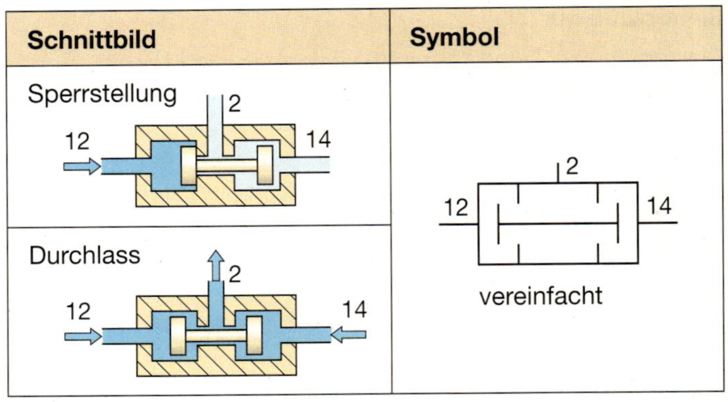

Abb. 1: Funktionsweise von Zweidruckventilen

Wechselventile

Wechselventile (Abb. 2) haben Anschlüsse für zwei Steuerleitungseingänge (12, 14) und eine Ausgangsleitung (2). Steht an einem der Eingänge Druckluft an, wird der Durchfluss zum Ausgang geöffnet und die Verbindung zum anderen Eingang gesperrt. Auch wenn an beiden Eingängen Druckluft ansteht, erfolgt der Durchfluss zum Ausgang.

> ***Wechselventile** führen die Druckluft immer dann zum Ausgang weiter, wenn am Eingang 12 oder Eingang 14 oder an beiden Eingängen Druckluft ansteht. Sie haben die Funktion einer **ODER-Verknüpfung**.*

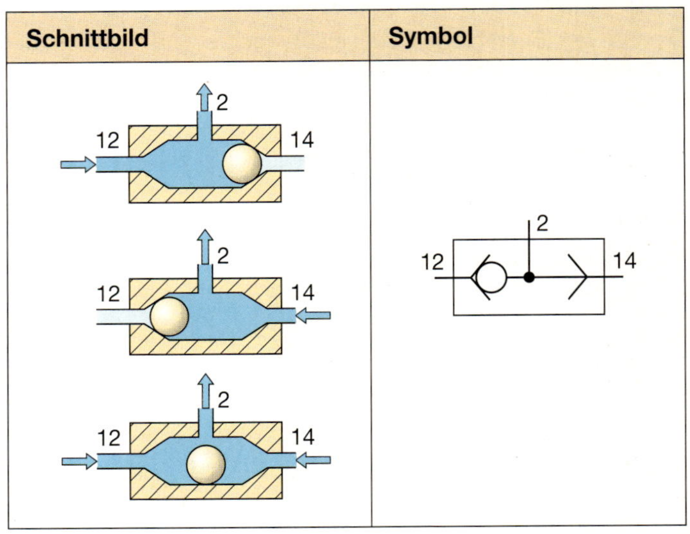

Abb. 2: Funktionsweise von Wechselventilen

Drosselrückschlagventile

Drosselrückschlagventile werden zur Geschwindigkeitssteuerung der Kolbenbewegung von Zylindern eingesetzt.

Sie bestehen aus einem Rückschlagventil und einer verstellbaren Drossel. Rückschlagventile lassen den Druckluftstrom nur in eine Richtung durch und sperren ihn in der anderen Richtung. Drosseln verengen Luftwege, so dass der Druckluftstrom nur verlangsamt (gedrosselt) strömen kann (Abb. 3). Da Drossel und Rückschlagventil in einem Bauteil zusammengefasst sind, werden sie mit einer strichpunktierten Linie umrahmt.

Strömt die Druckluft von 1 nach 2, wird die Kugel durch die Feder gegen ihren Sitz gedrückt. Der Luftweg wird geschlossen. Die Luft muss durch den verengten Drosselspalt strömen. Die Kolbengeschwindigkeit wird verringert.

Strömt die Druckluft von 2 nach 1, wird die Kugel durch die Druckluft gegen die Feder gedrückt. Der Luftweg wird geöffnet. Die Druckluft kann ungedrosselt zum Zylinder strömen. Die Kolbengeschwindigkeit wird nicht beeinflusst.

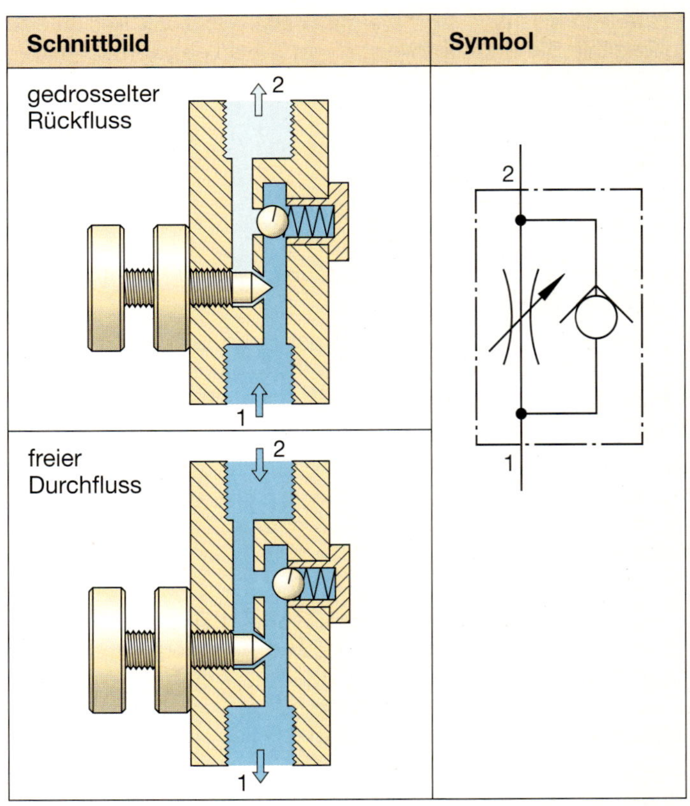

Abb. 3: Funktionsweise von Drosselrückschlagventilen

9.1.5 Skizzieren von Baugliedern

Die Größe der Schaltzeichen ist nicht genormt. Allerdings sollten die in **DIN ISO 1219-1** vorgegebenen Größenverhältnisse eingehalten werden. In einem Schaltplan sind gleiche Linienbreiten zu verwenden.

Das Skizzieren wird erleichtert, wenn kariertes Papier verwendet wird. Die Größe der Bauglieder passt man den Kästchen des Blattes an.

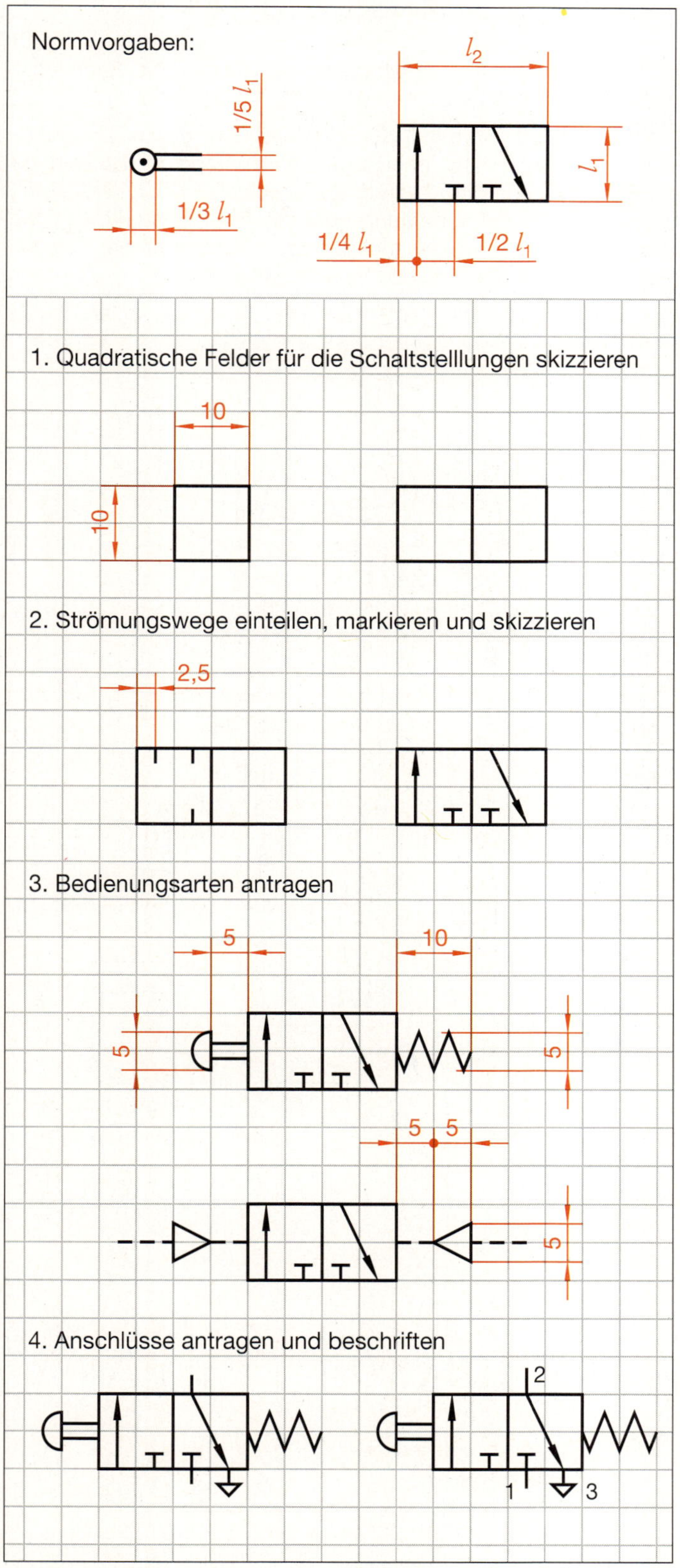

Abb. 4: Skizzieren von Wegeventilen

Die Quadrate der *Wegeventile* sollten 10 x 10 mm groß gezeichnet werden. Die Maße der Anschlüsse und Funktionselemente ergeben sich aus der Seitenlänge (Abb. 4). Die Symbole für die Betätigungsarten können in jeder beliebigen Position des Ventilrechtecks gezeichnet werden.

Die Rechtecke der *Zylinder* sollten 10 x 20 mm groß gezeichnet werden. Die Maße für die Kolben und Kolbenstangen ergeben sich aus der Länge der kurzen Seite des Rechtecks (Abb. 5).

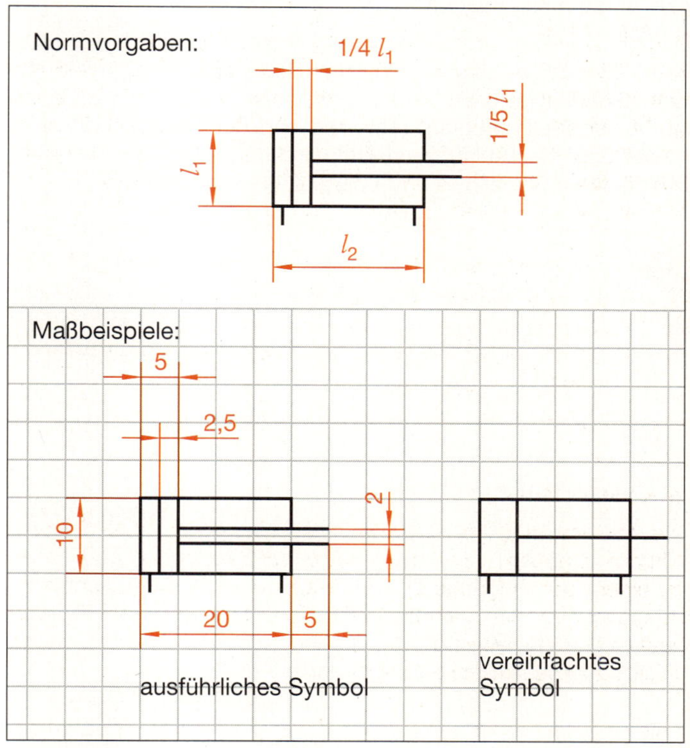

Abb. 5: Skizzieren von Zylindern

Die Rechtecke von *Zweidruckventilen* und *Wechselventilen* sollten ebenfalls 10 x 20 mm groß gezeichnet werden. Die Anschlüsse sind an die Mitte der Rechteckseiten anzutragen (Abb. 6).

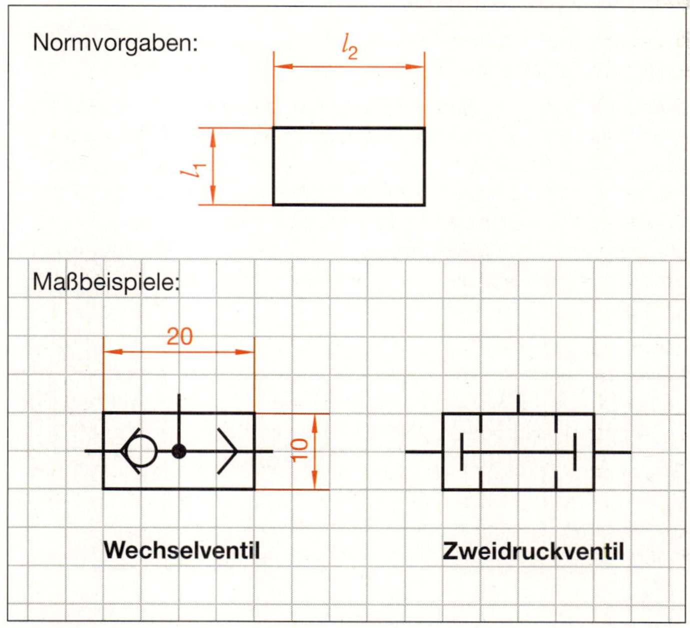

Abb. 6: Skizzieren von Sperrventilen

9.2 Funktionsdarstellungen

9.2.1 Ablaufbeschreibungen

Beschreibungen von Steuerungsabläufen unterstützen das Schaltplanlesen. Das Lesen von Schaltplänen ist die Voraussetzung für die Montage von pneumatischen Anlagen und für die Fehlersuche bei Störungen.

Die Art der einzubauenden Bauteile und deren Verbindungen durch Leitungen kann für *Montagehandlungen* aus dem Schaltplan entnommen werden.

Bei der *Funktionskontrolle* oder *Fehlersuche* lässt sich aus dem Schaltplan ersehen, welche Bauglieder den jeweiligen Schaltschritt auslösen und steuern. Um den Steuerungsablauf zu erfassen, beginnt man dort, wo der Schaltschritt ausgelöst bzw. der Ablauf gestartet wird und folgt dem Weg der Druckluft als Signalfluss und Energiefluss in der Anlage.

***Steuerungsabläufe** lassen sich durch Verfolgen der Wege ermitteln, die die Druckluft in einer Schaltung zurücklegt.*

Durch folgende Fragestellungen kann man sich beim Erfassen von Steuerungsabläufen leiten lassen:

- Welcher Vorgang soll durch die Anlage ausgeführt werden?
- Welche Ventile müssen betätigt werden, damit der Ablauf gestartet wird?
- Welche Ventile werden durch den Startvorgang umgeschaltet? Welche Druckluftwege werden durch die Änderung der Schaltstellung geöffnet oder geschlossen?

Bei der Analyse der Schaltung ist es wichtig, die Funktionsweise der Bauglieder zu kennen.

Die Stellglieder (Ventil 1V2, 2V1) werden durch Druckluftstöße geschaltet. Der jeweilige Schaltzustand bleibt solange erhalten, bis auf der Gegenseite Druckluft wirkt. Ventile mit beidseitiger Druckbetätigung haben *Speicherfunktion*. Die Ausgangsstellung ist der rückgesetzte Schaltzustand. Die Arbeitsstellung ist der gesetzte Schaltzustand.

Das Zweidruckventil (1V1) hat die Funktion einer *UND-Verknüpfung*.

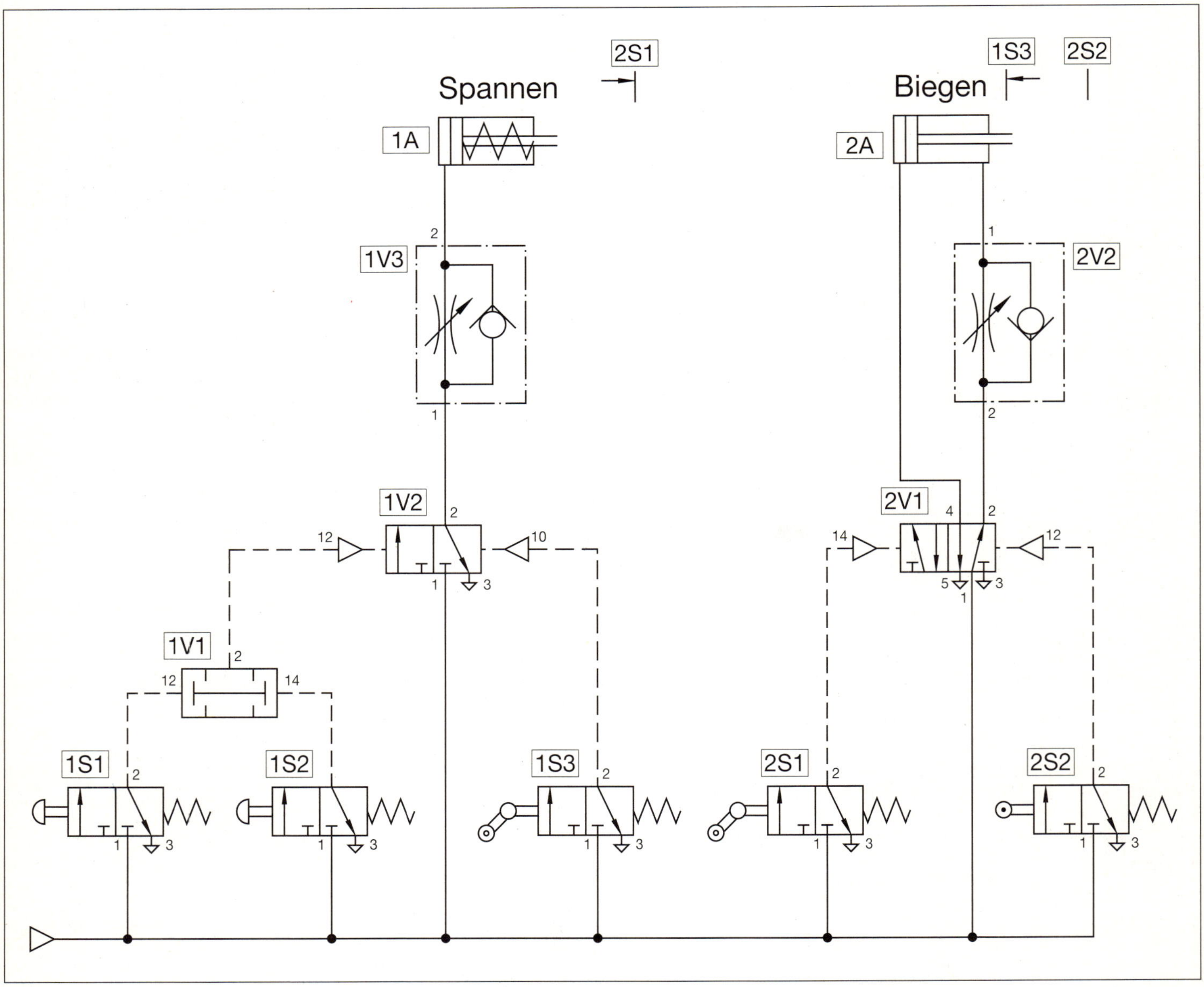

Abb. 1: Pneumatischer Schaltplan der Biegevorrichtung

Beim ersten Einarbeiten in pneumatische Schaltungen und beim Einlesen in Schaltpläne können Schnittschaltpläne hilfreich sein (Abb. 2).

Schnittschaltpläne zeigen Ort und Lage der Bauglieder und deren Verbindung mit Leitungen. Die Bauglieder sind außerdem im Schnitt dargestellt, so dass ihr Aufbau erkennbar ist. Wegen des großen Zeichenaufwandes werden solche Pläne in der betrieblichen Praxis normalerweise nicht verwendet.

Beschreibung des Steuerungsablaufes

Schritt 1: **Starten**

Die Zylinder 1A und 2A sind eingefahren und befinden sich in der Ausgangslage. Durch gleichzeitiges Betätigen der Tasterventile 1S1 und 1S2 wird die Anlage gestartet.

Schritt 2: **Spannen**

Durch die betätigten Tasterventile strömt Druckluft über das Zweidruckventil 1V1 zum Anschluss 12 des Ventils 1V2. Das Ventil wird gesetzt. Die Druckluft strömt vom Anschluss 1 zu 2 über das Drosselrückschlagventil 1V3 gedrosselt zum Zylinder 1A. Der Zylinder fährt langsam aus und spannt das Blech. Im Zylinder wird die Rückstellfeder gespannt.

Schritt 3: **Biegen**

Der ausfahrende Zylinder 1A betätigt kurz vor Erreichen der Endlage das Ventil mit Leerrücklaufrolle 2S1. Druckluft strömt zum Anschluss 14 des Ventils 2V1. Das Ventil wird gesetzt. Druckluft strömt von Anschluss 1 zu 4 zum Zylinder 2A. Die Abluft vom Zylinder strömt gedrosselt über das Drosselrückschlagventil 2V2 zum Anschluss 2 und entweicht an der Auslassöffnung 3. Der Zylinder 2A fährt langsam aus und biegt das Blech.

Schritt 4: **Zurückfahren des Biegestempels**

In seiner Endlage betätigt der Zylinder 2A das Rollenhebelventil 2S2. Druckluft strömt zum Anschluss 12 des Ventils 2V1. Das Ventil wird rückgesetzt. Druckluft strömt ungedrosselt vom Anschluss 1 nach 2 zum Zylinder 2A. Der Zylinder fährt ein.

Schritt 5: **Freigeben des Werkstückes**

Der einfahrende Zylinder 2A betätigt kurz vor Erreichen der Ausgangslage das Ventil mit Leerrücklaufrolle 1S3. Druckluft strömt zum Anschluss 10 des Ventils 1V2. Das Ventil wird rückgesetzt. Vom Zylinder 1A strömt die Abluft ungedrosselt über den Anschluss 2 zur Auslassöffnung 3. Der Zylinder 1A fährt durch Federkraft ein.

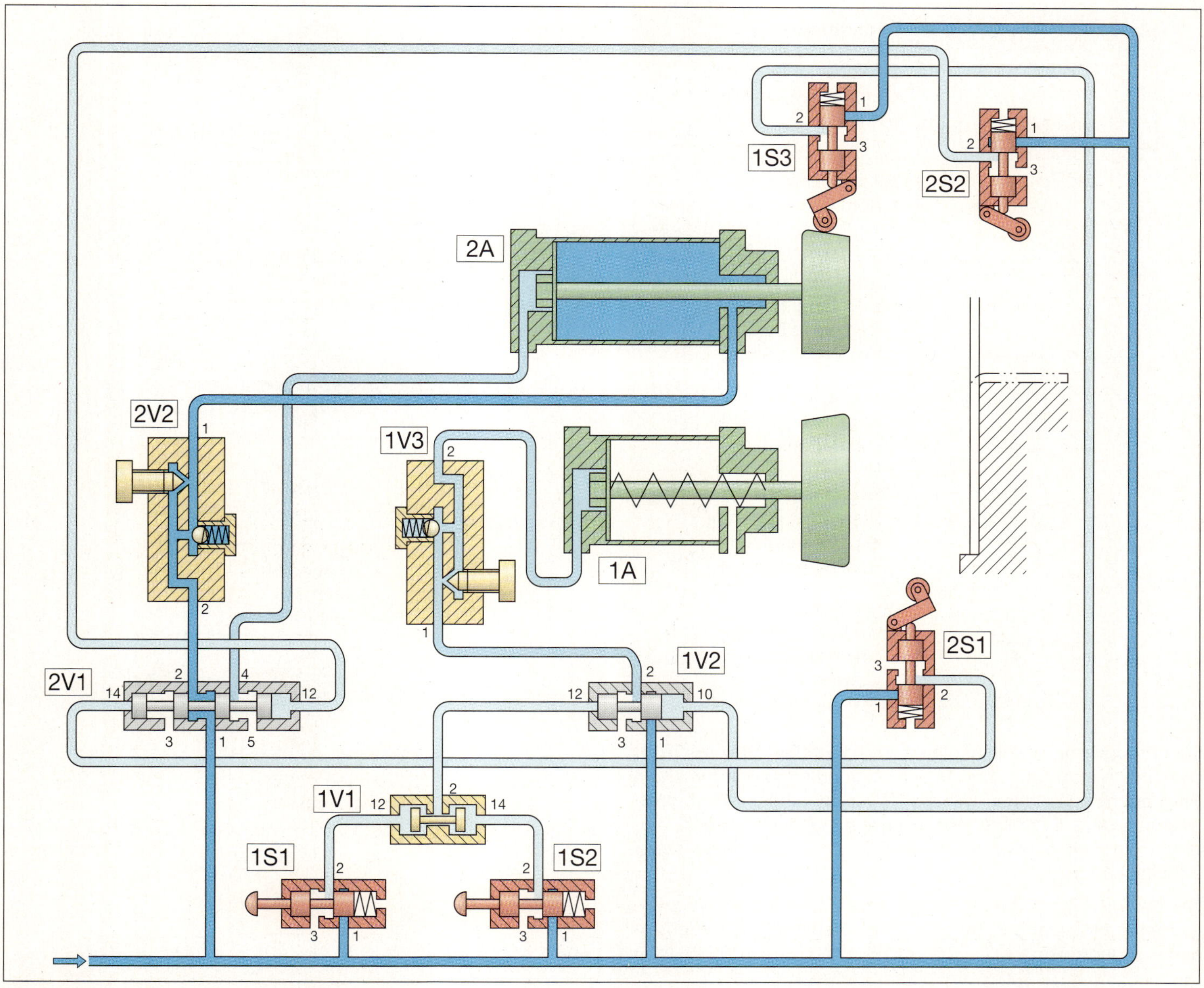

Abb. 2: Schnittschaltplan der Biegevorrichtung

9.2.2 Programmablaufpläne

Sprachliche Beschreibungen einer Steuerung sind umfangreich, unübersichtlich und unter Umständen missverständlich. In der Technik sind deshalb grafische Darstellungen des Steuerungsablaufes üblich.

Zur übersichtlichen Darstellung von Steuerungsabläufen eignen sich Programmablaufpläne. Programmablaufpläne sind von der Datenverarbeitung übernommen. Sie werden mit genormten Sinnbildern nach **DIN 66 001** dargestellt.

Programmablaufpläne bestehen im wesentlichen aus Sinnbildern für *Operationen* und *Verzweigungen* (Tab. 1). Am Anfang und Ende stehen Sinnbilder für *Grenzstellen*. In die Sinnbilder werden Texte eingefügt, die die Art der Schritte näher kennzeichnen.

Die Richtung des dargestellten Ablaufs wird durch *Ablauflinien* angegeben. Die Linien sollen vorzugsweise von oben nach unten und von links nach rechts verlaufen. Abweichungen von diesen Vorzugsrichtungen sind möglichst durch Pfeile zu kennzeichnen. Kreuzende Ablauflinien sollten vermieden werden.

Tab. 1: Sinnbilder für Programmablaufpläne

Sinnbilder	Bedeutung
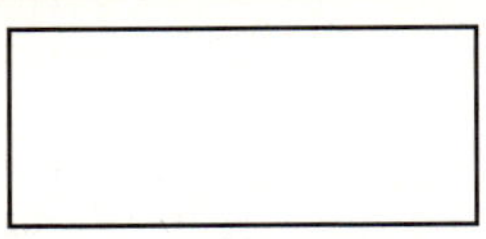	*Operation, allgemein* • Eingabe, Ausgabe
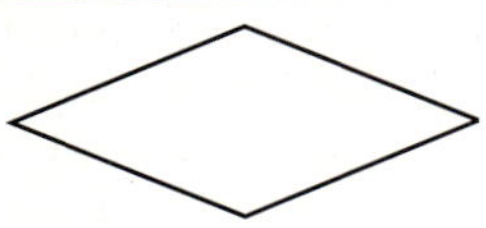	*Verzweigung* • Abfrage eines Zustandes
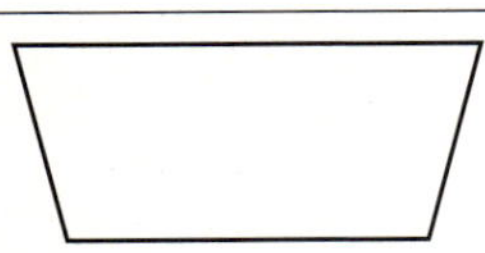	*Operation von Hand* • z. B. Eingriff des Bedieners bei der Prozesssteuerung
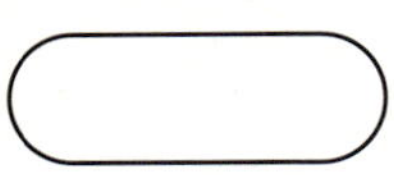	*Grenzstelle* • Beginn, Ende eines Programms
	*Übergangsstelle* • zusammengehörige Stellen müssen die gleiche Beschriftung haben
	Ablauflinien • zur Verdeutlichung kann eine Pfeilspitze gesetzt werden

Der Programmablaufplan bietet eine wichtige Hilfe zur Problemanalyse und zum Entwurf von Steuerungsprogrammen. In Programmablaufplänen werden Schaltzustände von Signalgebern durch Sinnbilder für Verzweigungen dargestellt. Solange die Signalgeber nicht betätigt sind, kann kein neuer Schaltschritt ablaufen.

Bei der UND-Verknüpfung werden die Sinnbilder für Verzweigungen hintereinander, bei der ODER-Verknüpfung nebeneinander angeordnet.

Abb. 1 zeigt den Programmablaufplan der Biegevorrichtung.

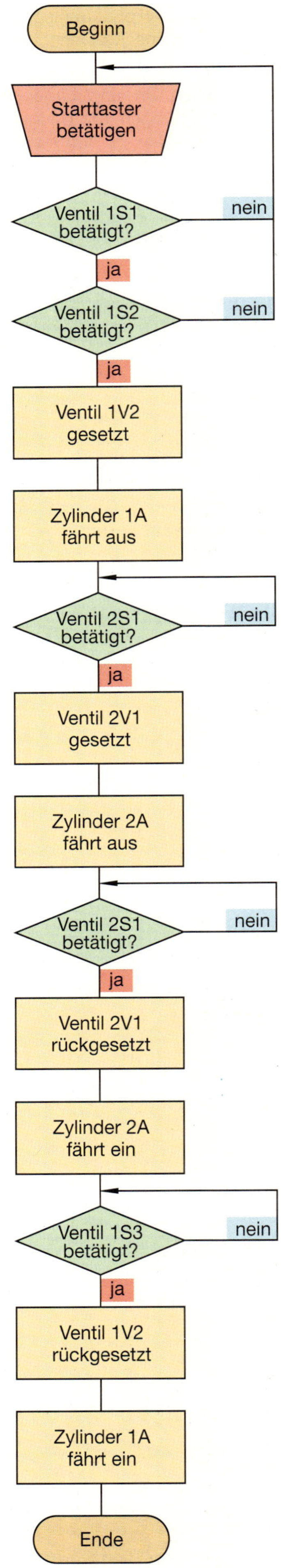

Abb. 1: Programmablaufplan der Biegevorrichtung

9.2.3 Zustandsdiagramme

Steuerungsabläufe können grafisch in Zustandsdiagrammen dargestellt werden, die die Schaltzustände und die Zustandsänderungen der Bauglieder zeigen.

Bauglieder der Biegevorrichtung können folgende *Schaltzustände* einnehmen:

- Zylinder können eingefahren oder ausgefahren sein,
- Ventile können betätigt oder unbetätigt bzw. gesetzt oder rückgesetzt sein.

Die Grundlage für den Aufbau der Diagramme bildet die Gliederung des Steuerungsablaufes in einzelne Schritte. Das Ausfahren oder Einfahren eines Zylinders leitet einen neuen Schaltschritt ein.

Die Schaltzustände der Bauglieder werden durch *Funktionslinien* angegeben (Abb. 2). Der Ausgangszustand wird mit schmalen Linien gezeichnet. Abweichungen vom Ausgangszustand werden mit breiten Linien angegeben.

Zustandsänderungen der Zylinder werden durch *schräge Funktionslinien* zwischen zwei Schaltschritten dargestellt.

Zustandsänderungen von Ventilen werden durch *senkrechte Funktionslinien* dargestellt.

Die Funktionslinien für eine Zustandsänderung beginnen an den Linien für einen Schaltschritt.

In Zustandsdiagrammen werden die Funktionslinien für die Schaltzustände aller Arbeitsglieder (Zylinder) und aller Wegeventile dargestellt. In vereinfachten Zustandsdiagrammen kann auf die Darstellung der Funktionslinien von Signalgebern verzichtet werden.

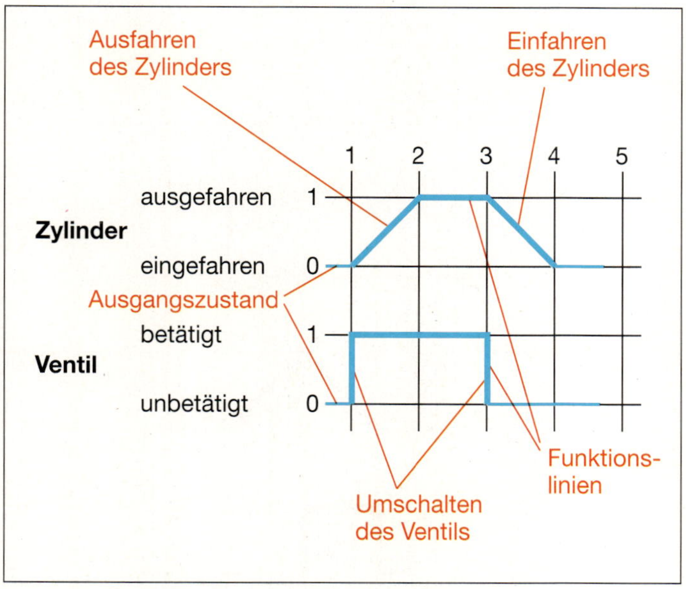

Abb. 2: Darstellung von Funktionslinien

Das steuerungsmäßige Zusammenwirken der Bauglieder einer Steuerung wird durch *Signallinien* angegeben (Abb. 3). Betätigt ein Zylinder einen Grenztaster zum Auslösen eines Schaltschrittes, beginnt die Signallinie mit einem Punkt auf der Funktionslinie. Signallinien enden an den Funktionslinien der Bauglieder, die durch das Signal beeinflusst werden. Die Wirkrichtung der Signale wird durch Pfeile angegeben. Signallinien werden vorwiegend senkrecht gezeichnet, können aber auch beliebig abgewinkelt werden. An Funktionslinien beginnen und enden sie abgewinkelt. Sie werden als schmale Volllinien gezeichnet.

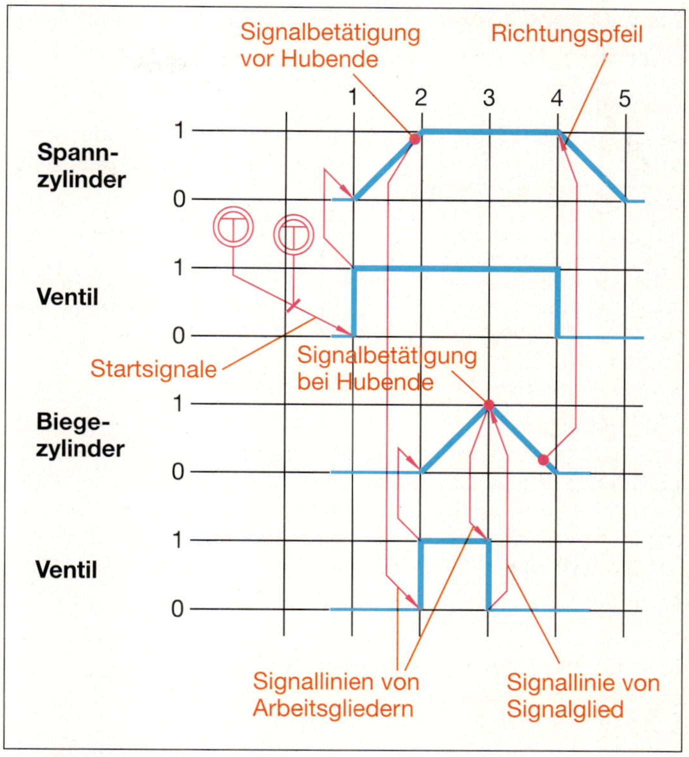

Abb. 3: Darstellung von Signallinien

Die Signallinien der *Startsignale* werden immer an die Funktionslinien des Baugliedes gezogen, das die erste Zustandsänderung auslöst. Die Art der Signaleingabe wird durch genormte Symbole dargestellt (Abb. 4). Die Verknüpfung und Verzweigung von Signalen lässt sich ebenfalls darstellen.

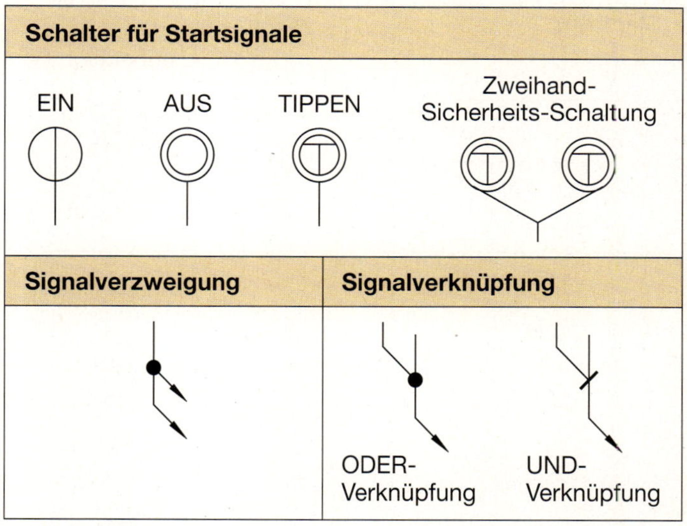

Abb. 4: Symbole für Startsignale und Signalverknüpfungen

Zustandsdiagramme werden übersichtlich, wenn die Bauglieder eines Schaltkreises in der Reihenfolge *Antriebsglied*, *Stellglied*, *Signalglied* von oben nach unten angeordnet sind. Mehrere Schaltkreise einer Schaltung werden im Zustandsdiagramm entsprechend dem Steuerungsablauf untereinander dargestellt.
Zustandsdiagramme erleichtern das Erfassen von Steuerungsabläufen. Aus ihnen ist die Schaltstellung aller Bauglieder für jeden Schaltschritt ersichtlich. Sie sind wichtige Unterlagen zur Überwachung und Instandsetzung von pneumatischen Anlagen.

Das Zustandsdiagramm für die Biegevorrichtung zeigt folgenden Steuerungsablauf (Abb. 1):

Schritt 1:
Der Start der Anlage erfolgt durch kurzzeitiges Betätigen der beiden Tasterventile 1S1 und 1S2. Das Signal setzt das Ventil 1V2. Der Zylinder fährt aus.

Schritt 2:
Kurz vor Erreichen der Endlage betätigt der Zylinder 1A das Ventil mit Leerrücklaufrolle 2S1. Ein Signal setzt das Ventil 2V1. Der Zylinder 2A fährt aus.

Schritt 3:
Der ausgefahrene Zylinder 2A betätigt in der Endlage das Ventil mit Rolle 2S2. Ein Signal setzt das Ventil 2V1 zurück. Der Zylinder 2A fährt ein.

Schritt 4:
Kurz vor Erreichen der Ausgangslage betätigt der Zylinder 2A das Ventil mit Leerrücklaufrolle 2S3. Ein Signal setzt das Ventil 1V2 zurück. Der Zylinder 1A fährt ein.

Schritt 5:
Alle Bauglieder befinden sich wieder in der Ausgangslage. Ein neuer Start ist möglich.

Bauglieder Benennung	Kennzeichnung	Zustand
Spannzylinder	1A	ausgefahren eingefahren
3/2-Wegeventil	1V2	gesetzt rückgesetzt
Starttaster	1S1	betätigt unbetätigt
Starttaster	1S2	betätigt unbetätigt
3/2-Wegeventil mit Leerrücklaufrolle	1S3	betätigt unbetätigt
Biegezylinder	2A	ausgefahren eingefahren
5/2-Wegeventil	2V1	gesetzt rückgesetzt
3/2-Wegeventil mit Leerrücklaufrolle	2S1	betätigt unbetätigt
3/2-Wegeventil mit Rolle	2S2	betätigt unbetätigt

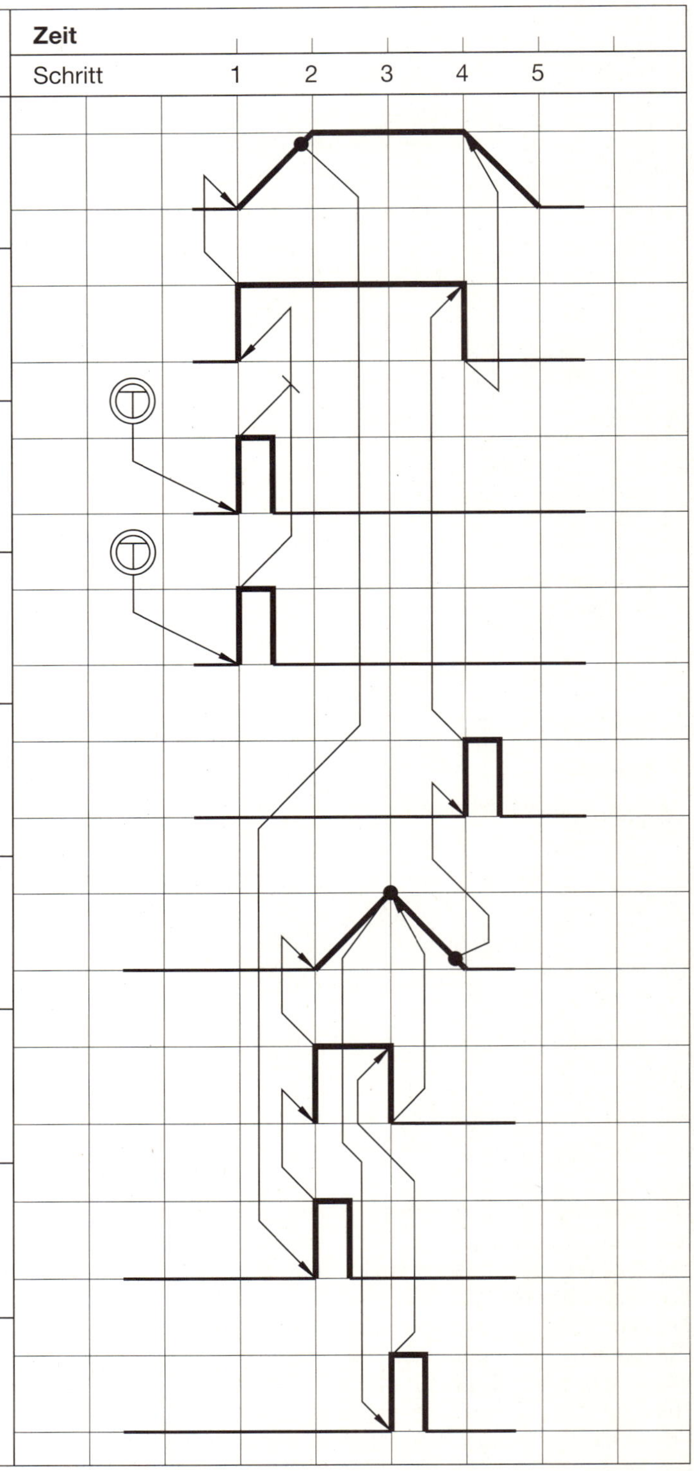

Abb. 1: Zustandsdiagramm der Biegevorrichtung

9.2.4 Funktionspläne

Signalzustände

Die Schaltung der Biegevorrichtung arbeitet mit zweiwertigen (binären) Signalen. Die Starttaster können zwei Schaltzustände einnehmen (Abb. 2). Sie können betätigt oder unbetätigt sein, leiten entweder die Druckluft weiter oder sperren sie ab. An den Eingängen nachgeordneter Bauglieder ist dann Druck vorhanden oder nicht.

Folgende Signalzustände an den Eingängen und Ausgängen von Baugliedern sind möglich:

- Signal nicht vorhanden (Taster unbetätigt, kein Druck, Zylinder eingefahren) ⇒ *Signalzustand 0*,
- Signal vorhanden (Taster betätigt, Druck vorhanden, Zylinder ausgefahren) ⇒ *Signalzustand 1*.

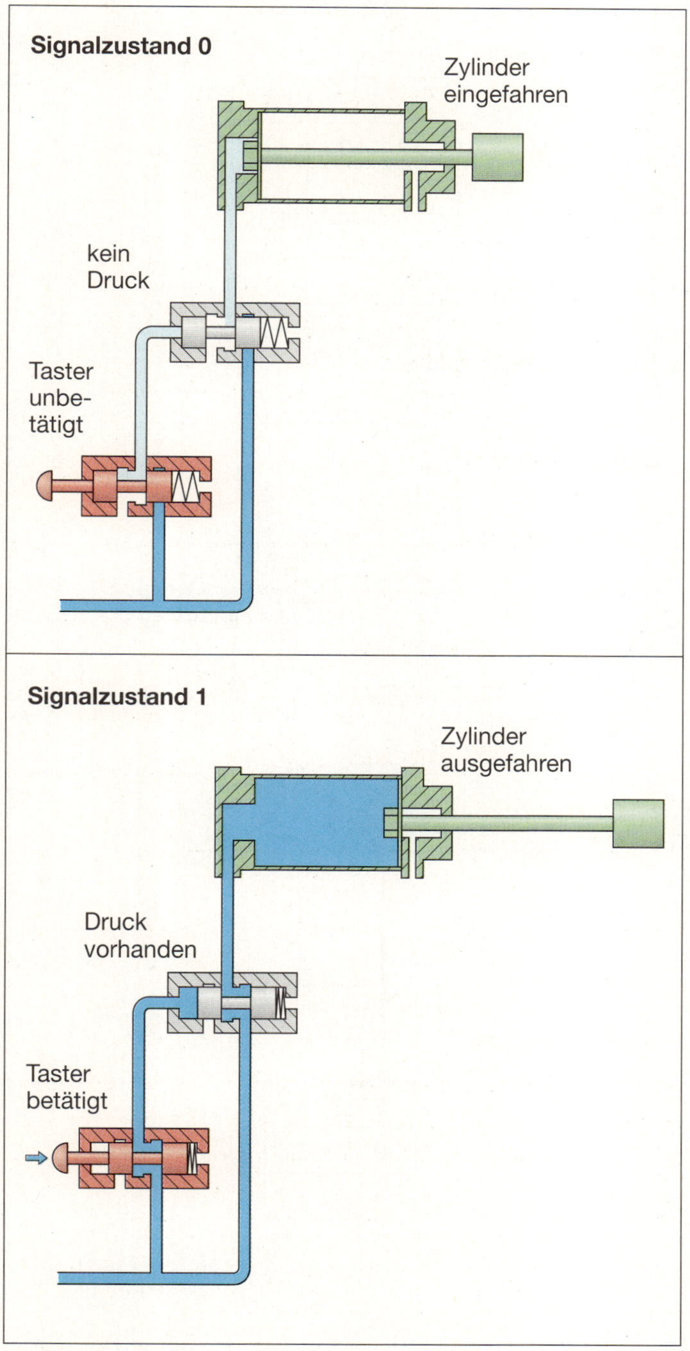

Abb. 2: Signalzustände

Logiksymbole

Die Verarbeitung von Signalen kann mit Logiksymbolen dargestellt werden. Die Schaltzeichen für Logiksymbole sind nach **DIN 40 900-12** genormt.

Die Schaltzeichen werden als Rechteck dargestellt. Die Größe des Rechteckes kann dem jeweiligen Anwendungsfall angepasst werden. In das Rechteck wird das Symbol für die Art der Signalverarbeitung eingetragen.

Links vom Rechteck werden die Eingänge, rechts vom Rechteck die Ausgänge angetragen. An die Eingänge und Ausgänge können innerhalb und außerhalb des Rechteckes weitere kennzeichnen angegeben werden. Die kennzeichnen können Buchstaben, Zahlen oder grafische Zeichen sein (Abb. 3).

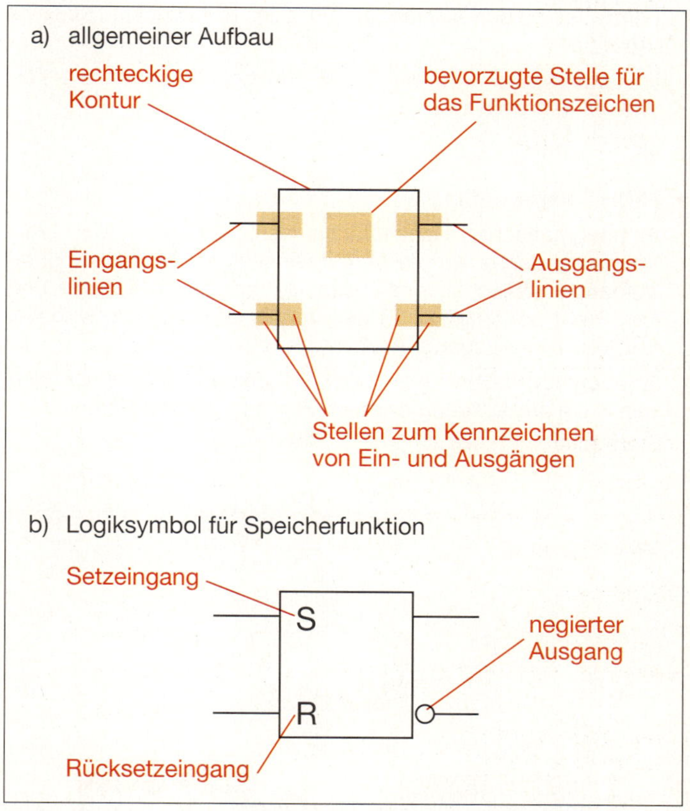

Abb. 3: Aufbau eines Logiksymbols

In *Funktionstabellen* werden die Ausgangszustände von Baugliedern in Abhängigkeit von den Eingangszuständen dargestellt. Alle möglichen Kombinationen von Eingangszuständen werden systematisch aufgeführt und die sich daraus ergebenden Ausgangszustände festgehalten. Je mehr Eingangszustände verknüpft werden, desto mehr Kombinationsmöglichkeiten ergeben sich.

Schaltfunktionen

In pneumatischen Steuerungen werden Signale miteinander verknüpft, gespeichert oder zeitversetzt ausgegeben.

Die Verknüpfung von Signalen wird durch Verknüpfungsfunktionen beschrieben. *Verknüpfungsfunktionen* sind die UND-Verknüpfung, die ODER-Verknüpfung und die NICHT-Verknüpfung (Negation).

Neben diesen Verknüpfungsfunktionen müssen häufig auch zeitliche Komponenten berücksichtigt werden. Dies geschieht durch *Speicherfunktionen* und *Zeitfunktionen*.

- **UND-Verknüpfung**

  In pneumatischen Schaltungen lässt sich die UND-Verknüpfung durch ein Zweidruckventil aufbauen. Das Zweidruckventil leitet nur dann Druckluft zum Ausgang (A) weiter, wenn an beiden Eingängen (E1 und E2) Druckluft ansteht (Abb. 1).

  Im Logiksymbol wird die UND-Funktion durch ein &-Zeichen gekennzeichnet.

- **ODER-Verknüpfung**

  In pneumatischen Schaltungen lässt sich die ODER-Verknüpfung durch ein Wechselventil aufbauen. Das Wechselventil leitet Druckluft zum Ausgang (A) weiter, wenn an einem oder beiden Eingängen (E1 oder E2) Druckluft ansteht (Abb. 2).

  Im Logiksymbol wird die ODER-Funktion durch ein ≥ 1-Zeichen gekennzeichnet.

- **NICHT-Verknüpfung**

  In pneumatischen Schaltplänen lässt sich die NICHT-Verknüpfung durch ein Ventil mit einseitiger Druckbetätigung aufbauen (Umschaltventil), das Durchfluss in Ruhestellung hat. Steht am Eingang (E) des Ventils Druckluft an, wird der Luftweg zum Ausgang (A) abgesperrt (Abb. 3).

  Am Logiksymbol wird die NICHT-Funktion durch einen kleinen Kreis am Ausgang oder am Eingang gekennzeichnet.

Zweidruckventil

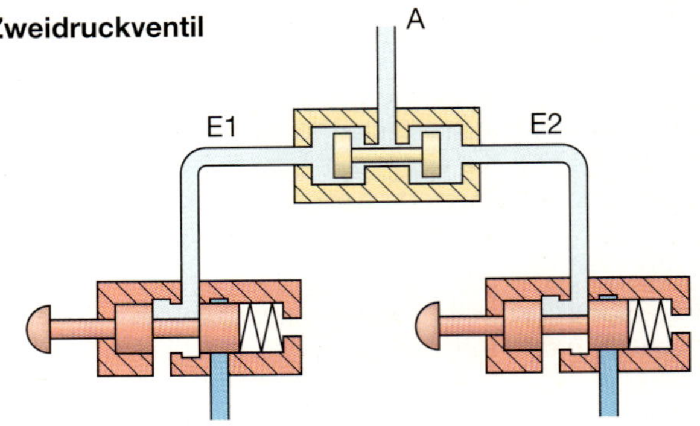

Logiksymbol

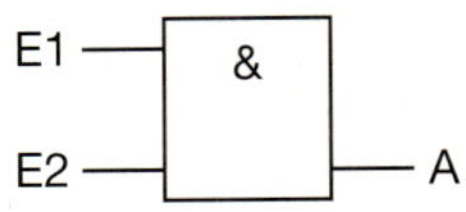

Funktionstabelle

E1	E2	A
0	0	0
1	0	0
0	1	0
1	1	1

Abb. 1: UND-Verknüpfung

Wechselventil

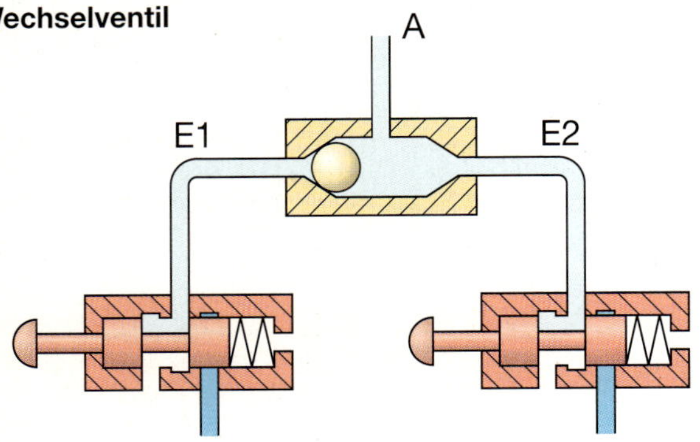

Logiksymbol

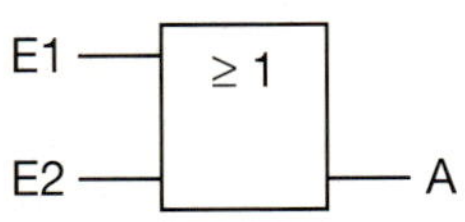

Funktionstabelle

E1	E2	A
0	0	0
1	0	1
0	1	1
1	1	1

Abb. 2: ODER-Verknüpfung

Umschaltventil

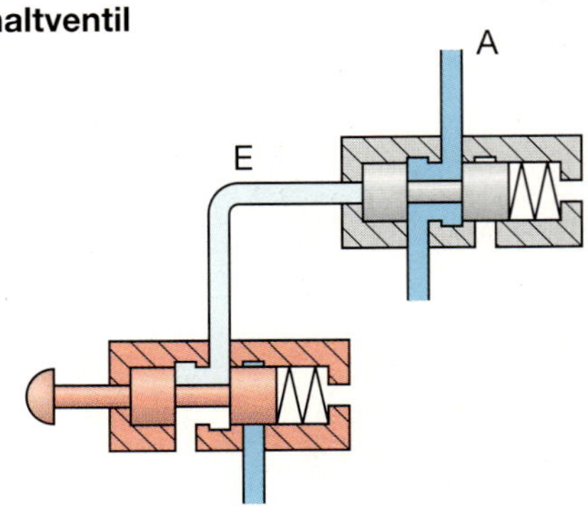

Logiksymbol

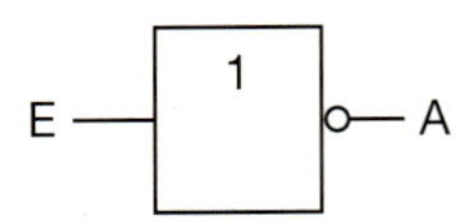

Funktionstabelle

E	A
0	0
1	1

Abb. 3: NICHT-Verknüpfung

- **Speicherfunktionen**

  In pneumatischen Schaltungen lässt sich die Speicherfunktion durch ein Ventil mit beidseitiger Druckbetätigung aufbauen (Impulsventil). Steht am Eingang (S) Druckluft an, so bleibt der Luftweg am Ausgang (A) auch nach Wegfall der Druckluft geöffnet (Setzen). Erst durch Druckluft am Eingang (R) wird der Luftweg zum Ausgang (A) abgesperrt (Rücksetzen). Die Signalzustände werden gespeichert (Abb. 4).

  Im Logiksymbol werden die Eingänge mit S für Setzen und R für Rücksetzen gekennzeichnet.

Impulsventil

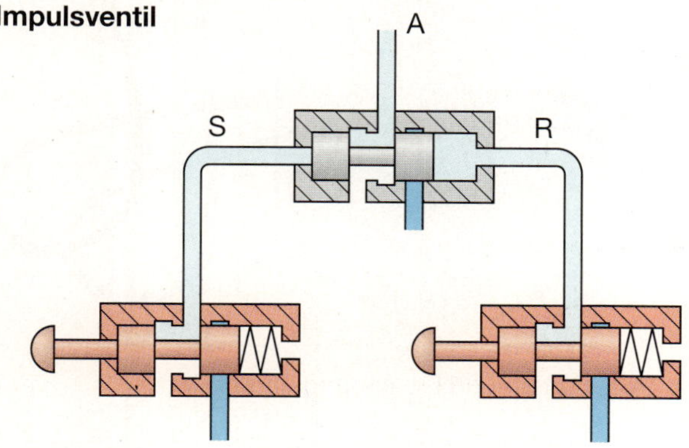

Logiksymbol

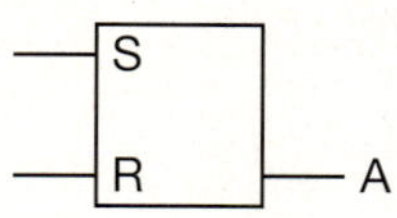

Funktionstabelle

S	R	A
0	0	gespeichert
1	0	1
0	1	0
1	1	unbestimmt

Abb. 4: Speicherfunktion

Biegevorrichtung (Schaltkreis 1)

Abb. 5a zeigt den Funktionsplan mit Logiksymbolen für den Schaltkreis 1 der Biegevorrichtung. Der Funktionsplan zeigt die Art der Signalverarbeitung in dem Schaltkreis. Er zeigt nicht, durch welche Bauglieder die Eingabe, Verarbeitung und Ausgabe der Signale erfolgt. Der Signalfluss in Funktionsplänen erfolgt vorzugsweise von links nach rechts.

Wenn über die Eingänge E1 und E2 gleichzeitig ein Eingabesignal eingegeben wird (UND-Verknüpfung), wird ein Steuersignal weitergegeben und ein Ausgabesignal am Ausgang A ausgegeben. Dieser Signalzustand wird gespeichert. Wird über den Eingang E3 ein Eingabesignal eingegeben, wird der Speicher rückgesetzt. Es wird kein Signal mehr ausgegeben. Dieser Signalzustand wird ebenfalls gespeichert. Der Signalzustand der Schaltung ist unbestimmt, wenn über alle drei Eingänge gleichzeitig ein Signal eingegeben wird. Dies zeigt auch die Funktionstabelle für den Schaltkreis 1 (Abb. 5b).

Abb. 5c zeigt den zugehörigen pneumatischen Schaltplan. Über die 3/2-Wegeventile S1, S2 und S3 werden die Signale eingegeben. Durch das Zweidruckventil 1V1 erfolgt die UND-Verknüpfung der Signale von den Signalgebern S1 und S2. Das 3/2-Wegeventil 1V2 wird gesetzt. Druckluft wird zum Zylinder 1A geleitet. Ein Signal vom Ventil 1S3 setzt das 3/2-Wegeventil 2V1 zurück. Die Druckluft wird abgesperrt.

Der Signalfluss in pneumatischen Schaltplänen erfolgt von unten nach oben. Der Signalfluss in Funktionsplänen erfolgt vorzugsweise von links nach rechts.

a) **Funktionsplan**

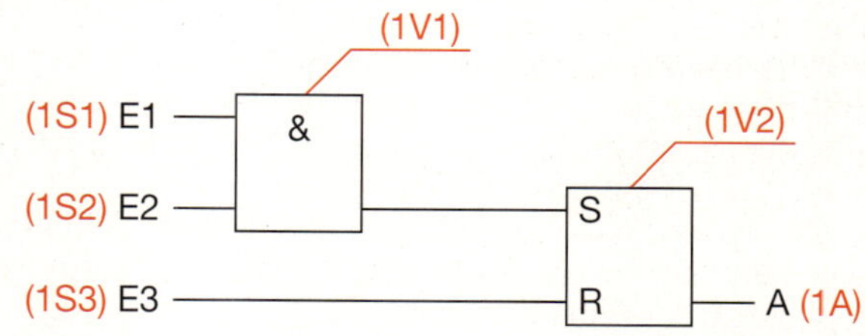

b) **Funktionstabelle**

E1	E2	E3	A
0	0	0	gespeichert
1	0	0	gespeichert
0	1	0	gespeichert
1	1	0	1
0	0	1	0
1	0	1	0
0	1	1	0
1	1	1	unbestimmt

c) **Schaltplan**

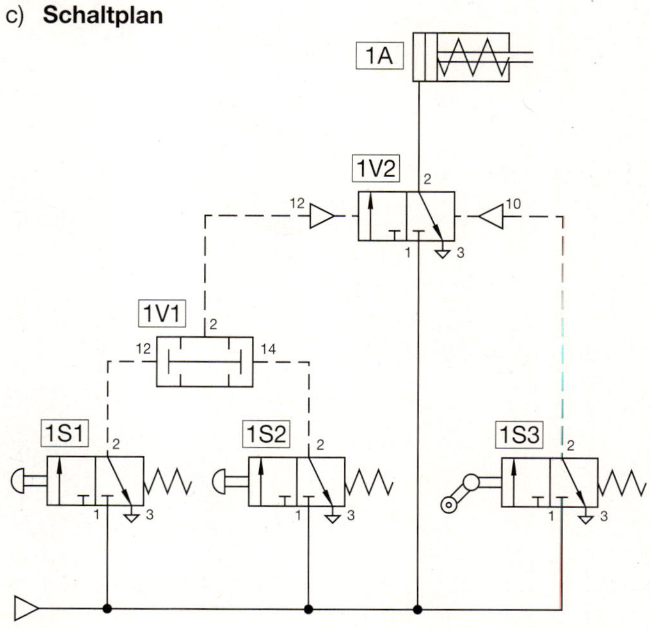

Abb. 5: Schaltkreis 1 der Biegevorrichtung

10 Elektrische Schaltpläne

10.1 Zweck elektrischer Schaltpläne

Abb. 1 zeigt einen Spannungs- und Durchgangsprüfer. Das Prüfgerät hat zwei Funktionen. Das Umschalten zwischen beiden Prüffunktionen erfolgt durch einen Kippschalter.

In der Schaltstellung I können elektrische Bauteile wie Widerstände, Leitungen und Kabel auf Durchgang geprüft werden. Dazu werden zwei Messspitzen in die beiden Steckbuchsen eingeschoben. Haben die geprüften Bauteile Stromdurchgang, ertönt ein Summton.

In der Schaltstellung II lässt sich eine Spannungsprüfung bis höchstens 24 Volt durchführen. Liegt an den Messspitzen Spannung an, leuchtet eine LED-Signalleuchte auf.

Der Kabelverlegungsplan (Abb. 2) zeigt die elektrischen Bauteile des Spannungs- und Durchgangsprüfers und deren Verbindung durch elektrische Leitungen in räumlich bildlicher Darstellung. Die Darstellung entspricht in vereinfachter Weise dem tatsächlichen Aufbau der Schaltung im Gerät. Anhand dieser Darstellung lässt sich jedoch nur schwer oder gar nicht die Funktionsweise der Schaltung erkennen.

Die Funktionsweise von elektrischen Schaltungen wird deshalb in Schaltplänen dargestellt.

In elektrischen Schaltplänen wird die Funktion elektrischer Bauteile symbolisch mit genormten Schaltzeichen dargestellt.

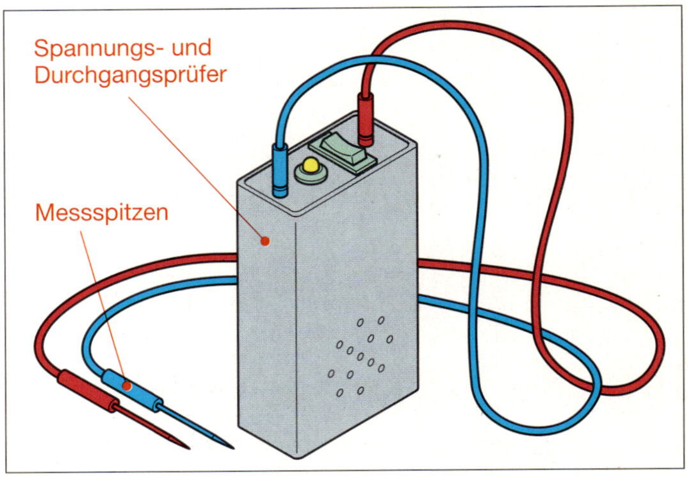

Abb. 1: Spannungs- und Durchgangsprüfer

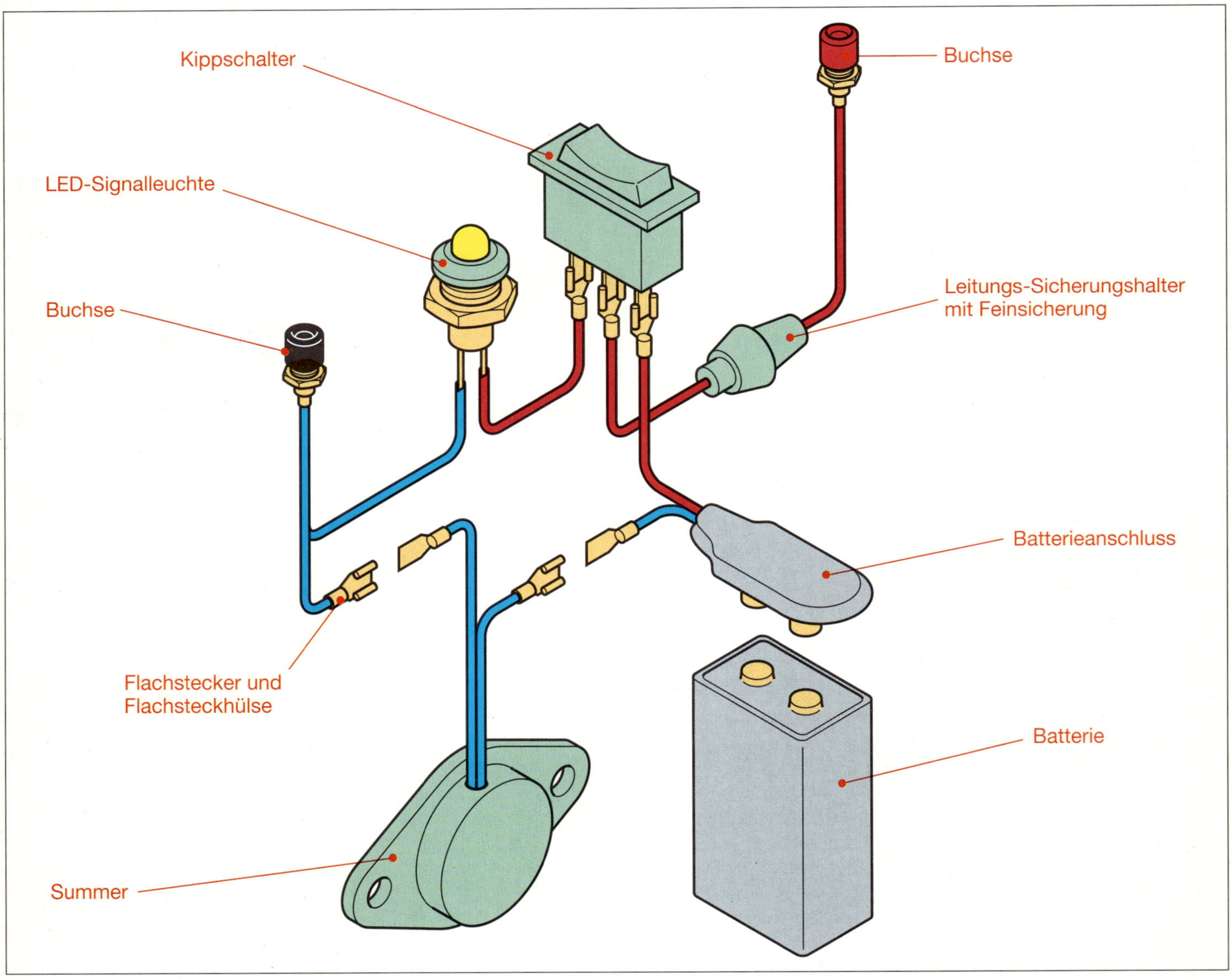

Abb. 2: Kabelverlegungsplan des Spannungs- und Durchgangsprüfers

10.2 Schaltzeichen elektrischer Betriebsmittel

Elektrische Bauteile bezeichnet man als Betriebsmittel. Sie werden in Schaltplänen durch Schaltzeichen nach **DIN 40900** dargestellt ➜📖. Die Schaltzeichen kennzeichnen die Funktionsweise der Betriebsmittel. Form, Größe und Bauart eines Betriebsmittels kann man aus dem Schaltzeichen nicht ersehen.

Die Bedeutung eines Schaltzeichens ist durch dessen Form bestimmt. Größe und Linienbreite der Schaltzeichen sind nicht genormt. Beim Zeichnen sind jedoch bestimmte Größenverhältnisse einzuhalten. Die einmal gewählte Linienbreite und Schaltzeichengröße sollte im Regelfall beibehalten werden.

Abb. 3 zeigt die Schaltzeichen für die Betriebsmittel des Spannungs- und Durchgangsprüfers. Das Schaltzeichen für den Kippschalter wird im Abschnitt 10.2.1 gesondert dargestellt.

Betriebsmittel	Schaltzeichen
Batterie 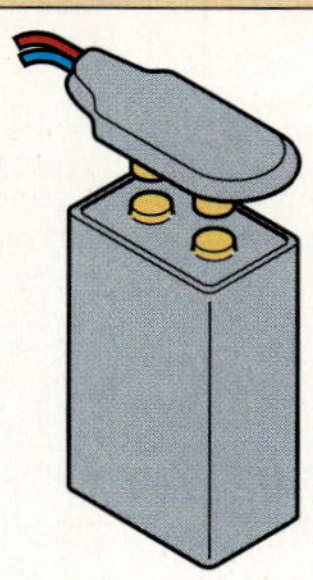	**Primärzelle, Akkumulator** 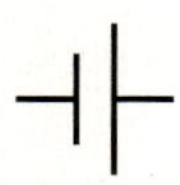 Minus-Pol Plus-Pol
Buchse 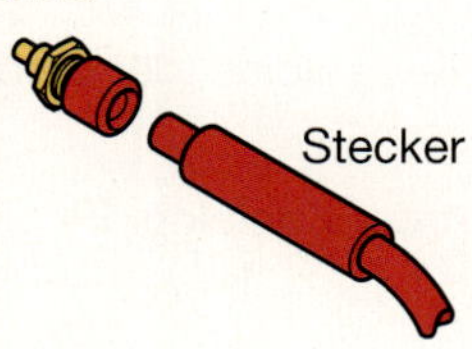 Stecker	**Steckverbindung**  Buchse Stecker
LED-Signalleuchte 	**Lampe, allgemein** 
Summer 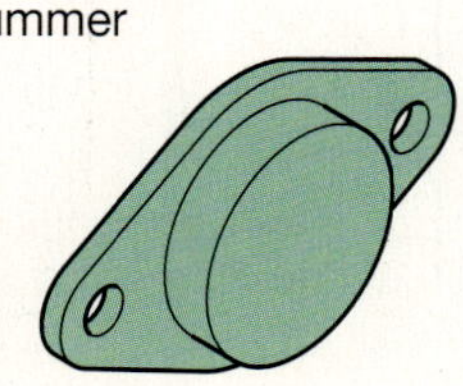	**Schnarre, Summer** 
Sicherungshalter 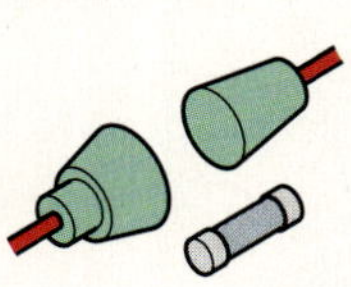 Feinsicherung	**Sicherung, allgemein** 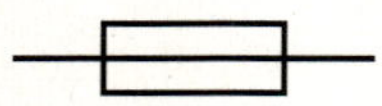

Abb. 3: Schaltzeichen elektrischer Betriebsmittel

10.2.1 Schaltzeichen für Schalter

Das Schaltzeichen für Schalter (Abb. 4) besteht aus dem Zeichen

- für die Schaltkontakte,
- für die Art der Betätigung und
- der mechanischen Verbindung zwischen beiden.

Das Zeichen für die *Betätigungsart* sollte vorzugsweise so angeordnet werden, dass die Betätigung

- bei senkrechter Darstellung der Kontakte *von links*,
- bei waagerechter Darstellung der Kontakte *von unten* erfolgt.

Mechanische Verbindungen zwischen Betätigung und Schaltkontakt werden durch Strichlinien dargestellt. Das Einrasten eines Schalters in seine Schaltstellung wird an der mechanischen Verbindung besonders gekennzeichnet.

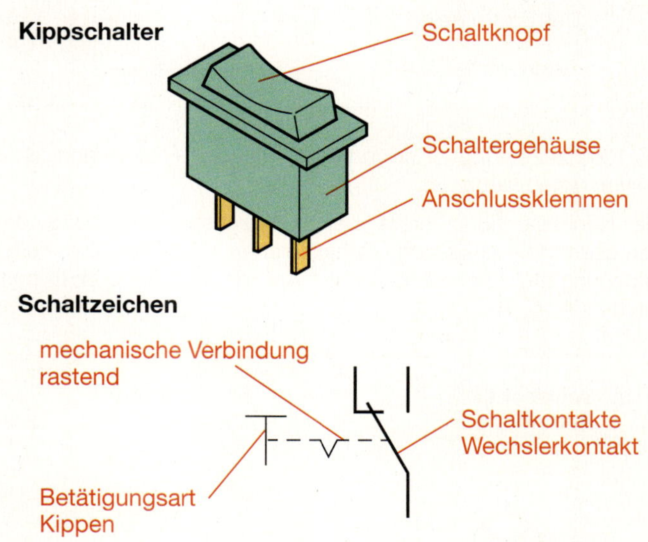

Abb. 4: Schaltzeichenaufbau eines Schalters

Schaltkontakte schließen oder unterbrechen Stromkreise (Tab. 1). Sie können ausgeführt sein als:

- *Schließer*, die bei Betätigen einen Stromkreis schließen,
- *Öffner*, die bei Betätigen einen Stromkreis unterbrechen,
- *Wechsler*, die sowohl einen Schließer als auch einen Öffnerkontakt haben; sie unterbrechen bei Betätigen einen Stromkreis und schließen gleichzeitig einen anderen.

Tab. 1: Schaltkontakte

Schließer	Öffner	Wechsler
		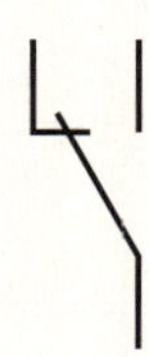

10.2.2 Betriebsmittelkennzeichnung

Alle Betriebsmittel werden zur eindeutigen Identifizierung gekennzeichnet. Die Kennzeichnung erfolgt nach **DIN 40719-2** ➜.

Die Art des Betriebsmittels wird mit einem Kennbuchstaben angegeben (Tab. 1). Dem Buchstaben wird eine Zählnummer angehängt. Jede Betriebsmittelart erhält eine fortlaufende, mit der Zahl 1 beginnende Zählnummer, z. B. H1, H2. Vor dem Kennbuchstaben steht ein Bindestrich als Vorzeichen. Der Bindestrich kann entfallen, wenn dadurch keine falsche Deutung möglich ist.

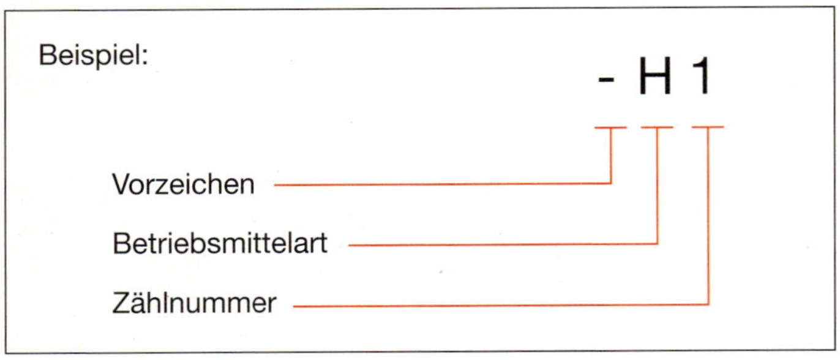

Die Kennzeichnung ist so in den Schaltplan einzutragen, dass sie von unten lesbar ist.

Die Kennzeichnung steht bei senkrechter Anordnung des Betriebsmittels links vom Schaltzeichen (Abb. 1a). Die Kennzeichnung steht bei waagerechter Anordnung über dem Schaltzeichen (Abb. 1b).

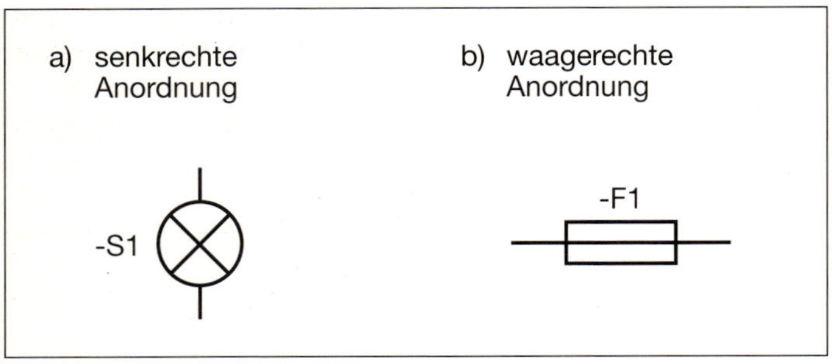

Abb. 1: Lage und Leserichtung der Betriebsmittelkennzeichnung

Tab. 1: Kennbuchstaben für Betriebsmittel

Kennbuch-staben	Art des Betriebs-mittels	Beispiele
F	Schutzeinrichtung	Sicherungen, Leitungsschutzschalter
G	Generatoren, Stromversorgungen	Batterie
H	Meldeeinrichtungen	Summer, Signalleuchte
S	Schalter	Tasterschalter, Stellschalter
X	Klemmen, Stecker	Klemmleisten, Stecker, Buchsen

10.2.3 Anschlusskennzeichnung

Die Anschlüsse der Betriebsmittel werden mit Anschlusskennzeichen versehen. Es werden Zahlen und Großbuchstaben verwendet. Anschlüsse eines Betriebsmittels sind durch aufeinanderfolgende Zahlen zu kennzeichnen.

Die Anschlusskennzeichen sind in unmittelbarer Nähe der Anschlüsse einzutragen. Die Kennzeichnung steht oberhalb bei waagerechten Verbindungslinien (Abb. 2a) und links bei senkrechten Verbindungslinien (Abb. 2b). Die Schreibrichtung der Anschlusskennzeichen sollte entlang der Verbindungslinien verlaufen.

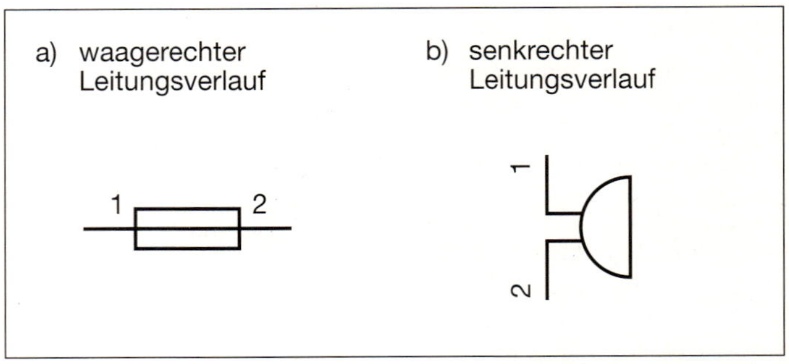

Abb. 2: Lage und Leserichtung der Anschlusskennzeichnung

Kennzeichnung von Schaltkontakten

Schaltkontakte zum Schalten von Stromkreisen in Steuerungen erhalten eine zweistellige Kennziffer als Anschlusskennzeichnung. Die 1. Ziffer ist die Ordnungsziffer, die 2. Ziffer die Funktionsziffer.

Ordnungsziffern kennzeichnen die Reihenfolge der Kontakte (Abb. 3).

Funktionsziffern kennzeichnen die Art der Kontakte. Es gilt folgende Funktionsziffernzuordnung:

- Öffner 1 - 2
- Schließer 3 - 4
- Wechsler 1 - 2 - 4

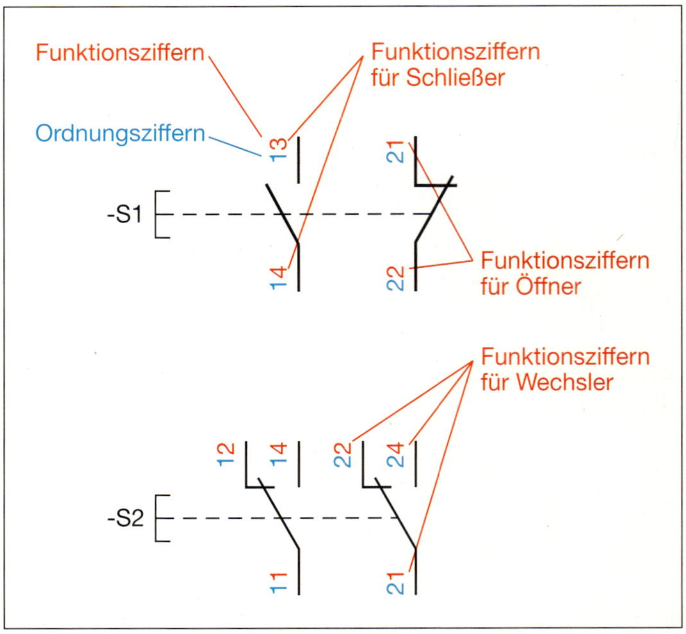

Abb. 3: Anschlusskennzeichnung von Schaltkontakten

10.3 Stromlaufpläne

Abb. 4 zeigt den Stromlaufplan des Spannungs- und Durchgangsprüfers. Aus dem Stromlaufplan ist die Funktionsweise des Prüfgerätes ersichtlich, aber nicht dessen bauliche Gestaltung. Er berücksichtigt nicht die Abmessungen, Formen oder Einbauorte der verwendeten Betriebsmittel (vgl. Abb. 2, S. 80).

*Stromlaufpläne stellen die **Funktionsweise elektrischer Schaltungen** dar. Sie geben nicht die Größe, Form und räumliche Anordnung der Betriebsmittel wider.*

Stromlaufpläne enthalten

- die elektrischen Betriebsmittel mit genormten Schaltzeichen,
- deren Verbindung durch elektrische Leitungen,
- die Betriebsmittelkennzeichnung und
- die Anschlusskennzeichnung.

Stromlaufpläne dienen

- der Beschreibung der Funktion,
- der Prüfung und Fehlerortung sowie
- der Installation und Instandhaltung von elektrischen Schaltungen.

Die *Verbindungslinien* zwischen den Betriebsmitteln sollen gerade und möglichst waagerecht bzw. senkrecht verlaufen. Es sollen möglichst wenig Leitungskreuzungen entstehen.

Verzweigungen von Leitungen sind als „T-Verzweigung" auszuführen (Abb. 5). Verzweigungsstellen können mit einem Punkt gekennzeichnet werden.

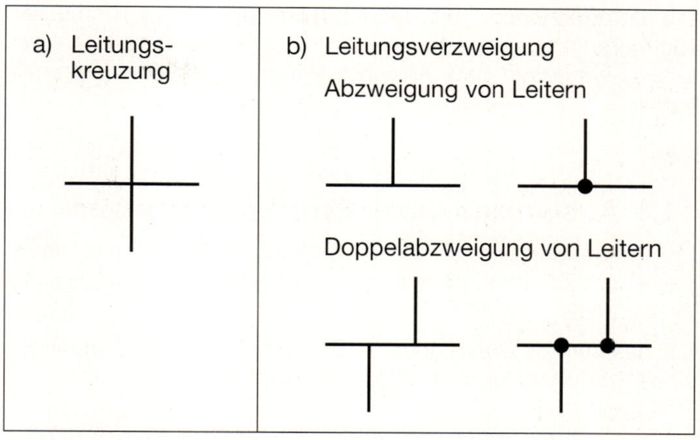

Abb. 5: Verzweigung von Verbindungslinien

Der Stromlaufplan des Spannungs- und Durchgangsprüfers (Abb. 4) zeigt, dass das Prüfgerät zwei unterschiedliche Stromkreise aufweist. Mit dem Schalter -S1 wird zwischen beiden Stromkreisen umgeschaltet.

Befindet sich der Schalter -S1 in der Schaltstellung 1-2, ist der Stromkreis für die Durchgangsprüfung geschaltet. In dem Stromkreis befindet sich die Batterie -G1. Der Stromkreis ist geschlossen, wenn die Verbindung zwischen den Buchsen -X1 und -X2 kurzgeschlossen ist. Durch den Summer -H1 ertönt ein akustisches Signal.

Befindet sich der Schalter -S1 in der Schaltstellung 1-4, ist der Stromkreis für die Spannungsprüfung geschaltet. Die Batterie ist aus dem Stromkreis geschaltet. Liegt an den beiden Buchsen -X1 und -X2 Spannung an, leuchtet die Signalleuchte auf. Der Stromkreis ist durch eine Feinsicherung -F1 abgesichert.

Die Messspitzen, die in die Buchsen - X1 und -X2 eingeschoben werden, sind im Stromlaufplan nicht dargestellt.

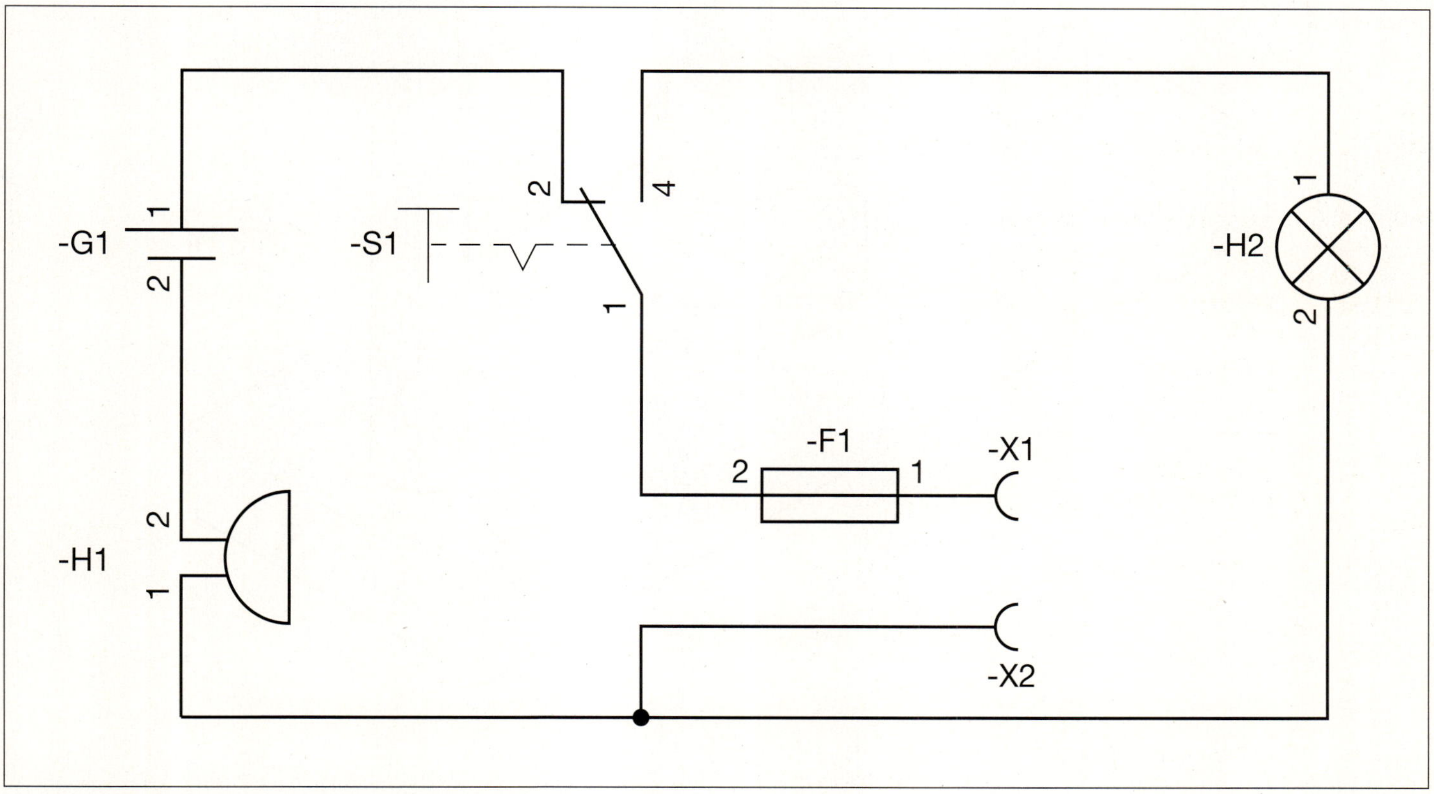

Abb. 4: Stromlaufplan des Spannungs- und Durchgangsprüfers

11 KOMMUNIKATIONSMITTEL AUSWERTEN

Die Informationen auf technischen Zeichnungen müssen sachgerecht ausgewertet werden. Das gelingt durch richtiges *Lesen*, *Verstehen* und *Anwenden* der dargestellten Informationen.

11.1 Auswerten eines Zeichnungssatzes

Die Gesamtheit aller für einen bestimmten Zweck zusammengestellten Zeichnungsunterlagen werden als *Zeichnungssatz* bezeichnet.

Ein bestimmter Zweck kann z. B. die vollständige Darstellung eines Produktes für die Fertigung und Montage sein.

Die Bestandteile eines Zeichnungssatzes können sein:

- *Teil-Zeichnungen*,
- *Gruppen-Zeichnungen*,
- *Gesamt-Zeichnungen*,
- *Stücklisten*,
- *Anordnungspläne*,
- *Aufbauübersichten*.

Nachfolgend wird der Zeichnungssatz für eine *Spindelpresse* vorgestellt und ausgewertet (Abb. 1). Der *Zeichnungssatz* zeigt einige wichtige Unterlagen für die Fertigung und Montage (Abb. 2).

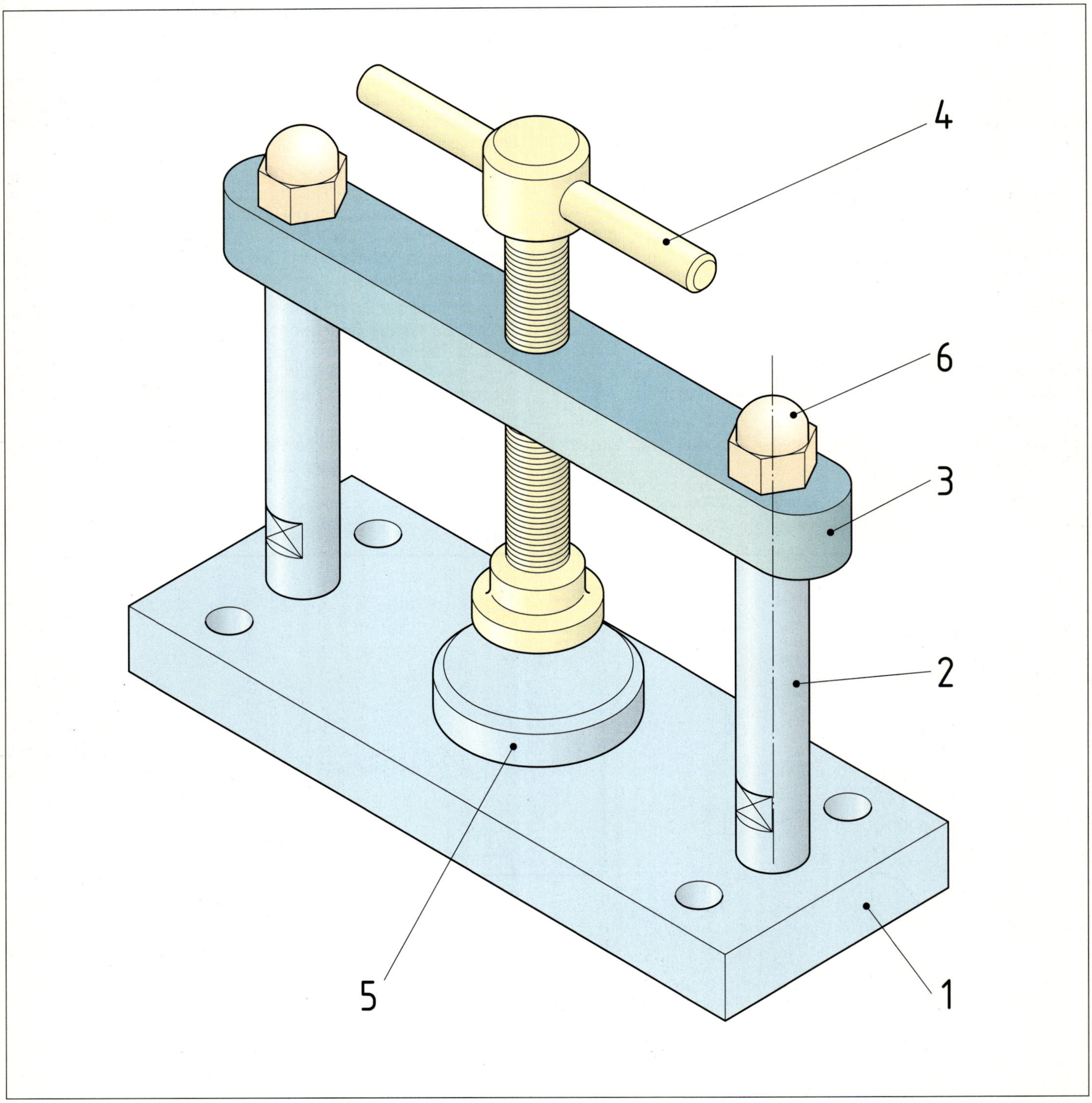

Abb. 1: Isometrische Darstellung einer Spindelpresse

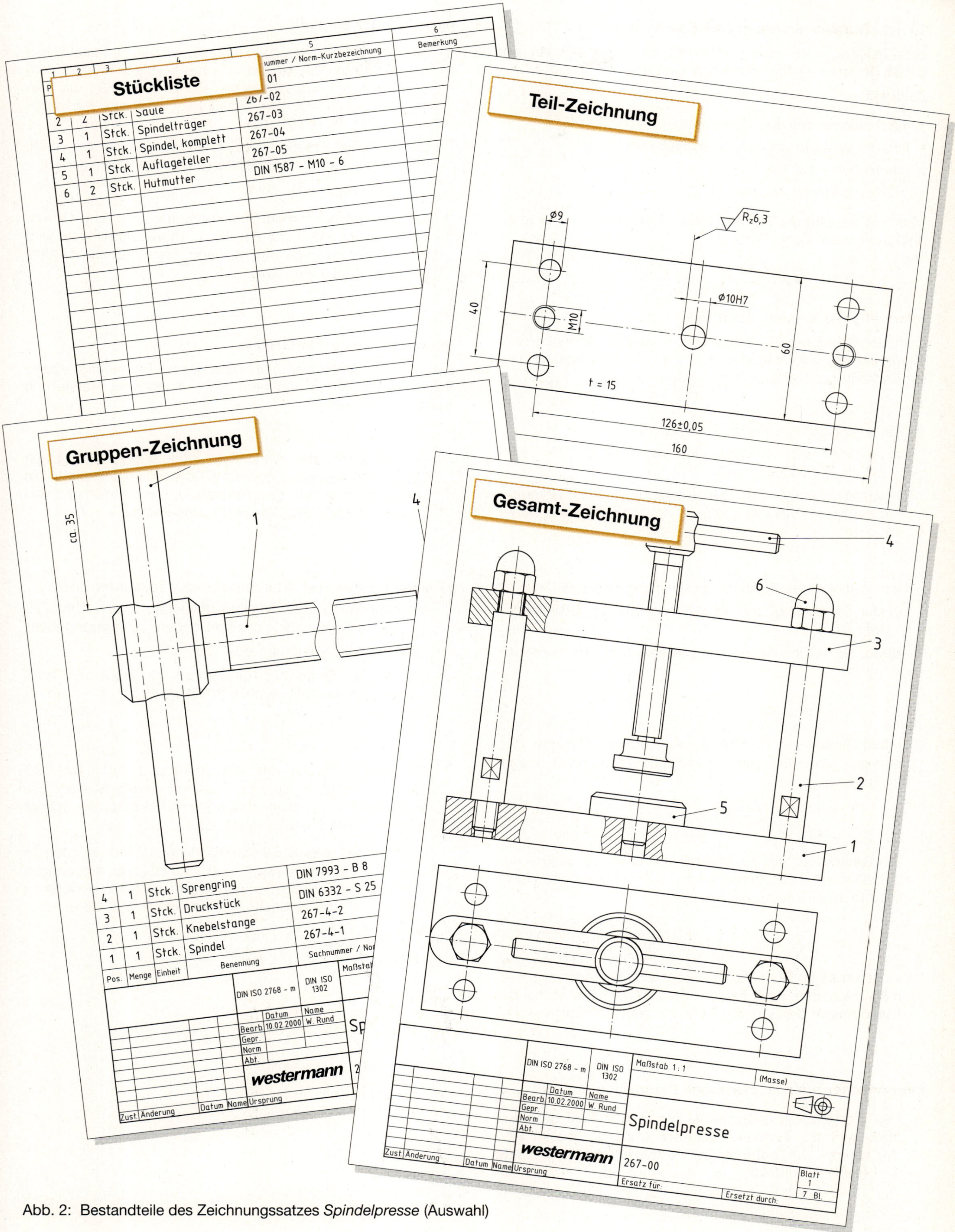

Abb. 2: Bestandteile des Zeichnungssatzes *Spindelpresse* (Auswahl)

11.1.1 Auswerten einer Teil-Zeichnung

Eine Teil-Zeichnung muss systematisch gelesen werden, um gezielt bestimmte Informationen zu erhalten.

Dazu zählen:

- *Informationen aus dem Schriftfeld*,
- *Informationen aus der zeichnerischen Darstellung*,
- *Informationen zur Form*,
- *Informationen zur Herstellung*.

Nachfolgend wird die Teil-Zeichnung *Grundplatte* (1) der Spindelpresse ausgewertet (Abb. 1).

Informationen aus dem Schriftfeld

Dem Schriftfeld der Teil-Zeichnungen können *technologische* Informationen, Informationen zur *Zeichnungsverwaltung* und zur *Darstellungsart* entnommen werden.

① Technologische Informationen sind z. B.

a) Angaben zum Halbzeug und Werkstoff (Fl DIN 174 - S 235 JR - 63 x 16 x 163),

b) Anzuwendende DIN zur Erzielung einer bestimmten Oberfläche (DIN ISO 1302).

② Informationen zur Zeichnungsverwaltung sind z. B.

c) die Benennung und Zeichnungsnummer (Grundplatte, 267-01),

d) der Name des Zeichnungserstellers bzw. der Herstellerfirma.

③ Informationen zur Darstellungsart sind der Maßstab (1:1) und die Kennzeichnung der Projektionsmethode 1 (Kegelsymbol).

④ Die Gesamtzahl der zu einem Zeichnungssatz gehörenden Zeichnungen kann rechts unten im Schriftfeld den Feldern Blatt/Blätter (Bl.) entnommen werden.

⑤ Links unten im Schriftfeld befindet sich ein *Änderungsvermerk*. Aus ihm geht hervor, dass in der Zeichnung der Durchmesser der Bohrung 6,6 auf 9 geändert wurde.

Informationen zur zeichnerischen Darstellung

⑥ Das Werkstück Grundplatte ist in nur einer Ansicht dargestellt, weil alle Bearbeitungsformen eindeutig gezeigt werden können. Die Größe der Darstellung erfolgte im Maßstab 1 : 1 (siehe Schriftfeld).

Informationen zur Form

⑦ Die *Grundform* des Werkstücks ist ein prismatisches Rechteckprofil. Die Grundmaße des Rohteils können dem Schriftfeld entnommen werden (63 x 16 x 163), die Fertigmaße gehen aus den Maßeintragungen am Werkstück hervor (60 x 15 x 160).

Da nur eine Ansicht gezeichnet wurde, ist das dritte Grundmaß, die Dicke, als Textangabe eingetragen (t = 15).

⑧ Als *Bearbeitungsformen* sind Bohrungen (Ø...) und Gewindebohrungen (M...) zu erkennen. Diese Bohrungen sind immer im Werkstück durchgehend, wenn keine zusätzlich Angaben eingetragen sind.

Informationen zur Herstellung

Aus den Informationen zur Darstellung, Bemaßung, Oberflächenangaben, etc., können Informationen zur Herstellung gewonnen werden.

⑨ Die Darstellung des Werkstücks erfolgte in Fertigungslage für das Anreißen und Körnen der Bohrungsmittelpunkte. Die Maße hierfür wurden symmetrisch zur horizontalen und vertikalen Mittellinie des Werkstücks angegeben.

⑩ Informationen über die einzuhaltenden Toleranzen sind:

a) Angaben zu den Allgemeintoleranzen nach DIN ISO 2768-m für alle Maße ohne besondere Toleranzangaben,

b) Die Angabe ± 0,05 am Maß 126,

c) Angaben zu den Toleranzklassen für Maße mit Toleranzen im Mikrometerbereich (Ø10 H7).

⑪ Bei der Herstellung sind die Oberflächen nach DIN ISO 1302 zu fertigen. Die Oberflächenbeschaffenheit für alle nicht besonders gekennzeichneten Oberflächen beträgt eine gemittelte Rautiefe von R_z 25.

In Klammern stehen die Oberflächenangaben, die auch an den Bearbeitungsformen des Werkstücks eingetragen wurden. Die Oberflächenbeschaffenheit für die Bohrung Ø10 H7 soll eine gemittelte Rautiefe von R_z 6,3 haben.

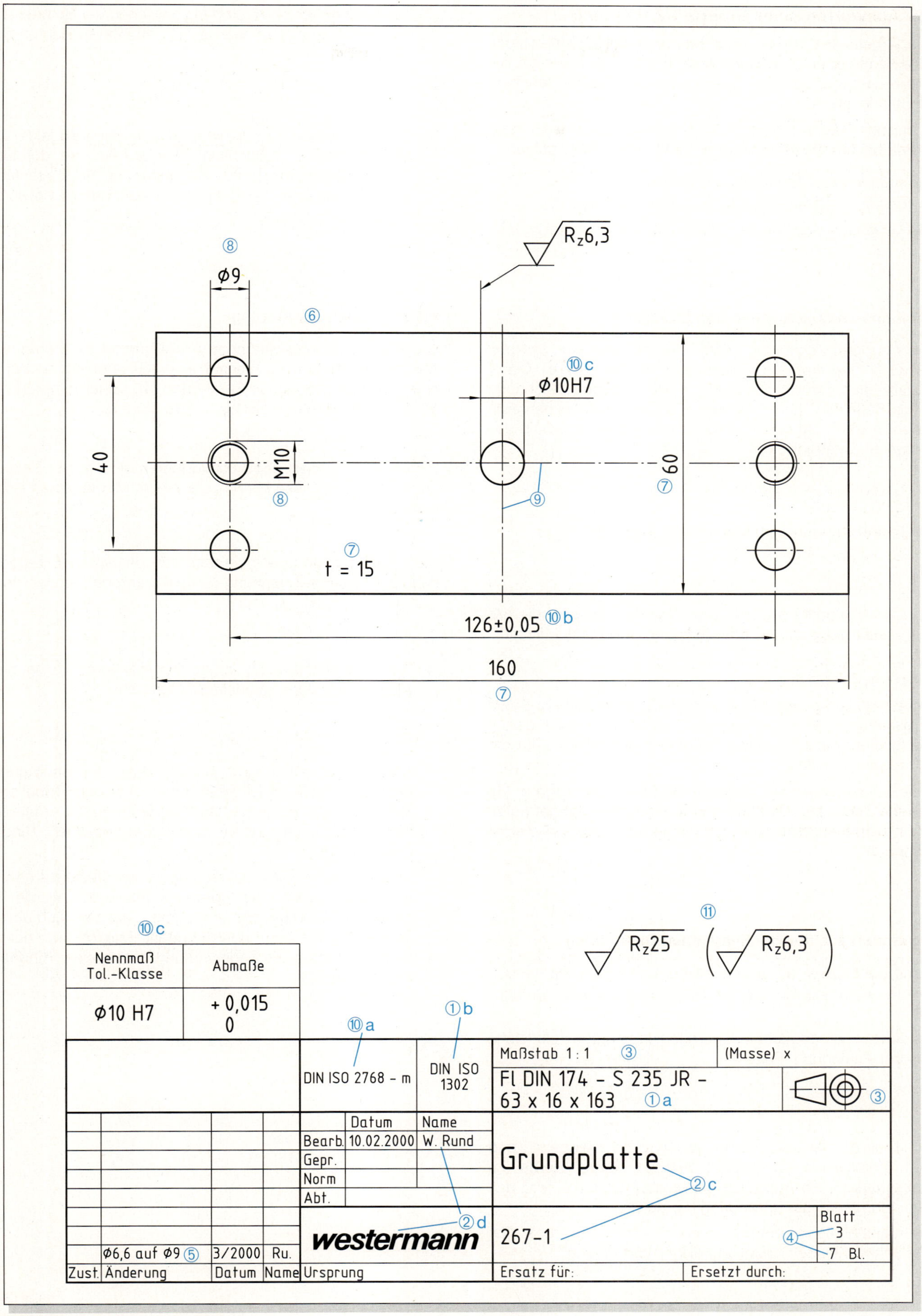

Abb. 1: Teil-Zeichnung *Grundplatte*

11.1.2 Auswerten einer Gruppen-Zeichnung

Für die Arbeitsplanung und die Montage der Spindelpresse wurde eine *Gruppen-Zeichnung* erstellt (Abb. 1). Sie zeigt die räumliche Lage der zu einer Gruppe zusammengebauten Teile für die Spindel (4).

Eine Gruppen-Zeichnung muss systematisch gelesen werden, um gezielt bestimmte Informationen zu erhalten. Dazu zählen:

- *Informationen aus Schriftfeld und Stückliste*,
- *Informationen aus der zeichnerischen Darstellung*,
- *Informationen zur Montage*.

Informationen aus Schriftfeld und Stückliste

① Die Gruppen-Zeichnung trägt die Benennung *Spindel*, komplett und hat die Zeichnungsnummer *267-4*. Die *4* bezieht sich auf die Pos.-Nr. 4 der Gesamt-Zeichnung (siehe Seite 91). D. h., obwohl die Gruppe aus mehreren Teilen besteht, hat sie nur eine Pos.-Nummer innerhalb des gesamten Erzeugnisses.

② Die Zeichnung wurde im Maßstab 2 : 1 erstellt.

③ Über dem Schriftfeld wurde eine Stückliste erstellt, die alle Teile der Gruppe mit der erforderlichen Stückzahl auflistet.

Dabei handelt es sich um:

- die zwei *Fertigungsteile* Spindel (1) und Knebel (2). Beide Teile haben eine Zeichnungsnummer. Das lässt darauf schließen, dass für jedes Teil eine Teil-Zeichnung für die Fertigung existiert,
- die beiden *Normteile* Druckstück (3) und Sprengring (4). Beide Teile sind mit Ihrer Normbezeichnung eingetragen. Für Normteile existieren im Regelfall keine Teil-Zeichnungen.

Informationen aus der zeichnerischen Darstellung

④ Damit die Gruppe auf einem A4-Format dargestellt werden konnte, wurde die Spindel mit Bruchlinien verkürzt gezeichnet.

Die Gruppe wurde nicht in Gebrauchslage dargestellt (siehe Gesamt-Zeichnung, Seite 91).

⑤ Damit die Art der Verbindung zwischen der Spindel (1) und dem Druckstück (3) gezeigt werden kann, wurde im Druckstück (3) ein Ausbruch gezeichnet. Dadurch wird das Verbindungsteil, der Sprengring (4), sichtbar.

Der Maßstab 2 : 1 (doppelte Größe) ermöglicht zusätzlich eine übersichtliche Darstellung dieser Verbindung.

⑥ Die durchgehende Verbindung zwischen der Spindel (1) und der Knebelstange (2) wurde mit verdeckten Kanten dargestellt.

⑦ Zur Aufnahme der Knebelstange (2) in der Spindel (1) wurde der Spindelkopf rechtwinklig zur Mittelachse durchbohrt. Typisch für solche Durchdringungen ist die kurvenförmige Veränderung des zylindrischen Außendurchmessers im Bereich der Bohrung.

Informationen zur Montage

Gruppen-Zeichnungen können ein Hilfsmittel zur Montage sein. Sie zeigen oft Details, die auf einer Gesamt-Zeichnung nicht erkennbar sind. Beispiel: Sprengring (4). Außerdem können sie Maße für die Montage der Einzelteile enthalten.

Hinweise über mögliche Fügeverfahren sind in der Zeichnung nicht enthalten. Diese können nur einem Montageplan entnommen werden.

Die Lage der Gruppe innerhalb des gesamten Erzeugnisses kann der Gesamt-Zeichnung (Seite 91) entnommen werden.

⑧ Die Knebelstange (2) ist so zu montieren, dass sie ca. 35 mm über dem Spindelkopf übersteht.

⑨ Aus der Stückliste geht hervor, dass der Sprengring (4) nach DIN 7993 genormt ist. Aus dem Tabellenbuch kann man die Besonderheit des Sprengrings ermitteln. Es handelt sich um einen nicht geschlossenen Ring aus Federstahldraht.

Aus der Norm-Kurzbezeichnung in der Stückliste geht weiter hervor, dass die Form B verwendet wurde. Dem Tabellenbuch kann man entnehmen, dass es sich um einen Sprengring für Bohrungen handelt. Folglich sitzt der Ring, bedingt durch seine Federwirkung, fest in einer Ringnut des Druckstücks (3).

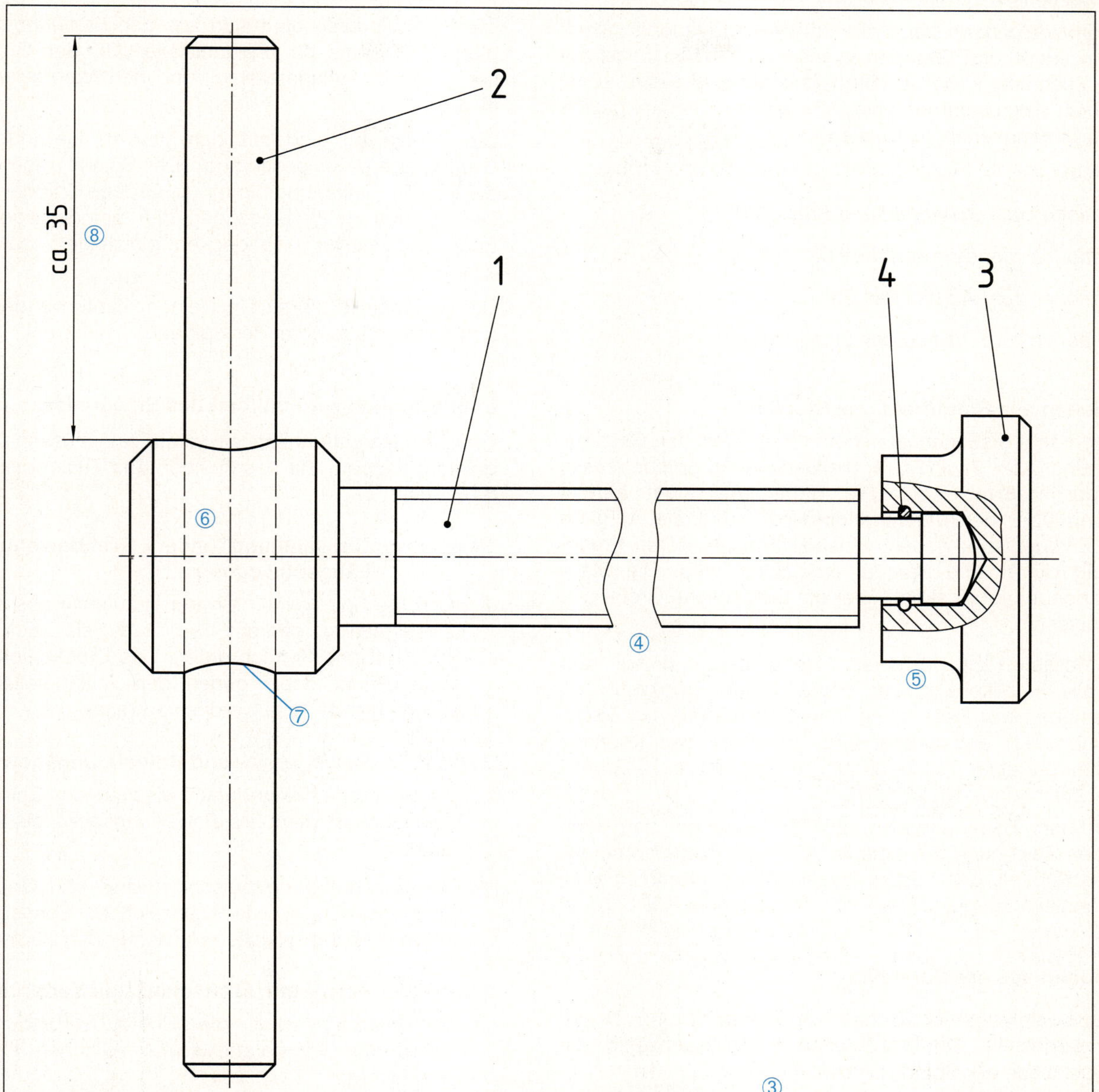

Pos.	Menge	Einheit	Benennung	Sachnummer / Norm-Kurzbezeichnung	Bemerkung
4	1	Stck.	Sprengring	DIN 7993 - B 8 ⑨	
3	1	Stck.	Druckstück	DIN 6332 - S 25	
2	1	Stck.	Knebelstange	267-4-2	
1	1	Stck.	Spindel	267-4-1	

	DIN ISO 2768 - m	DIN ISO 1302	Maßstab 2 : 1 ②	(Masse)
		Datum	Name	
	Bearb.	10.02.2000	W. Rund	Spindel, komplett ①
	Gepr.			
	Norm			
	Abt.			
	westermann		267-4	Blatt 6 / 7 Bl.
Zust. Änderung Datum Name	Ursprung		Ersatz für:	Ersetzt durch:

Abb. 1: Gruppen-Zeichnung *Spindel komplett*

11.1.3 Auswerten einer Gesamt-Zeichnung

Eine *Gesamt-Zeichnung* zeigt alle zu einem Erzeugnis gehörenden Einzelteile und Gruppen in ihrer räumlichen Lage zueinander. Zusammen mit der Stückliste bildet sie eine komplexe Einheit, die zusammen gelesen werden muss, um gezielt bestimmte Informationen zu erhalten.

Dazu zählen:

- *Informationen aus Schriftfeld und Stückliste*,
- *Informationen zur zeichnerischen Darstellung*,
- *Informationen zum Aufbau des Erzeugnisses*,
- *Informationen zur Funktion des Erzeugnisses*.

Informationen aus Schriftfeld und Stückliste

① Wichtige Informationen aus dem Schriftfeld der Gesamt-Zeichnung (Abb. 2) sind u. a. die Benennung *Spindelpresse* und der *Maßstab 1 : 1*. Die Benennung kann bereits Auskunft über den Verwendungszweck und die Aufgabe eines Erzeugnisses geben. Beispiel: Presse, deren Pressvorgang durch eine Spindel ausgeführt wird. Die Maßstabsangabe gibt Auskunft über die tatsächliche Größe des Erzeugnisses.

② Die Stückliste (Abb. 1) ist als *lose Stückliste* erstellt und listet alle Einzelteile in der erforderlichen Stückzahl auf. Wenn neben der Benennung eine Sachnummer (= Zeichnungsnummer) angegeben wird, dann ist das jeweilige Einzelteil auf einer Teil-Zeichnung dargestellt (z. B. Grundplatte, Zeichnungs-Nr. 267-01).

Hinter der Zeichnungs-Nr. 267-04 verbirgt sich eine Gruppen-Zeichnung mit eigener Stückliste (siehe vorhergehendes Kapitel), der weitere Einzelheiten entnommen werden können.

Informationen aus der Darstellung

③ Die Spindelpresse ist in der Vorderansicht und Draufsicht dargestellt. Die Vorderansicht ist gleichzeitig die *Gebrauchslage* der Spindelpresse.

④ Fügeverbindungen, die zum Erkennen des Zusammenbaus wichtig sind, wurden jeweils in *Ausbrüchen* dargestellt.

Informationen zum Aufbau des Erzeugnisses

Die Spindelpresse baut sich aus den *Fertigungsteilen* Grundplatte (1), Säule (2), Spindelträger (3), der Gruppe Spindel komplett (4), Auflageteller (5) und den *Normteilen* Hutmuttern (6) auf.

Die Säulen (2) sind mit dem kurzen Gewindeende in die Grundplatte (1) eingeschraubt. Der Spindelträger (3) verbindet die beiden Säulen und nimmt die Gruppe Spindel komplett auf. Die Hutmuttern (6) befestigen den Spindelträger am oberen Ende der Säulen und decken gleichzeitig das offene Gewinde ab.

Der Auflageteller (5) sitzt mit einem Zapfen in der Grundplatte und genau mittig unter der Spindel.

Informationen zur Funktion des Erzeugnisses

Um die Gesamtfunktion zu verstehen, müssen *Teilfunktionen* gebildet werden. Sie beschreiben das Zusammenwirken mehrerer Teile.

Beispiel 1: Umwandlung einer Drehbewegung in eine Längsbewegung

⑤ Wird die Spindel (4), von der Draufsicht aus betrachtet, im Uhrzeigersinn gedreht, schraubt sie sich durch den Spindelträger (3) nach unten. Das Druckstück am Spindelende drückt dabei gegen den Auflageteller (5). Dazwischenliegende Teile werden verpresst.

Beispiel 2: Bewegungs- und Befestigungsgewinde

⑥ Die Schraubenverbindung zwischen der Spindel und dem Spindelträger dient als *Bewegungsgewinde* zur Kraftübertragung.

⑦ Die Verschraubung zwischen Säule und Grundplatte wird als *Befestigungsgewinde* bezeichnet. Ebenso die Schraubenverbindung zwischen Hutmutter und Säule.

Beispiel 3: Form- und kraftschlüssige Verbindungen

⑧ *Kraftschlüssig* wirkt die Schraubverbindung zwischen Säule und Grundplatte sowie zwischen Hutmutter und Spindelträger.

⑨ *Formschlüssig* wirken die Verbindungen zwischen Säule und Spindelträger, zwischen dem Zapfen des Auflagetellers und der Grundplatte sowie zwischen Knebelstange und Spindelkopf.

1	2	3	4	5	6
Pos.	Menge	Einheit	Benennung	Sachnummer / Norm-Kurzbezeichnung	Bemerkung
1	1	Stck.	Grundplatte	267-01	
2	2	Stck.	Säule	267-02	
3	1	Stck.	Spindelträger	267-03	
4	1	Stck.	Spindel, komplett	267-04	
5	1	Stck.	Auflageteller	267-05	
6	2	Stck.	Hutmutter	DIN 1587 - M10 - 6	

Abb. 1: Lose Stückliste der Spindelpresse

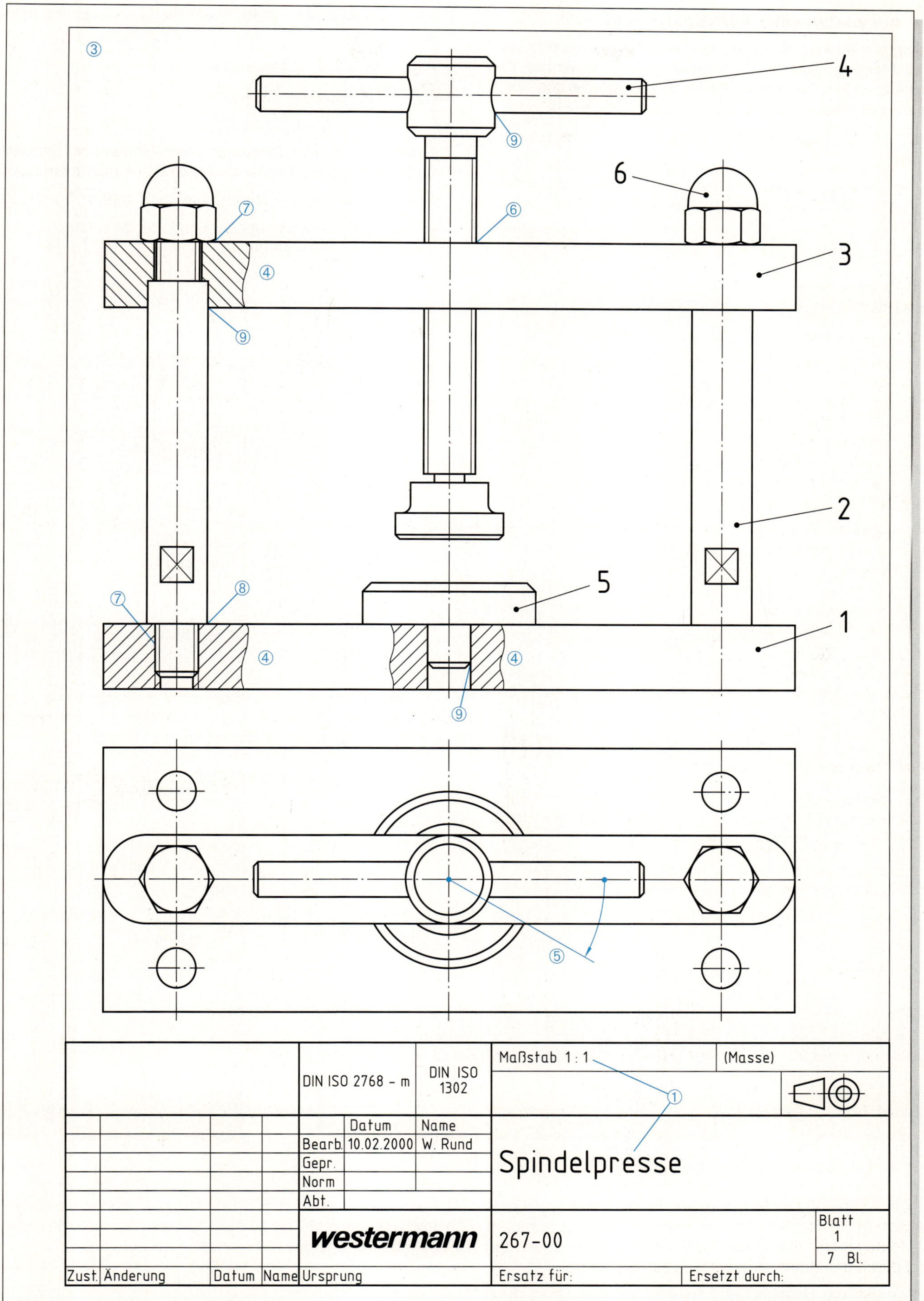

Abb. 2: Gesamt-Zeichnung der Spindelpresse

11.1.4 Auswerten einer Aufbauübersicht

Die gewonnenen Informationen aus dem Zeichnungssatz werden für Montage- und Demontageaufgaben verwendet. Die durchzuführenden Aufgaben können unterstützt werden durch *Aufbauübersichten*.

*Eine Aufbauübersicht ist nach **DIN 6789** eine bevorzugt graphisch angeordnete Übersicht. Dargestellt wird die Aufgliederung eines zusammengesetzten Erzeugnisses.*

Die Aufbauübersicht (Abb. 1) für die Spindelpresse beinhaltet Angaben über:

- Benennung der Bauelemente,
- Pos.-Nr. nach der Stückliste,
- die Bildung von Baugruppen,
- die hierarchische Einordnung von Gruppen in das vollständige Erzeugnis (Gruppe 1. Ordnung, Gruppe 2. Ordnung),
- den Fügefluss der Bauelemente und Gruppen durch Linien,
- Montagestellen, an denen Montagepläne beachtet werden müssen (Punktsymbol).

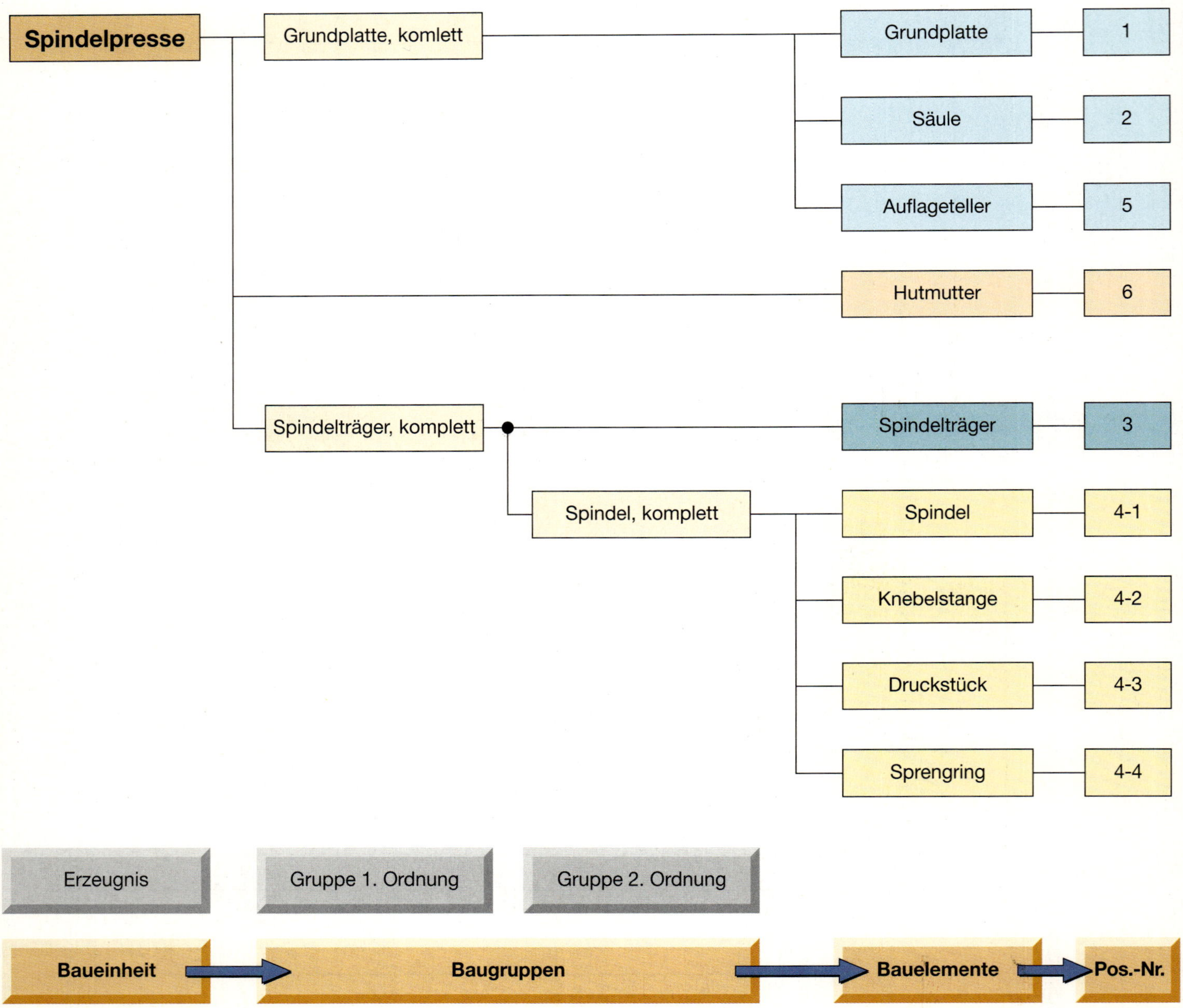

Abb. 1: Aufbauübersicht der Spindelpresse

Die in der Aufbauübersicht mit einem Punkt gekennzeichnete Montagestelle für die Gruppe *Spindelträger komplett* erfordert einen Montageplan. Aus diesem geht hervor, dass zuerst die Spindel durch den Spindelträger (3) zu schrauben ist.

Danach muss die Beschreibung folgen, wie das Druckstück (4-3) mit dem Sprengring (4-4) auf der Spindel (4-1) zu montieren ist.

Nach dem Lesen und Verstehen des Zeichnungssatzes und nach Durchsicht der Aufbauübersicht können die Montageschritte der Spindelpresse erkannt werden (Abb. 2).

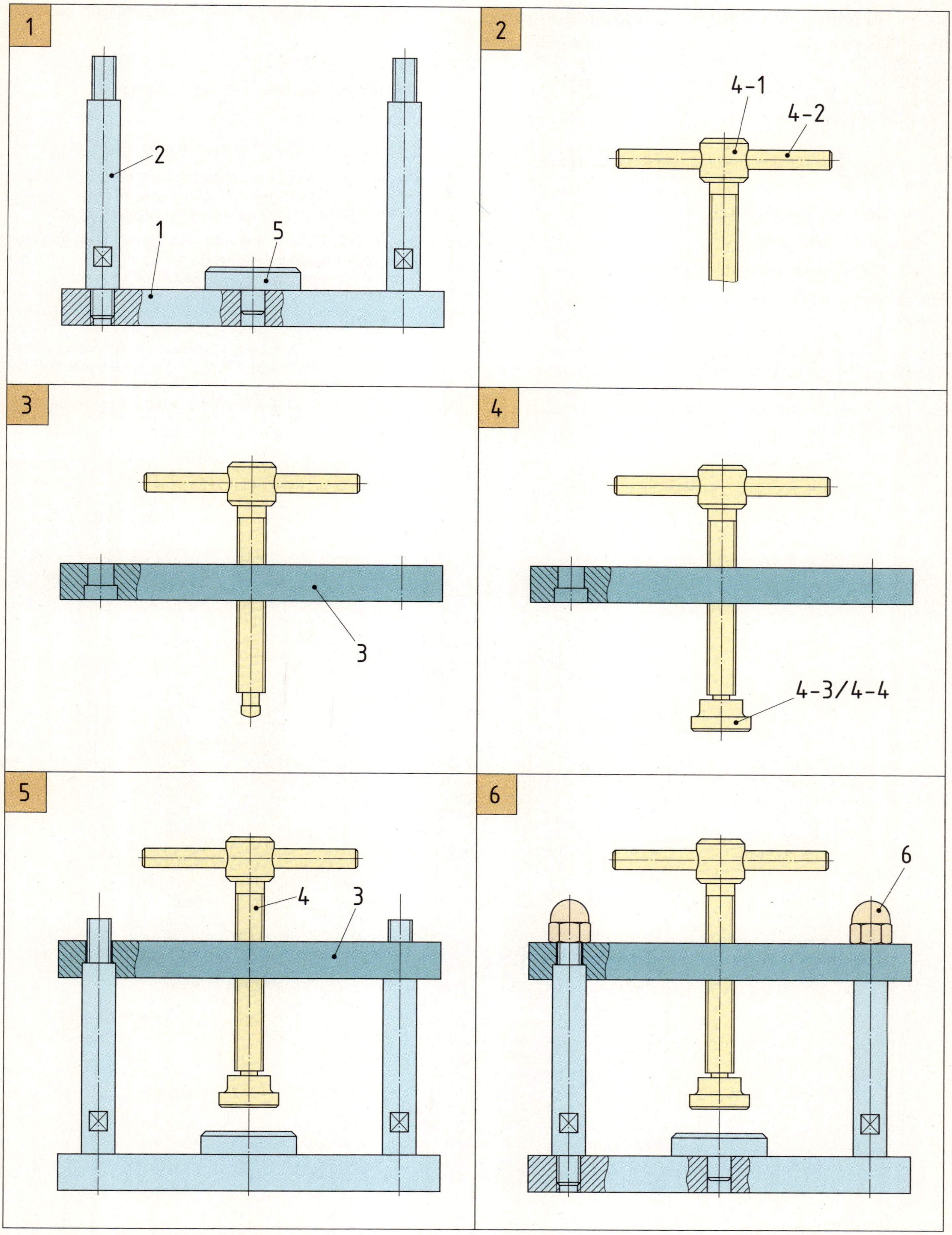

Abb. 2: Montageschritte der Spindelpresse

12 ARBEITSPLÄNE

12.1 Arbeitspläne leiten Arbeitshandlungen

Beim Herstellen des Lochers sind umfangreiche Arbeiten durchzuführen (Abb. 1). Es sind Einzelteile unterschiedlicher Form herzustellen und anschließend funktionsgerecht zusammenzubauen. Damit die Arbeitshandlung gelingt, sind die einzelnen Arbeiten entsprechend vorzubereiten und durchzuführen.

Eine vollständige Arbeitshandlung umfasst die Handlungsstufen

- *Analysieren* des Arbeitsauftrags,
- *Planen* der Arbeitshandlung,
- *Durchführen* der Arbeitshandlung sowie
- *Kontrollieren* und *Bewerten* des Arbeitsergebnisses (Abb. 2).

Das Ziel von Arbeitshandlungen wird im Allgemeinen über Zeichnungen festgelegt und beschrieben (Abb. 3). Durch deren *Analyse* erhält man ein Bild von der Arbeitsaufgabe. Das zweckbezogene Lesen des Zeichnungssatzes bereitet die Arbeitshandlung vor.

Im Rahmen der Planung müssen Entscheidungen getroffen werden über

- die Fertigungsverfahren,
- die Arbeitsmittel wie Werkzeuge und Spannmittel,
- die Arbeitsfolge und
- die Arbeitswerte, die an Maschinen einzustellen sind.

Diese Daten werden in einem Arbeitsplan tabellarisch zusammengefasst. Je schwieriger und umfangreicher eine Arbeitsaufgabe ist, desto ausführlicher muss der Arbeitsplan sein.

Betriebliche Arbeitspläne enthalten darüber hinaus Angaben zur Auftragsabwicklung in Form von

- Zeitvorgaben und
- Stückzahlen.

Bei Entscheidungen über Fertigungsmöglichkeiten sind neben der eigentlichen Arbeitsaufgabe auch die Gegebenheiten der Werkstatt zu berücksichtigen. Es sind die Ausstattung an Maschinen und Einrichtungen sowie die Arbeitsorganisation zu beachten.

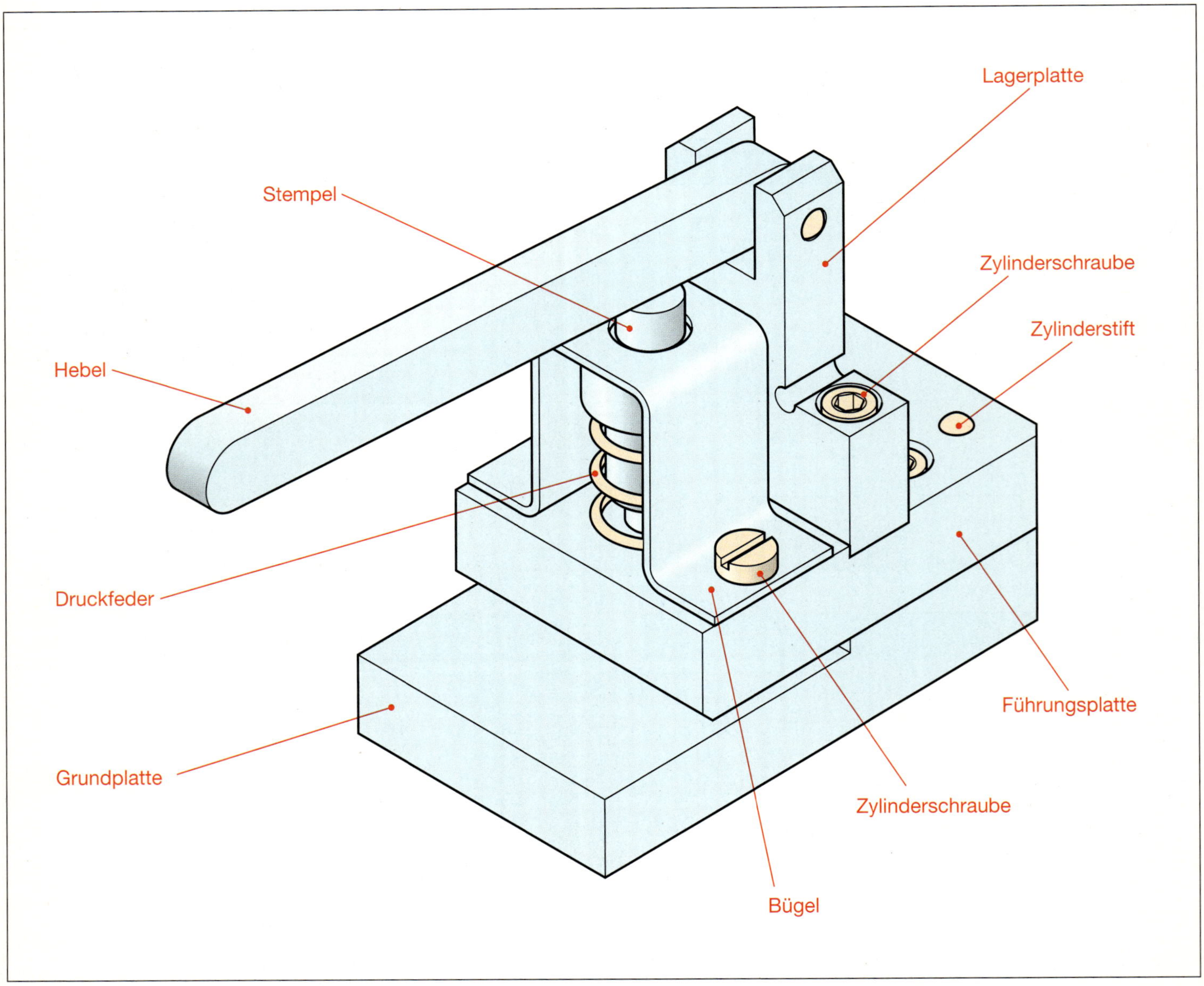

Abb. 1: Locher

Der Arbeitsplan beschreibt die Vorgehensweise, wie eine Arbeitstätigkeit durchgeführt werden soll. Je genauer ein Arbeitsplan ist, um so eher können beim *Durchführen* der Tätigkeit Fehler vermieden werden.

*Arbeitspläne legen die Vorgehensweise für das Durchführen von Arbeitsaufgaben fest. Sie geben **Informationen** und **Anweisungen** zu gleich.*

Während und nach der Fertigung erfolgt die *Kontrolle* des Arbeitsergebnisses. Es wird überprüft, ob das angestrebte Ergebnis mit den Vorgaben der Zeichnung übereinstimmt. Dabei kann es sich zeigen, dass Korrekturen notwendig sind. Der Arbeitsplan muss dann so verändert werden, dass das Ziel auch erreicht wird.

*Bei der Planung und Durchführung von Arbeitshandlungen sind grundsätzlich Vorschriften zur **Arbeitssicherheit** und zum **Umweltschutz** einzuhalten.*

Am Locher wird die Vorgehensweise zum Planen von Arbeitshandlungen und zum Auswerten von Arbeitsplänen aufgezeigt.

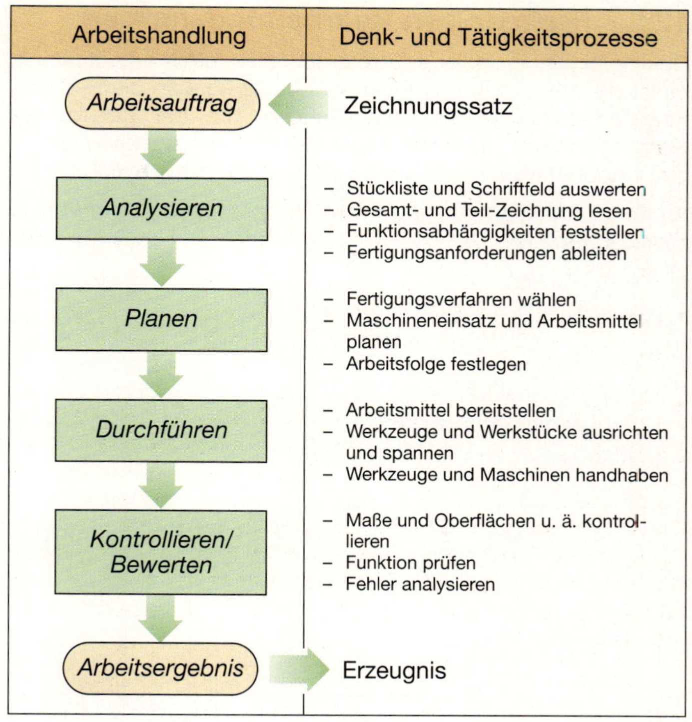

Abb. 2: Struktur von Arbeitshandlungen

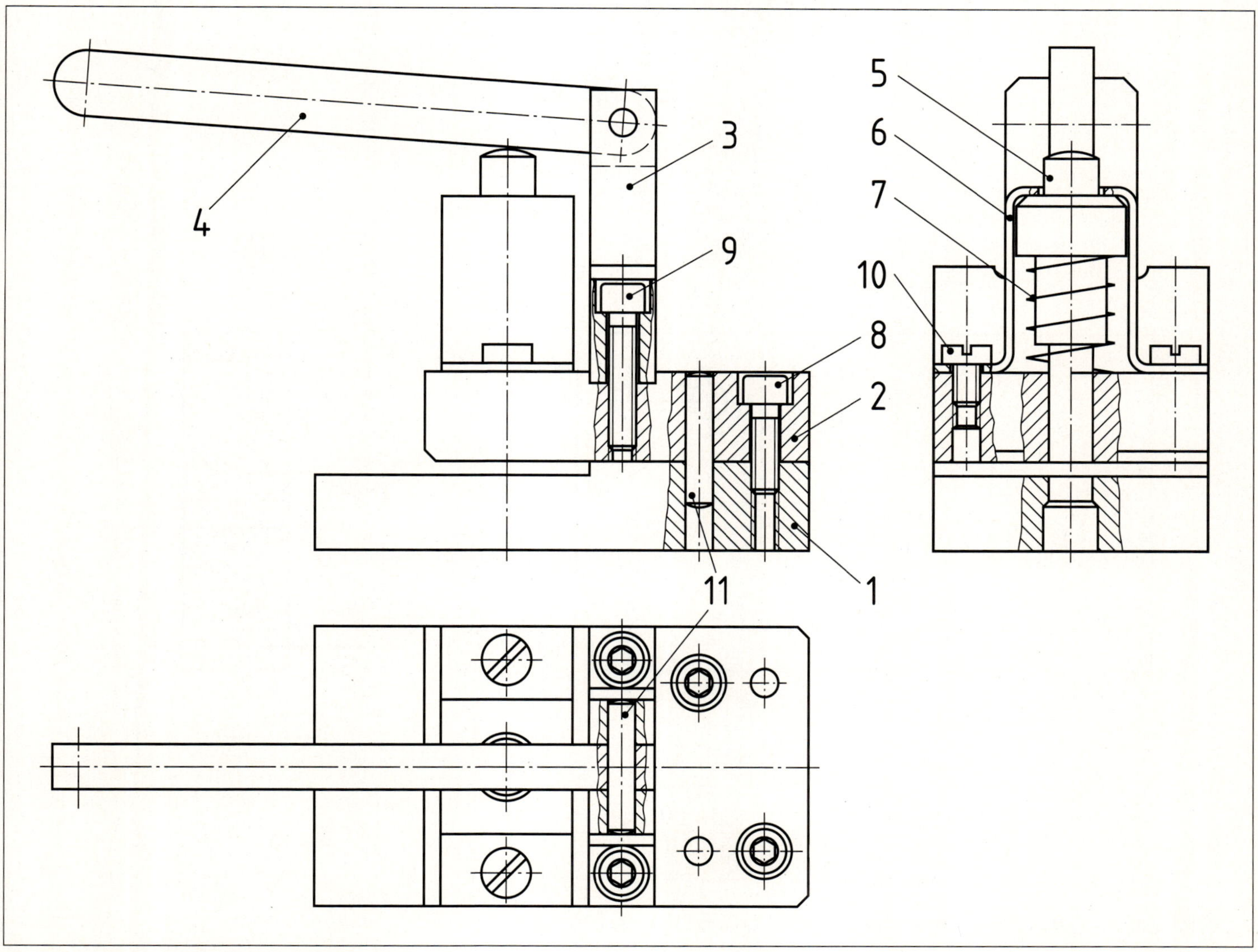

Abb. 3: Gesamt-Zeichnung des Lochers

12.2 Fertigen von Bearbeitungsformen

Die wichtigste Grundlage für das Erstellen eines Arbeitsplanes bildet die Teil-Zeichnung (Abb. 1). Aus ihr können die Bearbeitungsformen mit ihren Abmessungen, mit der geforderten Genauigkeit und der einzuhaltenden Oberflächenbeschaffenheit entnommen werden.

An der Führungsplatte sind folgende Bearbeitungsformen herzustellen (Abb. 2):

- ebene Flächen,
- Fasen,
- eine Nut,
- Gewindebohrungen,
- Durchgangsbohrungen und
- Senkungen.

Die Maßgenauigkeit von Allgemeintoleranzen reicht für einige Bearbeitungsformen nicht aus. Diese Formen haben Toleranzangaben durch Grenzabmaße oder durch Toleranzklassen.

Die Maße für die Größe und Lage der Nut sind mit Grenzabmaßen versehen.

Die Durchgangsbohrungen Ø 8 und Ø 5 sind mit der Toleranzklasse H7 zu fertigen.

Die Mantelflächen der Führungsplatte werden nicht bearbeitet und verbleiben im Anlieferzustand. An diesen Flächen hat die Führungsplatte die Maßgenauigkeit und Oberflächenbeschaffenheit des Halbzeugs.

Alle anderen Flächen und Bearbeitungsformen sind durch spanende Fertigungsverfahren herzustellen. Dabei darf die gemittelte Rautiefe höchstens 16 µm betragen.

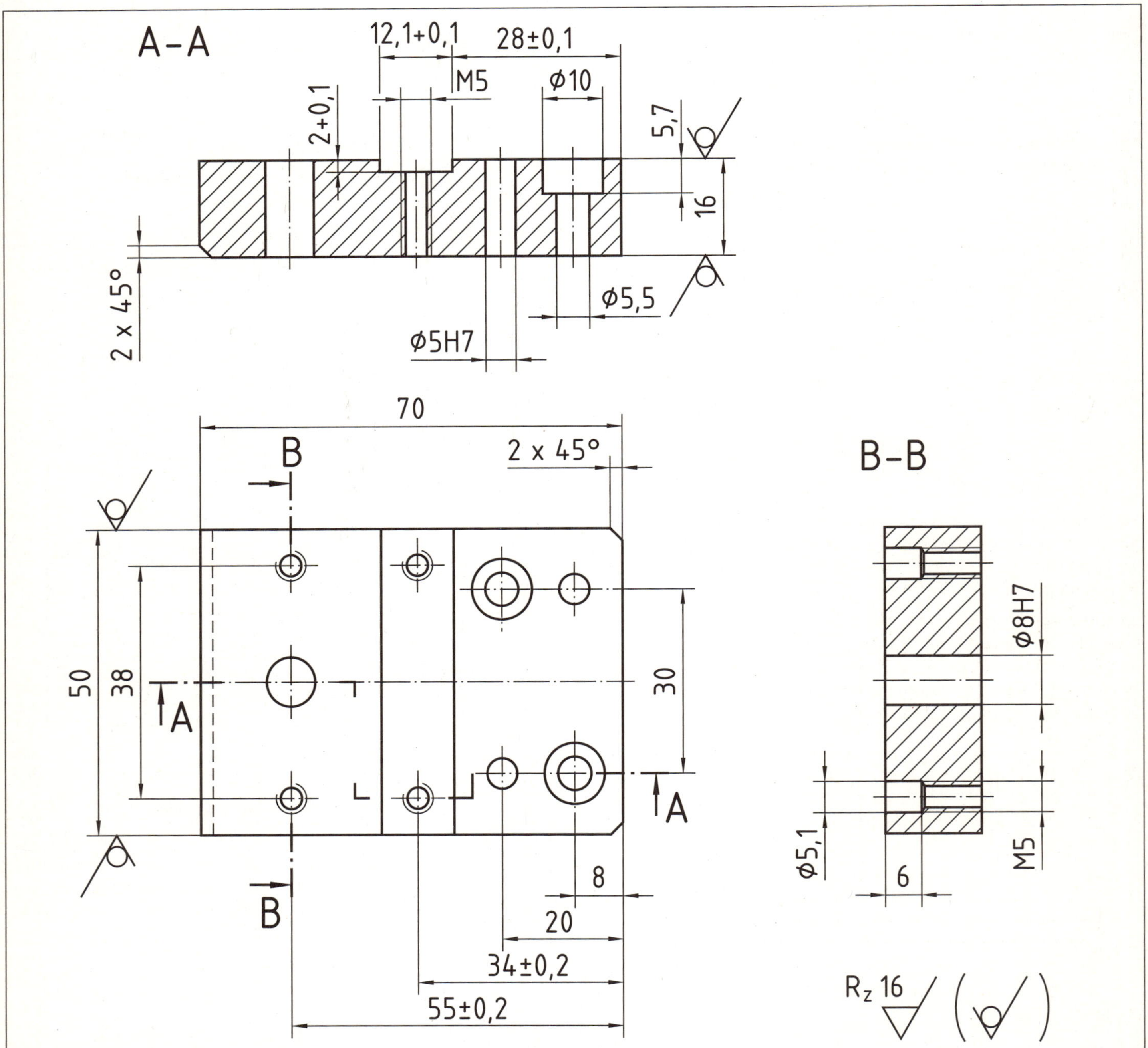

Bohrungen Ø5H7 und Ø8H7 gemeinsam mit Teil 1 gebohrt und gerieben

Abb. 1: Teilzeichnung der Führungsplatte

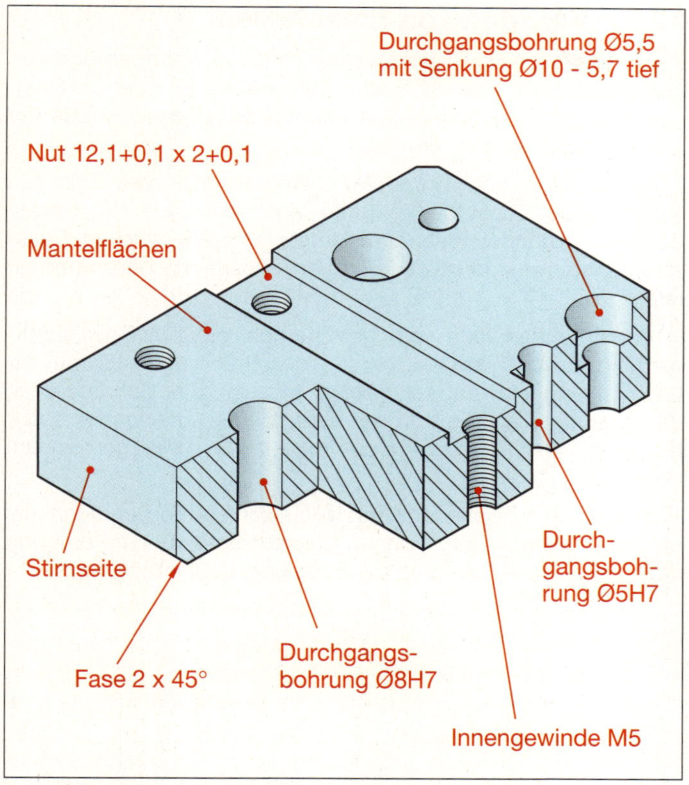

Abb. 2: Bearbeitungsformen an der Führungsplatte

Bei der Wahl der Fertigungsverfahren sind

- die herzustellenden Formen,
- die einzuhaltenden Maßtoleranzen und
- die vorgeschriebenen Oberflächenbeschaffenheiten

zu berücksichtigen.

So können die Durchgangsbohrungen Ø 5H7 und Ø 8H7 nicht einfach durch Bohren hergestellt werden. Die Bohrungen sind zu reiben, damit die Toleranzklasse H7 erreicht wird.

Außerdem ist die Werkstattausstattung an Maschinen und Einrichtungen zu berücksichtigen. Alle ebenen Flächen oder auch die Nut können von Hand durch Feilen oder maschinell durch Fräsen hergestellt werden.

Das Fertigen einzelner Bearbeitungsformen erfolgt dabei immer in gleicher Art und Weise und lässt sich durch eine genau festgelegte Folge von Arbeitsschritten angeben. Die Arbeitsschritte für das Herstellen von Gewindebohrungen werden beispielhaft im Programmablaufplan in Abb. 3 gezeigt.

*Das Fertigen einzelner Bearbeitungsformen erfolgt immer mit einer bestimmten **Folge von Arbeitsschritten**. Sie sind bei allen Werkstücken mit gleichen Bearbeitungsformen anwendbar.*

Für die einzelnen Arbeitsschritte werden bestimmte Arbeitsmittel benötigt. Bei der Wahl der Arbeitsmittel sind neben den Abmessungen auch der zu bearbeitende Werkstoff und eventuell die zu erzielende Oberflächenbeschaffenheit zu berücksichtigen.

Der Kernlochbohrerdurchmesser für die Gewindebohrungen kann aus Gewindetabellen bestimmt werden (Abb. 4). Auch der Bohrertyp ist nach dem zu zerspanenden Werkstoff zu wählen

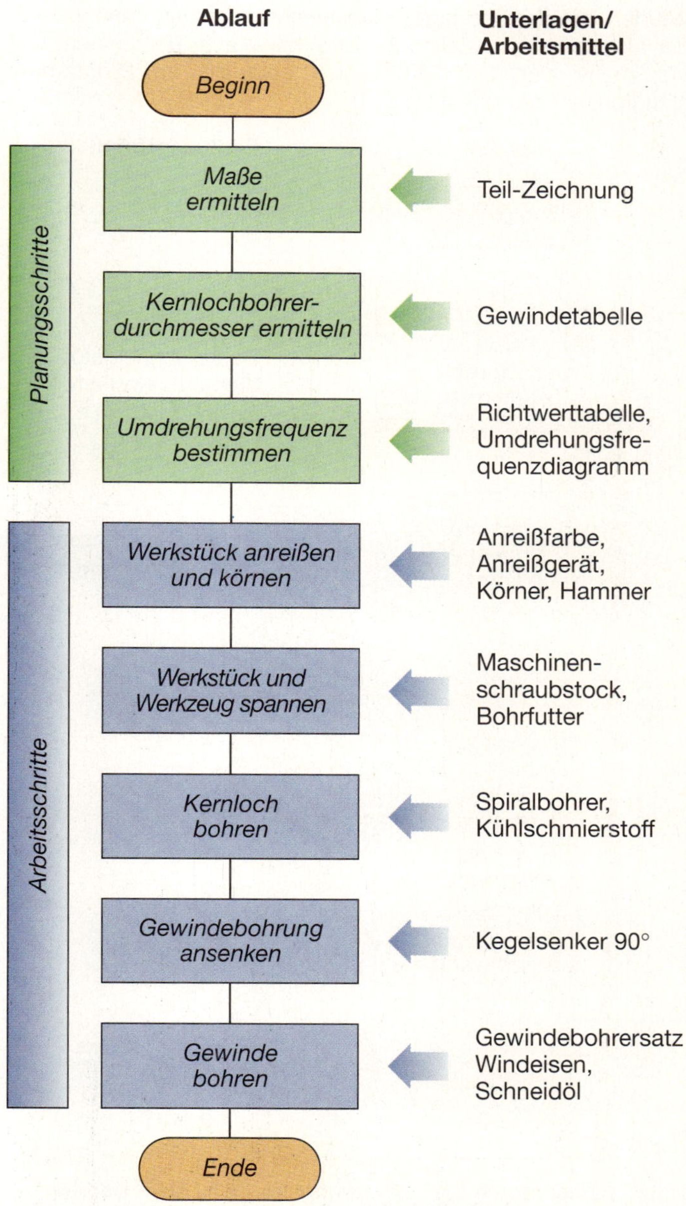

Abb. 3: Arbeitsstufen zum Herstellen eines Innengewindes

Einsatzbereiche der Bohrertypen

Werkzeugtyp DIN 1836: 1980-01	Werkstoff		Seitenspanwinkel γ_f in °	Spitzenwinkel σ in °
N	Werkstoffe mit mittlerer Härte und Festigkeit	unleg. und niedriglegierter Stahl, Gusseisen	19…40	118
		Kupferlegierungen hoher Festigkeit, Al-Legierungen		130

Regelgewinde

Gewinde-Nenndurchmesser $d = D$ Reihe 1	Reihe 2	Steigung P	Flankendurchmesser $d_2 = D_2$	Kerndurchmesser Bolzen d_3	Kerndurchmesser Mutter D_1	Gewindetiefe Bolzen h_3	Gewindetiefe Mutter H_1	Rundung R	Kernloch-Bohrerdurchmesser
M3		0,5	2,675	2,387	2,459	0,307	0,271	0,072	2,5
	M 3,5	0,6	3,110	2,764	2,850	0,368	0,325	0,087	2,9
M 4		0,7	3,545	3,141	3,242	0,429	0,379	0,101	3,3
	M 4,5	0,75	4,013	3,580	3,688	0,460	0,406	0,108	3,7
M 5		0,8	4,480	4,019	4,134	0,491	0,433	0,115	4,2
M 6		1	5,350	4,773	4,917	0,613	0,541	0,144	5
M 8		1,25	7,188	6,466	6,647	0,767	0,677	0,180	6,8
M 10		1,5	9,026	8,160	8,376	0,920	0,812	0,217	8,5
M 12		1,75	10,863	9,853	10,106	1,074	0,947	0,253	10,2
	M 14	2	12,701	11,546	11,835	1,227	1,083	0,289	12
M 16		2	14,701	13,546	13,835	1,227	1,083	0,289	14
	M 18	2,5	16,376	14,933	15,294	1,534	1,353	0,361	15,5
M 20		2,5	18,376	16,933	17,294	1,534	1,353	0,361	17,5
	M 22	2,5	20,376	18,933	19,294	1,534	1,353	0,361	19,5
M 24		3	22,051	20,319	20,752	1,840	1,624	0,433	21
	M 27	3	25,051	23,319	23,752	1,840	1,624	0,433	24
M 30		3,5	27,727	25,706	26,211	2,147	1,894	0,505	26,5
	M 33	3,5	30,727	28,706	29,211	2,147	1,894	0,505	29,5
		4	[illegible]	[illegible]	31,670	[illegible]	[illegible]	[illegible]	

Abb. 4: Tabellen zum Ermitteln von Werkzeugabmessungen

Werden bei der Fertigung Maschinen eingesetzt, sind die an der Maschine einzustellenden Arbeitswerte zu bestimmen. Die Vorgehensweise dafür lässt sich ebenfalls im Programmablaufplan beschreiben (Abb. 1).

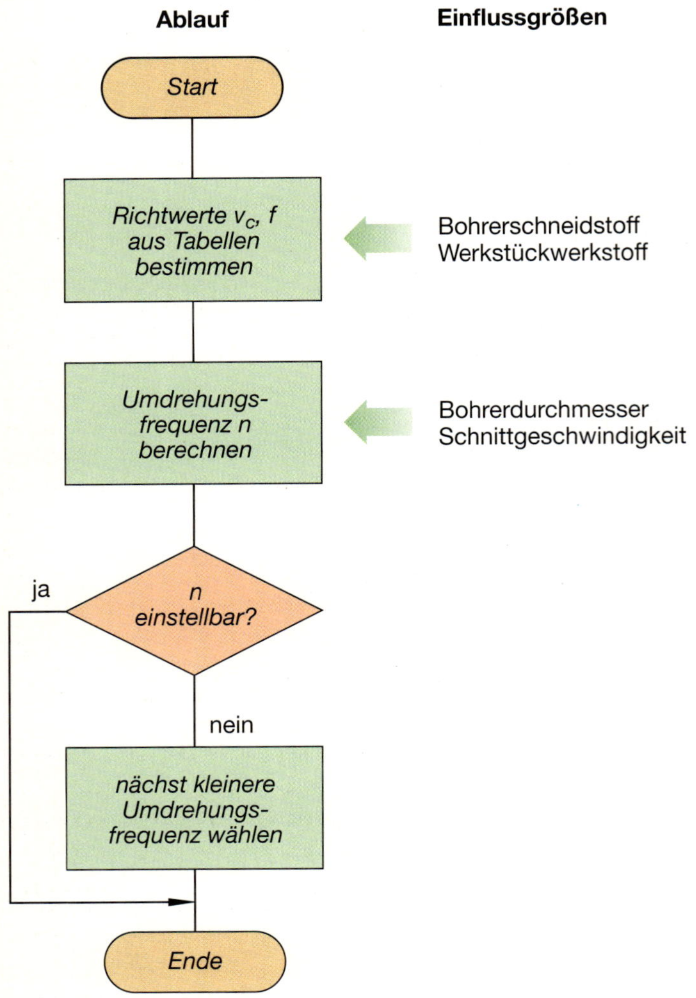

Abb. 1: Bestimmen der Umdrehungsfrequenz beim Bohren

Dabei ist von Richtwerten auszugehen, die man Tabellen entnehmen kann. Nur so können eine Überbeanspruchung von Maschinen und Werkzeugen verhindert und optimale Arbeitsergebnisse erzielt werden.

Mit den Richtwerten werden die an der Maschine einzustellenden Arbeitswerte, z. B. die Umdrehungsfrequenz, berechnet. Die Richtwerte lassen sich auch mit Hilfe von Umdrehungsfrequenz-Diagrammen ermitteln.

***Planen** erfordert kommunikative, technologische und mathematische Fähigkeiten, um richtige Entscheidungen treffen zu können.*

Die einzelnen Arbeitsvorgänge zum Herstellen von Bearbeitungsformen sind bei der Planung in eine zweckmäßige Abfolge zu bringen. Dabei sind übergeordnete Funktionsanforderungen zu berücksichtigen.

Welche Anforderungen zu berücksichtigen sind und wie dabei vorzugehen ist, muss für unterschiedliche Werkstücke immer wieder neu festgelegt werden.

12.3 Fertigen von Einzelteilen

Beim Herstellen von Werkstücken sind die Anforderungen zu berücksichtigen, die sich aus der Funktion eines Erzeugnisses ergeben. Solche Funktionsanforderungen sind aus der Gesamt-Zeichnung zu ermitteln.

Führungsplatte und Grundplatte werden mit zwei Zylinderstiften gefügt (Abb. 2). Die Stifte legen die Lage der beiden Platten zueinander fest. Zum Herstellen einer solchen Passstiftverbindung sind beide Teile gemeinsam zu bohren und zu reiben.

In der Führungsplatte wird der Stempel geführt. Beim Lochvorgang stößt er in die Bohrung der Grundplatte. Damit der Lochvorgang einwandfrei erfolgt, müssen die Bohrungen in der Führungsplatte und in der Grundplatte miteinander fluchten. Das erreicht man, indem man beide Teile gemeinsam bohrt und reibt.

Nachdem der Zeichnungssatz auf solche Anforderungen hin durchgearbeitet wurde, können Rückschlüsse für die Fertigung gezogen und die Fertigung der Einzelteile geplant werden.

*Beim Planen sind **Anforderungen**, die sich **aus der Funktionsweise** eines Teiles ergeben, für die Fertigung und Montage entsprechend zu berücksichtigen.*

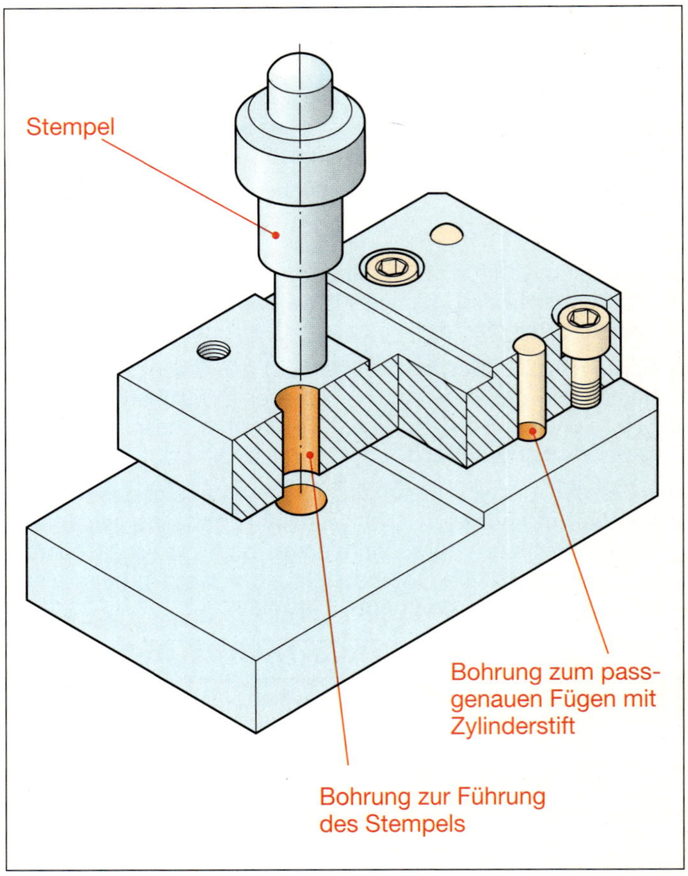

Abb. 2: Funktionsanforderungen am Locher

Einen Arbeitsplan für die Fertigung der Führungsplatte zeigt Abb. 4. Im Arbeitsplan sind alle Arbeitsvorgänge fortlaufend nummeriert aufgeführt. Zu jedem Arbeitsvorgang sind die benötigten Arbeitsmittel und die an der Maschine einzustellenden Arbeitswerte angegeben. Die Abb. 3 zeigt die verschiedenen Arbeitsvorgänge.

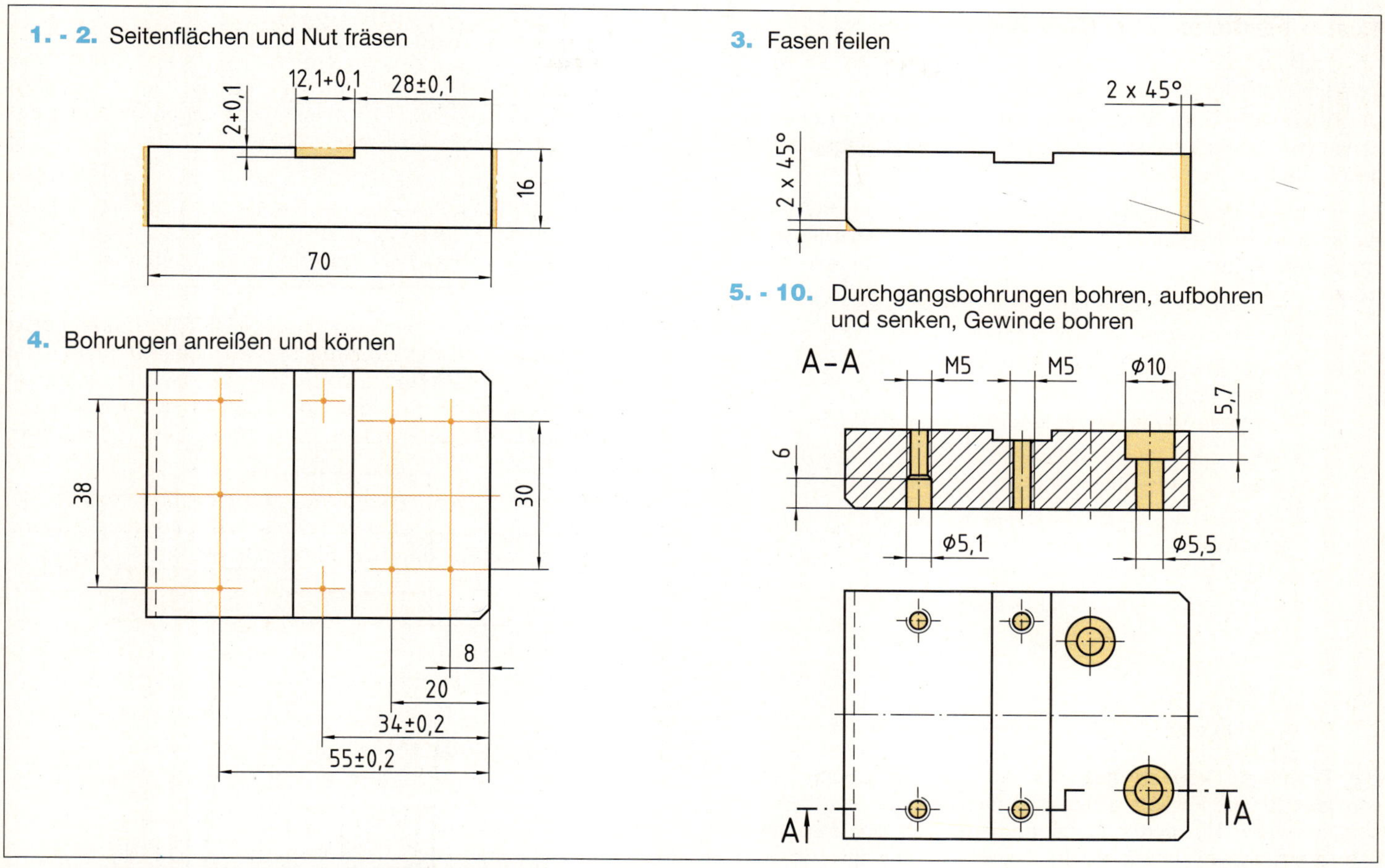

Abb. 3: Arbeitsvorgänge zum Fertigen der Führungsplatte

westermann	ARBEITSPLAN	Blatt-Nr. 1	Anzahl 1
Benennung: Führungsplatte **Halbzeug:** FL DIN 174 - S235JR - 50 x 16 x 70	**Zeichn.-Nr.** **Sach.-Nr.**	**Auftrags-Nr.:** **Stückzahl:**	**Name:** **Klasse/Gr.:**
☒ **Einzelteil**	☐ **Montage/Demontage**	**Termin:**	**Kontr.-Nr.:**

Lfd. Nr.	Arbeitsvorgang	Arbeitsmittel	Arbeitswerte/ Bemerkungen
1	Seitenflächen plan und auf Maß fräsen	Schaftfräser Ø28 Typ N	n = 355 1/min
			v_f = 144 mm/min
2	Nut fräsen	Schaftfräser Ø10 Typ N	n = 900 1/min
			v_f = 144 mm/min
3	Fasen 2 x 45° feilen	Flachstumpffeile	
4	Bohrungen anreißen und körnen	Anreißfarbe, Anreißgerät	
		Hammer, Körner	
5	Kernlochbohrungen bohren	Spiralbohrer Ø 4,2 mm	n = 2240 1/min
6	Kernlochbohrungen einseitig 6 mm tief aufbohren	Spiralbohrer Ø 5,1 mm	n = 2240 1/min
7	Durchgangsbohrungen bohren	Spiralbohrer Ø 5,5 mm	n = 2240 1/min
8	Durchgangsbohrungen senken	Flachsenker Ø 5,5 - 10 mm	n = 560 1/min
9	Gewindebohrungen ansenken, Bohrungen und	Kegelsenker 90°	n = 560 1/min
	Senkungen entgraten		
10	Gewinde bohren	Maschinengewindebohrer M5	n = 560 1/min
	Stiftbohrungen und Stempelbohrung bei Montage fertigen		Montageplan

Abb. 4: Arbeitsplan für das Fertigen der Führungsplatte

12.4 Fertigen von Drehteilen

Der Stempel ist durch Drehen herzustellen. Die Fertigung erfolgt nach der Teil-Zeichnung (Abb. 1a). In der Teil-Zeichnung sind Werkstoff, Form und Größe des Werkstückes, die einzuhaltenden Maßtoleranzen und die geforderte Oberflächenbeschaffenheit festgelegt.

Beim Planen der Arbeitsvorgänge muss man sich das fertige Werkstück vorstellen, um die notwendigen Arbeitsschritte abzuleiten (Abb. 1b). Dabei sind bestimmte Regeln einzuhalten:

- *Werkstück kurz spannen; langes Werkstück durch Zentrierspitze abstützen, um die Schnittkräfte sicher ohne Verformung des Werkstückes aufzunehmen;*
- *Werkstück wenig umspannen, denn jedes Umspannen führt zu Ungenauigkeiten im Rundlauf;*
- *Werkstück möglichst nicht auf fertig gedrehten Funktionsflächen spannen, um Beschädigungen an der Werkstückoberfläche zu vermeiden;*
- *Plandrehen vor Längsdrehen, damit die Bezugsflächen für das Drehen der Absatzlängen entstehen;*
- *häufige Werkzeugwechsel vermeiden, um die Bearbeitungszeit gering zu halten.*

Bei Drehteilen können aus der Art der Bemaßung Rückschlüsse für die Fertigung gezogen werden. Die Absatzlängen sind von den Planflächen aus bemaßt. Aus der Bemaßung kann geschlossen werden, wie das Werkstück auf der Drehmaschine zu spannen ist.

In der Planfläche des Absatzes Ø 8 ist eine Zentrierbohrung DIN 332 - A 2 x 4,25 anzubringen. Über diese Zentrierbohrung ist das Werkstück beim Drehen der Absätze Ø 13 und Ø 8 abzustützen. Abb. 2 zeigt die Arbeitsvorgänge für das Drehen des Stempels.

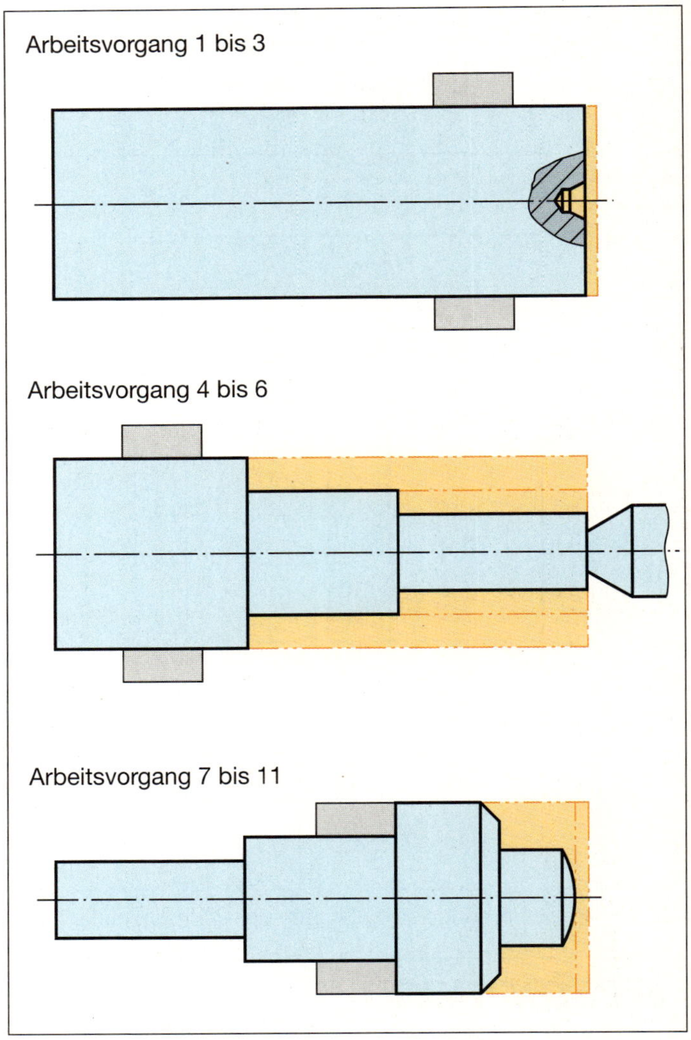

Abb. 2: Arbeitsvorgänge zum Drehen des Stempels

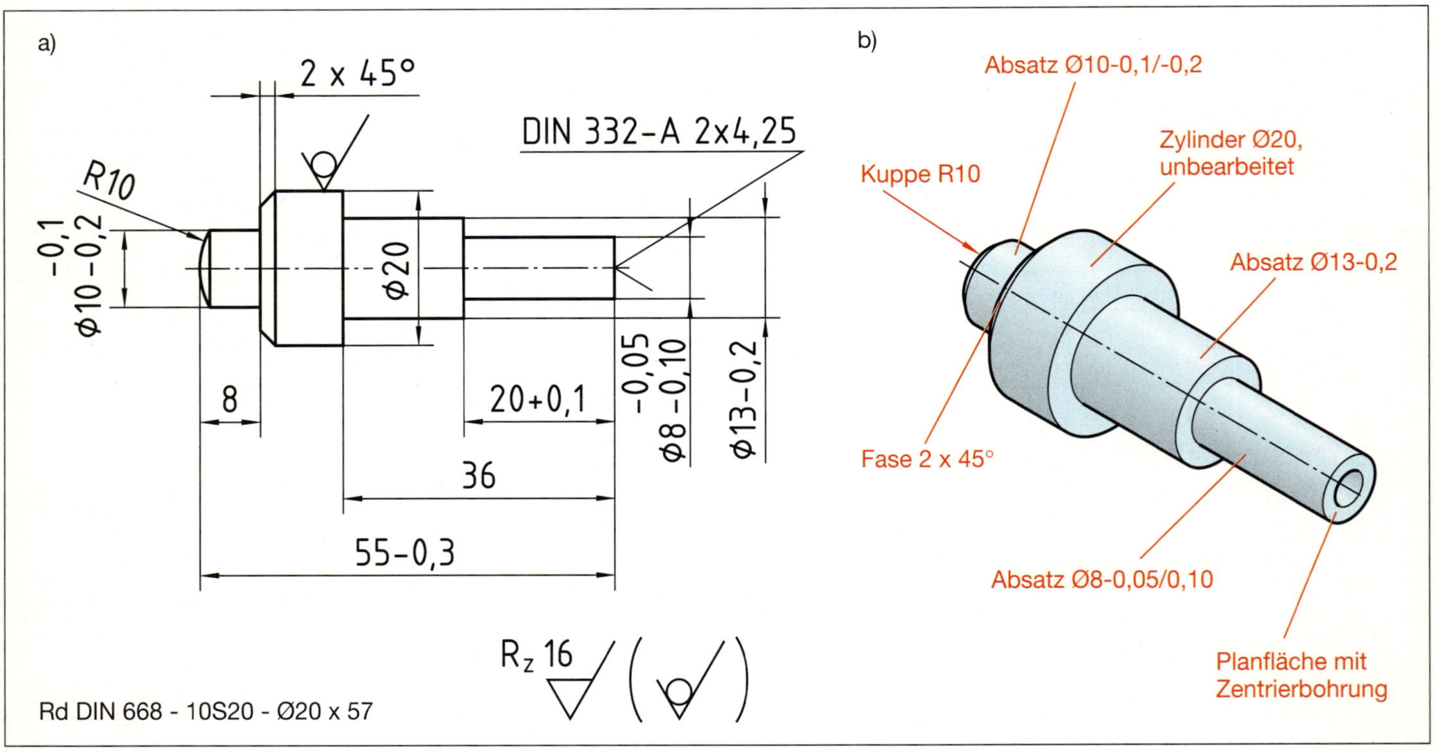

Abb. 1: Teil-Zeichnung und Perspektive des Stempels

Sind die Arbeitsvorgänge für das Drehen bestimmt, müssen geeignete Spannmittel und Drehwerkzeuge gewählt werden.

Der Stempel wird im Dreibackenfutter gespannt. Dabei ist er zeitweise mit einer Zentrierspitze abzustützen.

Zum Herstellen der Zentrierbohrung wird ein Zentrierbohrer verwendet, der in einem Bohrfutter gespannt wird. Das Bohrfutter wird vom Reitstock aufgenommen.

Zum Drehen der Planflächen wird ein rechter abgesetzter Drehmeißel ISO 5 verwendet. Die Absätze werden mit einem rechten abgesetzten Eckdrehmeißel ISO 3 und die 45°-Fasen mit einem rechten gebogenen Drehmeißel ISO 2 gedreht.

Nachdem Arbeitsverfahren und Werkzeuge festgelegt sind, können die an der Maschine einzustellenden Arbeitswerte bestimmt werden.

Dabei ist genau wie beim Bohren von Richtwerten auszugehen, die man Tabellen entnehmen kann. An der Drehmaschine ist die Umdrehungsfrequenz n, der Vorschub f und die Schnitttiefe a_p einzustellen. Die Umdrehungsfrequenz kann durch Berechnen oder mit Hilfe von Diagrammen ermittelt werden.

Einen beispielhaften Arbeitsplan für das Drehen des Stempels mit allen Arbeitsmitteln und Arbeitswerten zeigt Abb. 3.

westermann	ARBEITSPLAN	Blatt-Nr. 1	Anzahl 1
Benennung: Stempel **Halbzeug:** Rd DIN 668 - 10S20 - Ø20 x 57	**Zeichn.-Nr.** **Sach.-Nr.**	**Auftrags-Nr.:** **Stückzahl:**	**Name:** **Klasse/Gr.:**
[x] **Einzelteil**	[ ] **Montage/Demontage**	**Termin:**	**Kontr.-Nr.:**

Lfd. Nr.	Arbeitsvorgang	Arbeitsmittel	Arbeitswerte/ Bemerkungen
1	Spannen	Dreibackenfutter	
2	Querplandrehen erste Planfläche	rechter abgesetzter Stirndreh-	n = 1400 1/min
		meißel ISO 5	f = 0,1 mm, a_p = 0,5 mm
3	Zentrierbohren der Zentrierbohrung DIN 322 - A2x45°	Zentrierbohrer, Bohrfutter	n = 2000 1/min
4	Umspannen	Dreibackenfutter, Zentrierspitze	
5	Längsrunddrehen Absatz Ø13-0,2; 36 mm lang mit	rechter abgesetzter Eckdreh-	n = 1000 1/min
	Schrupp- und Schlichtschnitt (i = 1)	meißel ISO 3	f = 0,3 mm, a_p = 3 mm/
			n = 2000 1/min
			f = 0,1 mm, a_p = 0,5 mm
6	Längsrunddrehen Absatz Ø8-0,05/-0,1; 20+0,1 lang	rechter abgesetzter Eckdreh-	n = 1400 1/min
	mit Schrupp- und Schlichtschnitt (i = 1)	meißel ISO 3	f = 0,3 mm, a_p = 2 mm/
			n = 2800 1/min
			f = 0,1 mm, a_p = 0,5 mm
7	Umspannen	Dreibackenfutter	
8	Querplandrehen zweite Planfläche	rechter abgesetzter Stirndreh-	n = 1400 1/min
		meißel ISO 5	f = 0,1 mm, a_p = 0,5 mm
9	Längsrunddrehen Absatz Ø10-0,1/-0,2; 8 mm lang	rechter abgesetzter Eckdreh-	n = 1400 1/min
	mit Schruppschnitt (i = 2) und	meißel ISO 3	f = 0,3 mm, a_p = 2,25 mm/
	mit Schlichtschnitt (i = 1)		n = 2000 1/min
			f = 0,1 mm, a_p = 0,5 mm
10	Anfasen der Fase 2 x 45°	rechter geb. Drehmeißel ISO 2	n = 1400 1/min
11	Formdrehen der Kuppe R10	Formdrehmeißel	n = 1400 1/min

Abb. 3: Arbeitsplan für das Drehen des Stempels

12.5 Fertigen von Biegeteilen

Der Bügel ist durch Biegeumformen eines Bleches herzustellen. Die *Teil-Zeichnung* zeigt Form und Größe des Biegeteils mit den einzuhaltenden Maßtoleranzen und der geforderten Oberflächenbeschaffenheit (Abb. 1a). Das Herstellen eines Biegeteils wird erleichtert, wenn neben der Teil-Zeichnung die Zuschnittszeichnung (Abwicklung) vorliegt (Abb. 1b).

Die *Zuschnittszeichnung* zeigt das Biegeteil vor dem Biegeumformen. Sie legt Form und Abmessungen des Blechzuschnittes fest. Die eingezeichneten Biegelinien kennzeichnen die Mitte der Biegerundungen (vgl. Kapitel 7.3). Zuschnittszeichnungen erleichtern den Anriss für das Scheren und Kanten des Biegeteils.

Liegt keine Zuschnittszeichnung vor und ist die gestreckte Länge nicht auf der Teil-Zeichnung angegeben, sind die gestreckte Länge und die Lage der Biegelinien zu berechnen (Abb. 2).

Die *gestreckte Länge L* kann exakt ermittelt werden, indem man von der Summe aller Außenmaße des Biegeteils für jede Biegestelle einen entsprechenden Ausgleichswert *v* abzieht. Die gestreckte Länge wird stets auf volle Millimeter aufgerundet. Die Biegekanten verschieben sich entsprechend des Ausgleichswertes.

Der *Ausgleichswert v* berücksichtigt, dass sich die neutrale Faser beim Umformen zur Innenseite der Biegekante verschiebt.

Der Ausgleichswert *v* ist abhängig von

- der Blechdicke s,
- dem Biegeradius *R* und
- dem Biegewinkel.

Für den häufig verwendeten Biegewinkel von 90° können die Ausgleichswerte aus Tabellen entnommen werden. Für eine Blechdicke s = 1,5 mm und einem Biegeradius R = 2,5 mm beträgt der Ausgleichswert v = 3,2 mm.

Die Biegelinien auf dem Blech sollen mit einer Messingreißnadel oder einem Bleistift angerissen werden. Beim Anreißen mit einer Stahlreißnadel wird die Oberfläche des Bleches geritzt, wodurch eine Kerbwirkung entsteht. Beim Kanten besteht dann durch die Biegebeanspruchung die Gefahr, dass das Blech an der Biegestelle weiter einreißt und bricht.

Bevor mit dem Kanten des Bleches begonnen wird ist *die Biegefolge* zu planen (Abb. 3). Bei falscher Planung der Biegefolge lassen sich einige Kantungen nicht mehr durchführen. Im Zweifelsfall sollte die Biegefolge an einem Probestück überprüft werden.

Welche Biegefolge einzuhalten ist, hängt auch von den vorhandenen Werkzeugen und Maschinen ab. Beim Kanten im Schraubstock benötigt man einen Biegeklotz mit einer entsprechenden Biegerundung und gegebenenfalls weitere Beilagen.

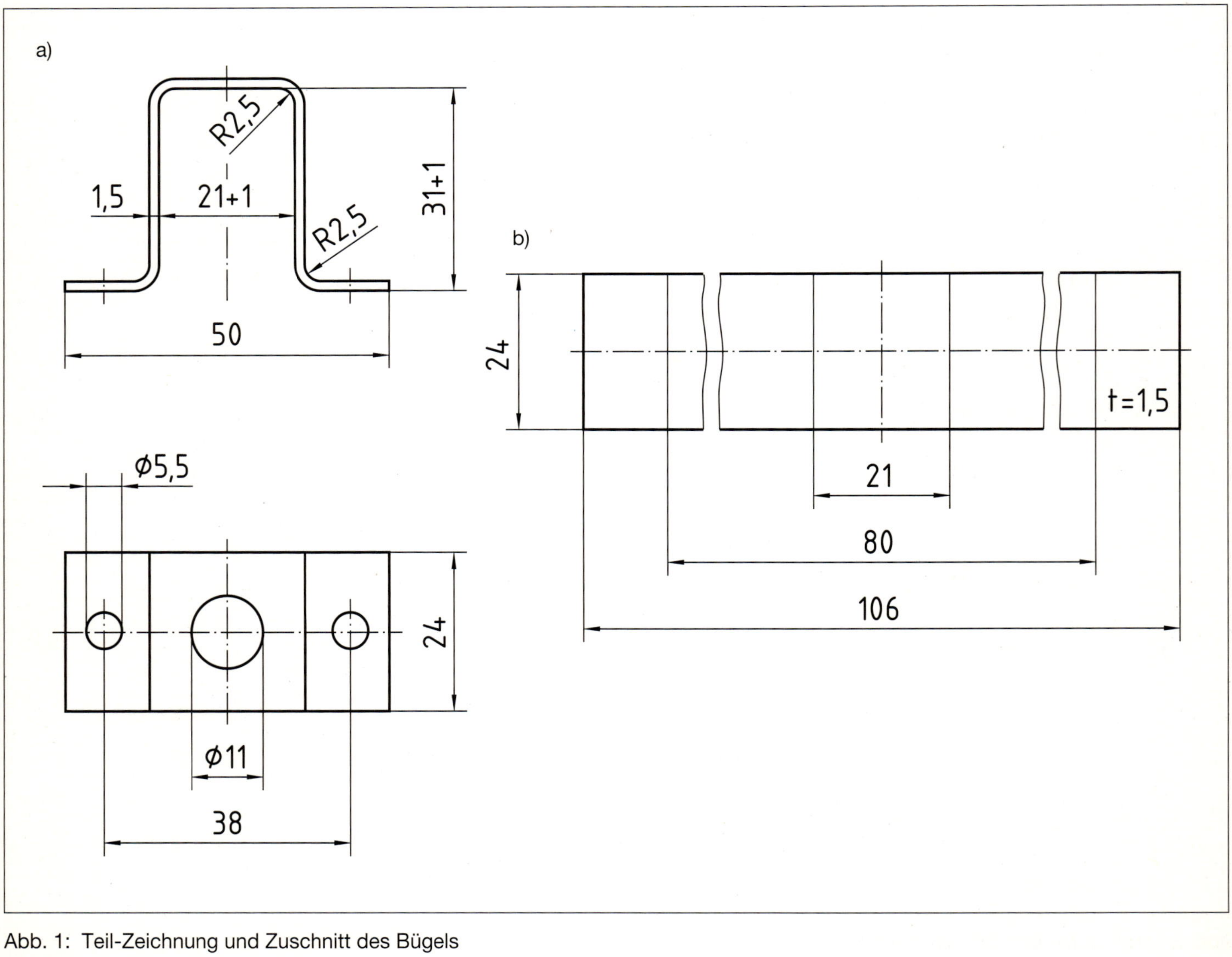

Abb. 1: Teil-Zeichnung und Zuschnitt des Bügels

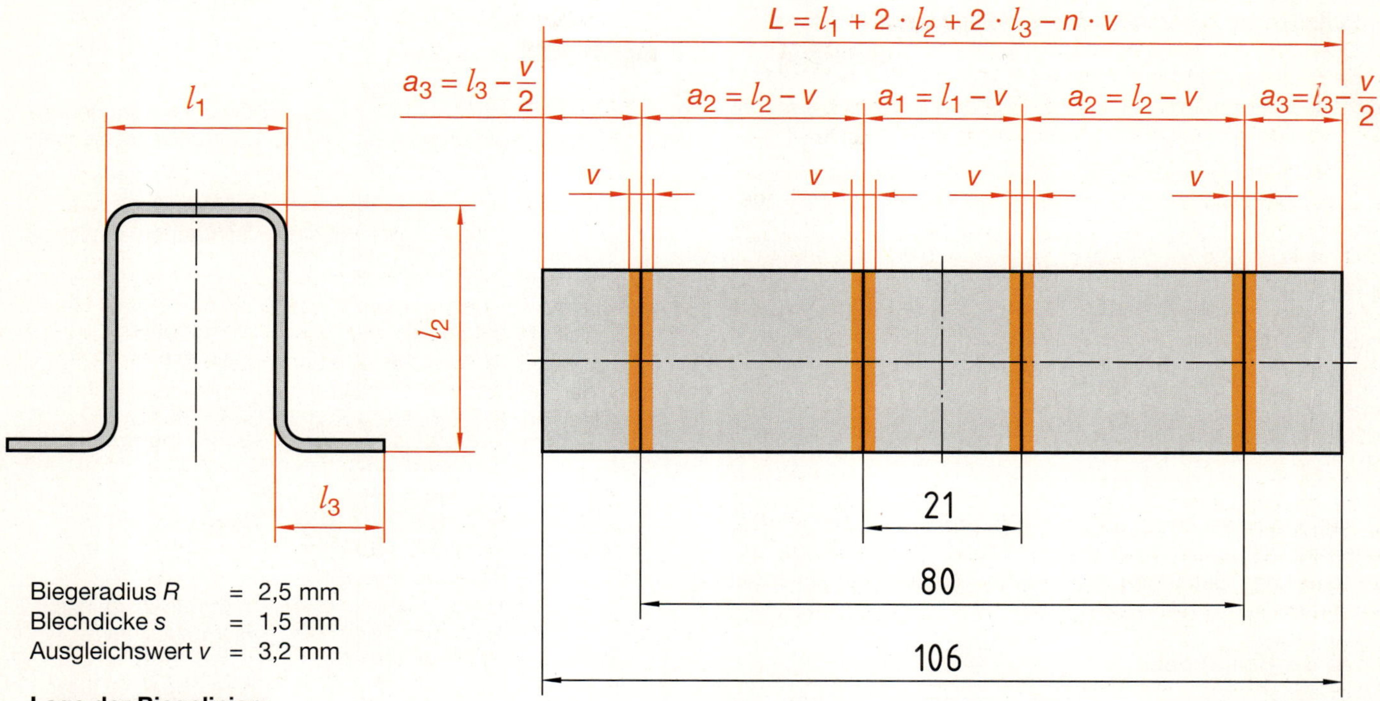

Biegeradius R = 2,5 mm
Blechdicke s = 1,5 mm
Ausgleichswert v = 3,2 mm

Lage der Biegelinien:

a_1 = 24 mm – 3,2 mm = 20,8 mm ≈ 21 mm

a_2 = 32,5 mm – 3,2 mm = 29,3 mm ≈ 29,5 mm

$a_3 = 14{,}5\text{ mm} - \frac{3{,}2\text{ mm}}{2} = 12{,}9\text{ mm} \approx 13\text{ mm}$

Gestreckte Länge:

L = 24 mm + 2 · 32,5 mm + 2 · 14,5 mm – 4 · 3,2 mm = 105,2 mm ≈ 106 mm

Abb. 2: Ermittlung der gestreckten Länge und der Lagemaße für Biegelinien

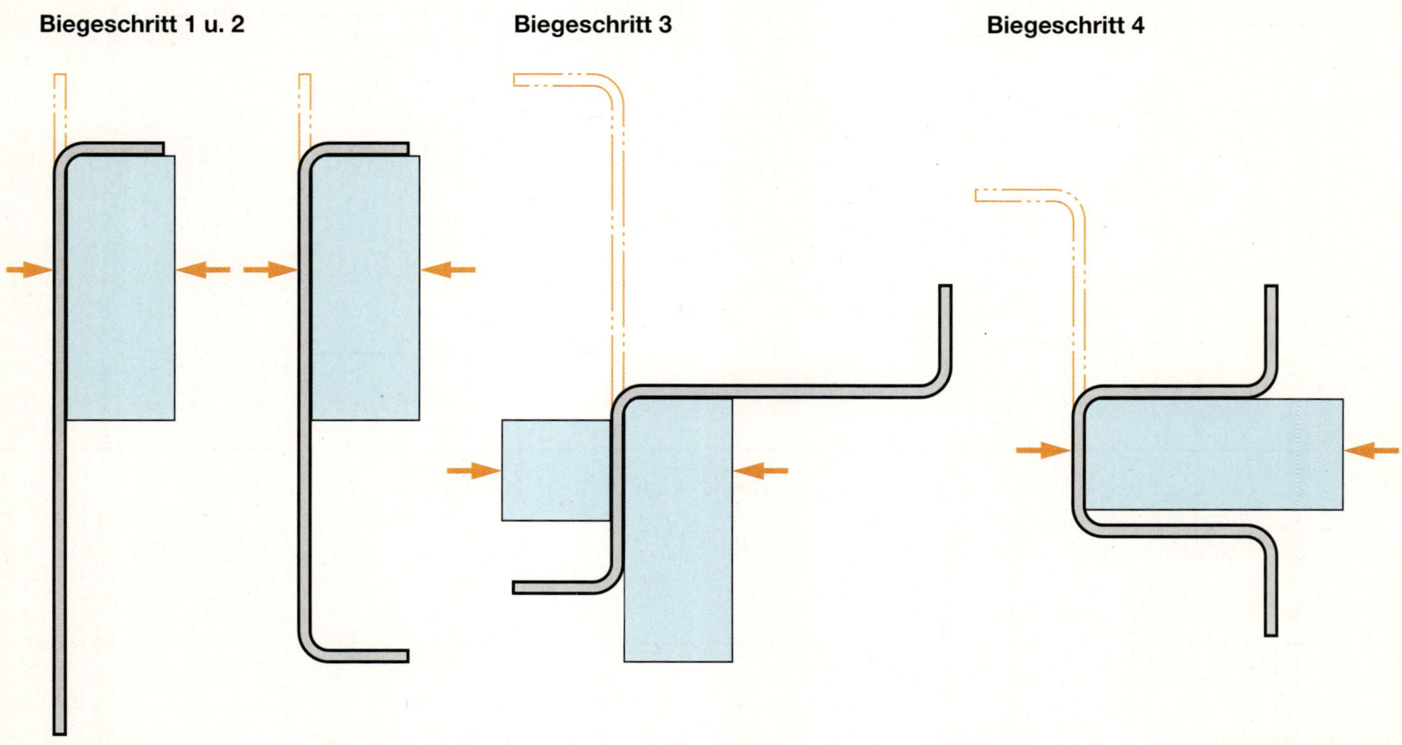

Abb. 3: Biegefolge zum Biegen des Bügels im Schraubstock

12.6 Montagepläne für Baugruppen

Beim Planen des Zusammenbaus von Baugruppen müssen

- *die Anzahl der Fertigungsteile und Normteile ermittelt werden,*
- *funktionswichtige Lagen der Einzelteile zueinander erkannt werden,*
- *Vorgehensweisen, mit denen die Lagen zu erreichen sind, bestimmt und festgelegt werden,*
- *die einzelnen Arbeitsvorgänge für die Herstellung der vorgeschriebenen Fügeverfahren bestimmt werden*

  und
- *eine zweckmäßige Arbeitsfolge ermittelt und festgelegt werden.*

Aus der Gruppen-Zeichnung der Baugruppe Locherunterteil können im Zusammenhang mit der Stückliste Art, Anzahl und räumliche Lage der Fertigungsteile und Normteile zueinander entnommen werden (Abb. 1).

Aufbau der Baugruppe

Die Baugruppe besteht aus der Grundplatte (1) und der Führungsplatte (2). Grundplatte und Führungsplatte sind durch zwei Zylinderstifte (11) und zwei Zylinderschrauben (8) fest aber lösbar miteinander verbunden.

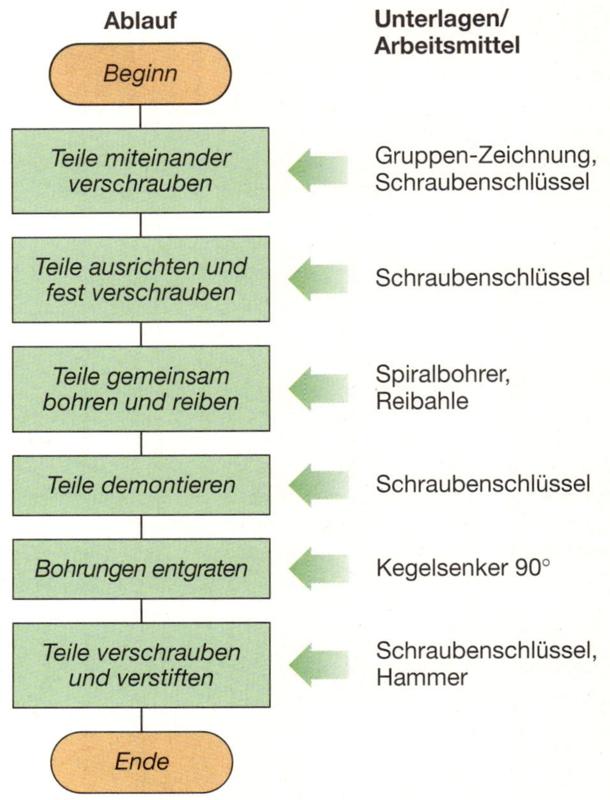

Abb. 2: Arbeitsstufen zum Herstellen von Passstiftverbindungen

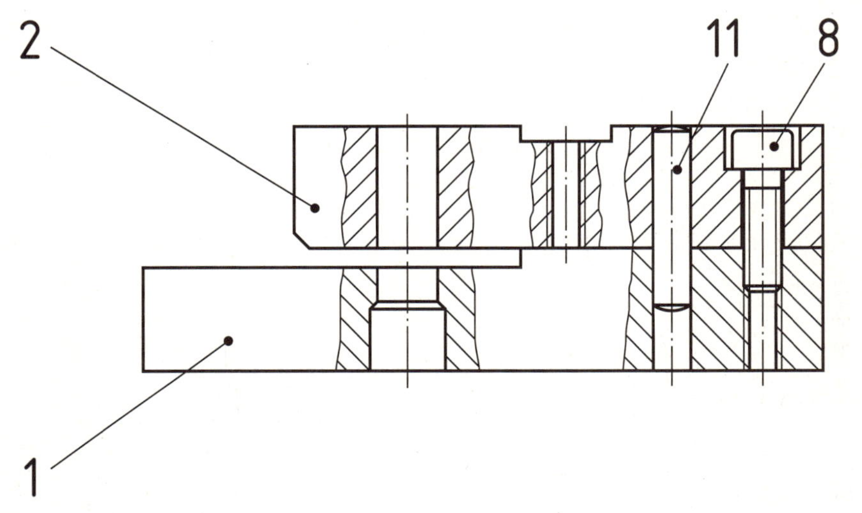

11	2	Stck.	Zylinderstift	ISO 8734 - 5 x 24 - A	St
8	2	Stck.	Zylinderschraube	DIN 912 - M5 x 16	8.8
2	1	Stck.	Führungsplatte		S 235 JR
1	1	Stck.	Grundplatte		S 235 JR
Pos.	Menge	Einheit	Benennung	Sachnummer / Norm-Kurzbezeichnung	Bemerkung

Abb. 1: Gruppen-Zeichnung der Baugruppe Locherunterteil

Funktionsanforderungen
Für die Funktion des Lochers ist die Lage der Stempelbohrung in der Führungsplatte und der Grundplatte besonders wichtig. Beide Bohrungen müssen genau miteinander fluchten, auch wenn die Teile demontiert und anschließend wieder zusammengebaut werden. Durch die beiden Zylinderstifte können Führungsplatte und Grundplatte passgenau gefügt werden.

Beim Fertigen und Montieren einer Baugruppe sind die Funktionsanforderungen sicherzustellen.

Arbeitsvorgänge
Damit die Stempelbohrungen in der Führungsplatte und der Grundplatte miteinander fluchten, müssen sie gemeinsam gebohrt und gerieben werden. Vorher oder in der gleichen Aufspannung sind die Bohrungen für die Passstifte herzustellen. Die Bohrungen für die Passstifte sind ebenfalls gemeinsam zu bohren und zu reiben.

Das Herstellen einzelner Verbindungsarten lässt sich grundsätzlich durch eine bestimmte, einzuhaltende Folge von Arbeitsschritten angeben. In Abb. 2 werden beispielhaft die Arbeitsstufen zum Herstellen einer Passstiftverbindung angegeben. Den vollständigen Arbeitsplan zur Montage des Locherunterteils zeigt Abb. 3.

Beim Planen der Montagefolge helfen *Aufbauübersichten* (Abb. 4). Die Aufbauübersicht zeigt, dass der Locher aus den beiden Baugruppen Oberteil und Unterteil entsteht.

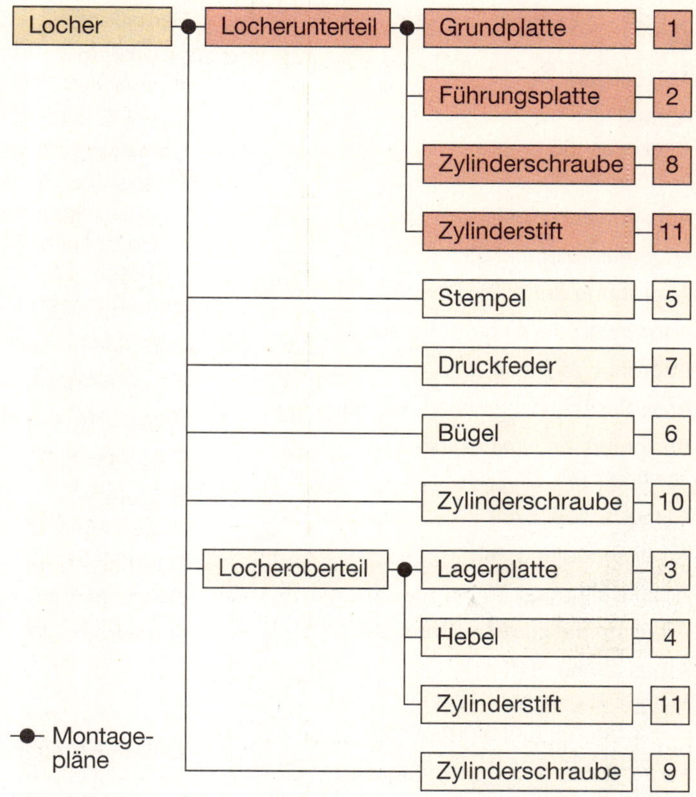

Abb. 4: Aufbauübersicht des Lochers

westermann	**ARBEITSPLAN**		**Blatt-Nr.** 1	**Anzahl** 1
Benennung: Locherunterteil	**Zeichn.-Nr.** **Sach.-Nr.**	**Auftrags-Nr.:**		**Name:**
Halbzeug:		**Stückzahl:**		**Klasse/ Gr.:**
☐ **Einzelteil**	☒ **Montage/Demontage**	**Termin:**		**Kontr.-Nr.:**

Lfd. Nr.	**Arbeitsvorgang**	**Arbeitsmittel**	**Arbeitswerte/ Bemerkungen**
1	Grundplatte (1) und Führungsplatte (2) mit 2 Zylinderschrauben (8)	Sechskant-Stiftschlüssel SW 4	Teile ausrichten
	fest verschrauben		
2	Stiftbohrungen bohren	Spiralbohrer Ø 4,9 mm	n = 2240 1/min
3	Stempelbohrung vorbohren und aufbohren	Spiralbohrer Ø 4 mm	n = 2240 1/min
		Spiralbohrer Ø 7,9 mm	n = 1400 1/min
4	Stempelbohrung in Grundplatte einseitig 8 mm tief	Spiralbohrer Ø 10 mm	n = 1400 1/min
	aufbohren		
5	Stiftbohrungen Ø 5H7 reiben	Maschinenreibahle Ø 5H7	n = 560 1/min
6	Stempelbohrung Ø 8H7 reiben	Maschinenreibahle Ø 8H7	n = 560 1/min
7	Baugruppe demontieren	Sechskant-Stiftschlüssel SW 4	
8	Stiftbohrungen und Stempelbohrungen entgraten	Kegelsenker 90°	n = 560 1/min
9	Grundplatte und Führungsplatte mit Zylinderstiften (11)	Hammer,	Zylinderstifte ein-
	und Zylinderschrauben (8) verstiften und verschrauben	Sechskant-Stiftschlüssel SW 4	ölen

Abb. 3: Arbeitsplan zum Herstellen der Baugruppe Locherunterteil

SACHWORTVERZEICHNIS

A

Ablauflinien 74
Abmaß
- oberes 55
- unteres 55
Achsenteilung 64f
Allgemeintoleranz 55
Anordnung der Ansichten 21
Anordnung der Schnittebenen 43
Anordnungs-Pläne 11
Anschlusskennzeichnung 68, 82
Ansichten mit Umlenklinie zeichnen 29
Antriebsglied 67
Arbeitshandlung 94f
Arbeitsleitungen 67
Arbeitsmittel zum Zeichnen 17
Arbeitspläne 94ff
- für Baugruppen 104f
- für Bearbeitungsformen 96ff
- für Biegeteile 101f
- für Drehteile 100f
- für Einzelteile 98f
Arbeitsschrittfolge 97
arithmetischer Mittenrauwert 57
Aufbauübersicht 92, 105
Aufbereitungseinheit 67
Aufgabe der Kommunikation 6
Ausgleichswert 102f
Ausklinkungen am Zylinder 33
Außengewinde 47
Auswerten,
- Aufbauübersicht 92
- Gesamt-Zeichnung 90
- Gruppen-Zeichnung 88
- Teil-Zeichnung 86
- Zeichnungs-Satz 84

B

Bauteilkennzeichnung 68
Bearbeitungsformen an prismatischen Werkstücken 27
Bearbeitungsformen an zylindrischen Werkstücken 33
Bemaßung prismatischer Werkstücke
- Abschrägungen 30
- Ausklinkungen 36
- Bohrungen 31
- Durchbrüche 30
- Grundmaße 32
- Nuten 30
- Rundungen 31
Bemaßung,
- Biegeteile 63
- Gewinde 49
- nicht maßstäblich 25
Bemaßung zylindrischer Werkstücke
- Absätze, Fasen und Rundungen 38
- Ausklinkungen 30
- Bohrungen 37
- Nuten 37
Bemaßungsgrundsätze 24
Betriebliche Kommunikation 6
Betriebsmittelkennzeichnung 82
Biegefolge 63, 102f
Biegelinien 102f
Biegeteile
- bemaßen 63
- darstellen 63
Bohrungen am Zylinder 35
Bruchlinien 42

C

CAD-Arbeitsplatz 19

D

Darstellung von Gewindeverbindungen 50
Diagramme 64f
- Säulen 65
- Kreis 65
- Sankey 65
Dimetrische Projektion 12
Drehteilbemaßung 38
Drosselrückschlagventil 70
Druckquelle 67
Durchsteckverbindung 51

F

Einziehverbindung 50
Energieumwandlung 67
Energieversorgung 67
Entstehung von Ansichten 20
Fertigungslage 21
Flache Werkstücke bemaßen 60
Funktionsanforderungen 98
Funktionslinien 75
Funktionsplan 77f
Funktionstabelle 77f

G

Gebrauchslage 21
Gesamt-Zeichnung 9
Gestreckte Länge 102f
Gewinde vereinfacht darstellen 52
Gewindedarstellungen, Übersicht 46
Gewindeverbindungen 50
Grenzabmaß 55f
Grenzmaß 55
Grenzstelle 74

H

Halbschnitt 41
Hinweislinien 25
Höchstmaß 55

I

Informationsaustausch 6
Innengewinde 48
Isometrische Projektion 12
Istmaß 55

K

Kennzeichnung
- Anschlüsse 68, 82
- Betriebsmittel 82
- Schaltkontakte 82
Kennzeichnung der Schnittflächen 40
Kennzeichnung von Schnittebenen 44
Kommunikationswege 6

L

Langlochbemaßung 60
Linienarten 22
- Anwendung 22
Linienbreiten 22
Logiksymbol 77f

M

Maßabweichung 54
Maßbuchstaben 25
Maßeintragung, Grundlagen 23
Maßstäbe 16
Maßtoleranz 55
Mindestmaß 55
Montagepläne 104f
Montageschritte erkennen 93

N

Nennmaß 55f
Nicht-Verknüpfung 78
Normen 14
Normen zur Zeichnungserstellung 15
Nuten am Zylinder 34

SACHWORTVERZEICHNIS

O

Oberflächenkennzeichnung 57 f
ODER-Verknüpfung 70, 78
Öffner 81
Operation 74

P

Parallelbemaßung 39
Pneumatikzylinder 69, 71
Profilschnitt 42
Programmablaufplan 74

R

Rauheitsmessgrößen 57
Räumliche Darstellungen 12
Rautiefe, gemittelte 57
Rundungen an Platten und Flanschen 60

S

Schaltkontakte 81f
Schaltkreis 66f
Schaltkreisnummer 68
Schaltplan
– elektrischer 80ff
– pneumatischer 66ff
Schaltzeichen
– elektrische Betriebsmittel 81
– Logiksymbol 77f
– Schalter 81
Schließer 81
Schnittarten 41
Schnittdarstellungen
– Besonderheiten 45
Schriftfeld 8
Senkungen 52
Signalausgabe 67
Signaleingabe 66
Signalaufnehmer 66f
Signallinien 75
Signalverarbeitung 67
Signalzustand 77
Skizzen 13
Speicherfunktion 79
Sperrventile 70
Startsignale 75
Steigende Bemaßung 39
Stellglieder 67
Steuerleitungen 67
Steuerungsablauf 72
Stromlaufplan 83
Stücklisten 10
Symbol
– für Pneumatikzylinder 69, 71
– für Wechselventil 70f
– für Wegeventile 68f, 71
– für Drosselrückschlagventil 70
– für Aufbereitungseinheit 67
– für Zweidruckventil 70f

T

Tabellen 64
Teilausschnitt 42
Teilschnitt 42
Teilungen 62
Teilungsbemaßung 62
Teil-Zeichnungen 7
Toleranz 55
Toleranzklasse 55f

U

Umlenklinie - 45° 29
UND-Verknüpfung 70, 78

V

Verarbeitungsglieder 67
Verbindungsarten bei Gewinde 50
Vereinfachte Gewindedarstellung 52
Versorgungsglieder 67
Verzweigung 74
Vollschnitt 41
Vordrucke,
– Gesamt-Zeichnungen 10
– Teil-Zeichnungen 8

W

Wahl des Zeichenformates 26
Wechselventil 70, 71
Wechsler 81
Wegeventile 68f, 71
Winkelmaße 24

Z

Zeichenformat wählen 26
Zeichnen von Bearbeitungsformen 28
Zeichnungs-Satz auswerten 84
Zuschnittszeichnung 102
Zustandsänderung 75
Zustandsdiagramme 75f
Zweidruckventil 70, 71
Zylinder,
– einfach wirkende 69
– doppelt wirkende 69
– pneumatische 69, 71

Bildquellenverzeichnis

Hinweis: Ziffern vor dem Komma = Seitenzahl
Ziffern nach dem Komma = Bild-Nr.

Photostudio Druwe & Polastri, Cremlingen-Weddel (17,1; 17,2; 17,3; 17,4; 17,5; 18,1; 19,1; 66,1)

Layout und Zeichnungen:
Sabine Fehmer, Grafik & Layout, Braunschweig